設計技術シリーズ

省エネモータドライブシステムの基礎と設計法

［著］

大阪府立大学
森本 茂雄
井上 征則

科学情報出版株式会社

まえがき

　モータの電力使用量は国内電力使用量の50%以上を占めており、特に、産業部門における電力使用量の約75%を産業用モータが占めるといわれている。今後も動力の電動化などが進み、モータによる電力使用量の増加が見込まれるため、環境・エネルギー問題の課題解決の観点からモータの省エネルギー・高効率化は重要である。

　各種モータのなかでも永久磁石同期モータ（PMSM）は、希土類永久磁石を代表とする高性能磁石の開発、交流モータの可変速駆動を可能とするパワーエレクトロニクス技術の進歩、ベクトル制御などのモータ制御理論の発達と高性能制御を実現するマイクロエレクトロニクス技術の進歩により、小形で高効率な高性能モータとして飛躍的な発展を遂げてきている。特に、埋込磁石同期モータ（IPMSM）は、高効率で可変速範囲の広いモータとして、エアコンのコンプレッサ駆動用モータなど家電用モータ、電気自動車やハイブリッド自動車の駆動用モータをはじめとして様々な用途に応用範囲を拡大し、適用機器の省エネルギー化に大きく貢献している。一方、産業用モータにおいては、国際電気標準会議によってモータの効率クラスが決められ、日本を含め世界各国で効率に関する法規制が進められている。従来の誘導電動機（IM）に代わる高効率産業用モータとしてPMSMの適用が有効であるが、PMSMよりも低価格・省資源でIMよりも高効率なシンクロナスリラクタンスモータ（SynRM）も注目されている。

　本書は、上述のように高効率、省エネモータとしてさらなる適用分野の拡大が期待される永久磁石同期モータおよびシンクロナスリラクタンスモータの高効率・高性能運転を実現するドライブシステムについて、はじめて研究や設計に携わる研究者・技術者が、モータドライブシステムを構築し、実際に制御して高性能運転を実現するとともにモータ特性や制御性能を評価できる技術を習得することを目的として、基礎事項と設計の基本を中心にしながら、実際に現場で使える内容であることも意識して執筆した。本書の特徴は、次のとおりである。

PMSM（SPMSMとIPMSM）に加えて、SynRMについても扱っている。SPMSMおよびSynRMはIPMSMの特別な場合であるとの視点から、IPMSMを中心にモータのモデリング、ドライブシステムの設計、制御方法を統一的に説明している。

　高性能制御法として、一般的に適用されている電流ベクトル制御に加えて、直接トルク制御（DTC）についても詳細かつ具体的に説明している。

　本書に示す各種特性曲線やシミュレーション結果は、具体的なモータパラメータを用いて描いており、読者が特性計算した結果と比較・確認できるように配慮している。

　モータドライブシステムを構築するために必要な制御システムのデジタル化、初期設定方法、モータパラメータ計測法、基本特性測定法についても具体的に説明している。

　第1章では、モータドライブシステムの基本構成を示すとともに、各構成要素と本書の各章との対応について説明している。第2章と第3章では、制御対象のPMSMおよびSynRMの基本構造と数学モデルについてできるだけ丁寧に説明している。第4章では、電流ベクトル制御システム、第5章では、センサレスベクトル制御システムを具体例も交えて詳しく説明している。第6章では、直接トルク制御の基本から実際の設計まで詳細に説明している。第7章では、モータドライブの視点からインバータとセンサについて説明している。第8章では、デジタル制御システムの構築法と注意点などについて説明している。第9章では実験システムの構築法、初期設定法など実機実験の準備や特性測定法などについて説明している。

　本書が、省エネモータドライブシステムの設計や応用に携わっておられる方々およびこの分野の研究を志す学生諸君に少しでも役立てば、望外の喜びである。

森本茂雄

目　　次

1. モータドライブシステムの基本構成

1−1　はじめに　…………………………………………………………　3
1−2　モータドライブシステムの全体構成　………………………………　4
　1−2−1　全体構成　………………………………………………　4
　1−2−2　モータが駆動する負荷の特性　………………………　5
　1−2−3　モータと制御器　………………………………………　6
　1−2−4　機械系の運動制御　……………………………………　8
1−3　ドライブシステムの構成要素と本書との対応　……………………　11
　(1) 同期モータ　……………………………………………………　11
　(2) 制御器　…………………………………………………………　11
　(3) 電力変換器　……………………………………………………　14
　(4) センサ　…………………………………………………………　14
　(5) モータ試験システム　…………………………………………　14

2. PMSM・SynRMの基礎

2−1　はじめに　…………………………………………………………　17
2−2　基本構造と特徴　…………………………………………………　18
　2−2−1　モータの分類と特徴　…………………………………　18
　2−2−2　基本構造　………………………………………………　20
　　(1) 固定子構造と回転磁界　……………………………………　20
　　(2) 回転子構造　…………………………………………………　27
2−3　トルク発生原理　…………………………………………………　32

3．PMSM・SynRMの数学モデル

3－1　はじめに ･･･ 43
3－2　座標変換 ･･ 44
　3－2－1　座標変換とは ･････････････････････････････････････ 44
　3－2－2　座標変換行列 ･････････････････････････････････････ 46
3－3　静止座標系のモデル ････････････････････････････････････ 51
　3－3－1　三相静止座標系のモデル ･･･････････････････････････ 51
　3－3－2　二相静止座標系（α-β座標系）のモデル ･････････････････ 55
3－4　回転座標系のモデル ････････････････････････････････････ 56
　3－4－1　d-q座標系のモデル ･･････････････････････････････ 56
　3－4－2　鉄損を考慮したd-q座標系のモデル ･･････････････････ 62
　3－4－3　M-T座標系のモデル ･･････････････････････････････ 63
　3－4－4　任意直交座標系のモデル ･･･････････････････････････ 65
3－5　制御対象としての基本モータモデル ･･････････････････････ 66
　3－5－1　d-q座標系の基本モデル ･･････････････････････････ 66
　　(1) 電気系モデル ･･･ 67
　　(2) 電気－機械エネルギー変換 ･････････････････････････････ 67
　　(3) 機械系モデル ･･･ 67
　3－5－2　本書で用いるモータと機器定数 ･････････････････････ 68
3－6　実際のモータモデル ････････････････････････････････････ 72
　3－6－1　磁気飽和と空間高調波の影響 ･･･････････････････････ 72
　　(1) 磁気飽和の影響 ･･･････････････････････････････････････ 72
　　(2) 空間高調波の影響 ･････････････････････････････････････ 76
　3－6－2　実際のモータパラメータの解析事例 ･････････････････ 78

4．電流ベクトル制御法

4－1　はじめに ･･･ 83
4－2　電流ベクトル平面上の特性曲線 ･･･････････････････････････ 84

4−3　電流位相と諸特性 ･････････････････････････････ 91
　4−3−1　電流一定時の電流位相制御特性 ･･････････････ 91
　4−3−2　トルク一定時の電流位相制御特性 ････････････ 95
　4−3−3　電流位相制御特性のまとめ ･･････････････････ 97
4−4　各種電流ベクトル制御法 ･･･････････････････････ 98
　4−4−1　最大トルク／電流制御 ･･････････････････････ 98
　4−4−2　最大トルク／磁束制御（最大トルク／誘起電圧制御） ････ 100
　4−4−3　弱め磁束制御 ･･････････････････････････････ 103
　4−4−4　最大効率制御 ･･････････････････････････････ 106
　4−4−5　力率1制御 ････････････････････････････････ 107
4−5　電流・電圧の制限を考慮した制御法 ･････････････ 109
　4−5−1　電流ベクトルの制約 ････････････････････････ 109
　4−5−2　電流・電圧制限下での電流ベクトル制御 ･･････ 111
　4−5−3　最大出力制御 ･･････････････････････････････ 114
　　(1) 制御モードⅠ ･･････････････････････････････････ 115
　　(2) 制御モードⅡ ･･････････････････････････････････ 116
　　(3) 制御モードⅢ ･･････････････････････････････････ 116
　　(4) 最大出力制御の電流ベクトルと特性例 ････････････ 117
4−6　電流ベクトル制御システム ･････････････････････ 122
　4−6−1　電流指令値作成法 ･･････････････････････････ 122
　　(1) MTPA制御 ････････････････････････････････････ 122
　　(2) 弱め磁束制御 ･･････････････････････････････････ 124
　4−6−2　非干渉電流制御 ････････････････････････････ 126
　4−6−3　電流制御システム ･･････････････････････････ 131
　　(1) 電流検出と座標変換 ････････････････････････････ 131
　　(2) 電圧指令値の作成 ･･････････････････････････････ 131
　　(3) 全体構成 ･･････････････････････････････････････ 132
　4−6−4　電流ベクトル制御システムの特性例 ･･････････ 134
4−7　モータパラメータ変動の影響 ･･･････････････････ 140

5. センサレス制御

5－1　はじめに ···147
5－2　センサレス制御の概要 ·························148
　(1) V/f 一定制御に基づく方法 ·······················148
　(2) 電機子鎖交磁束に基づく方法 ····················148
　(3) 誘起電圧に基づく方法 ··························149
　(4) 突極性に基づく方法 ····························149
5－3　誘起電圧に基づくセンサレス制御 ···············150
　5－3－1　誘起電圧に基づく位置推定の基本 ···········150
　　(1) $\alpha\text{-}\beta$ 座標系（静止座標系）·····150
　　(2) $d\text{-}q$ 座標系（同期回転座標系）········152
　　(3) $\gamma\text{-}\delta$ 座標系（任意の直交座標系）·····152
　5－3－2　推定 $d\text{-}q$ 座標系の拡張誘起電圧モデルに基づく
　　　　　位置・速度推定 ···························153
　5－3－3　拡張誘起電圧モデルに基づく
　　　　　位置・速度推定部の構成例 ·················154
　5－3－4　拡張誘起電圧推定方式によるセンサレス制御 ···158
　5－3－5　拡張誘起電圧推定方式におけるパラメータ誤差の影響····162
5－4　突極性に基づくセンサレス制御 ··················164
　5－4－1　突極性に基づく位置推定の基本 ············164
　5－4－2　推定 $d\text{-}q$ 座標系における高周波電圧印加方式·····165
　5－4－3　極性判別法 ·····························170
5－5　高周波印加方式と拡張誘起電圧推定方式による
　　　全速度域センサレス制御 ·······················172

6．直接トルク制御

- 6－1　はじめに ･････････････････････････････････････179
- 6－2　トルクと磁束を制御する原理･･････････････････180
  - 6－2－1　トルク制御 ･･････････････････････････180
  - 6－2－2　磁束制御 ････････････････････････････183
  - 6－2－3　制御できる条件 ･･････････････････････184
    - (1) SPMSM･････････････････････････････････184
    - (2) IPMSM ･････････････････････････････････185
    - (3) SynRM ･････････････････････････････････187
- 6－3　基本特性曲線 ･････････････････････････････････190
- 6－4　トルクと磁束の指令値 ････････････････････････197
  - 6－4－1　最大トルク／電流制御････････････････197
    - (1) 参照テーブルを用いる方法･･････････････････197
    - (2) M-T 座標上での数式モデルを用いる方法 ･･･････197
    - (3) SynRM で d-q 座標系の関係式を用いる方法 ･･･････198
  - 6－4－2　弱め磁束制御 ････････････････････････199
  - 6－4－3　電流制限のためのトルク制限････････････199
  - 6－4－4　最大トルク／磁束制御････････････････199
    - (1) IPMSM の場合･･････････････････････････････199
    - (2) SynRM の場合 ･････････････････････････････199
- 6－5　DTCの構成 ･････････････････････････････････201
  - 6－5－1　電機子鎖交磁束の推定 ･････････････････201
  - 6－5－2　スイッチングテーブル方式･････････････203
  - 6－5－3　指令磁束ベクトルを得る方式･･･････････209
  - 6－5－4　DTC の制御特性を改善する方法･･････････219
  - 6－5－5　DTC によるモータ駆動システムの運転特性 ･･････････225

7. インバータとセンサ

7−1 はじめに ………………………………………………… 231
7−2 電圧形インバータの基本構成と基本動作 ………………… 232
 7−2−1 三相電圧形インバータのPWM制御 ………… 232
 7−2−2 電圧利用率を向上する変調方式 ………………… 236
  (1) 3次調波注入方式 ………………………………… 236
  (2) 二相変調方式 …………………………………… 237
7−3 デッドタイムの影響と補償 ………………………………… 240
 7−3−1 デッドタイムの影響 ……………………………… 240
 7−3−2 デッドタイムの補償法 …………………………… 241
7−4 モータドライブに用いるセンサ …………………………… 244
 7−4−1 機械量のセンサ …………………………………… 244
  (1) 位置センサ ……………………………………… 244
  (2) 速度センサ ……………………………………… 247
 7−4−2 電気量のセンサ …………………………………… 249
  (1) 電流センサ ……………………………………… 249
  (2) 電圧センサ ……………………………………… 250

8. デジタル制御システムの設計法

8−1 はじめに ………………………………………………… 255
8−2 デジタル制御システムの基本構成 ………………………… 256
 8−2−1 ハードウェア構成 ………………………………… 256
  (1) PWMによるスイッチング信号生成 …………… 256
  (2) アナログ−デジタル変換 ………………………… 256
  (3) ABZカウンタ …………………………………… 256
  (4) タイマ …………………………………………… 256
  (5) その他 …………………………………………… 258
 8−2−2 ソフトウェア処理と割込処理 …………………… 258

8－3　制御システムのデジタル化・・・・・・・・・・・・・・・・・・・・・・・・・・・・・262
8－4　デジタル化の注意点・・・・・・・・・・・・・・・・・・・・・・・・・・・・・・・・・264
　8－4－1　サンプリング定理・・・・・・・・・・・・・・・・・・・・・・・・・・・・・264
　8－4－2　量子化誤差・・・・・・・・・・・・・・・・・・・・・・・・・・・・・・・・・265
　8－4－3　センサ誤差の補正・・・・・・・・・・・・・・・・・・・・・・・・・・・・267
　8－4－4　時間遅れの影響・・・・・・・・・・・・・・・・・・・・・・・・・・・・・268

9．モータ試験システムと特性測定方法

9－1　はじめに・・・273
9－2　実験システムの構成・・・・・・・・・・・・・・・・・・・・・・・・・・・・・・・274
　(1) 供試機（PMSM）・・・・・・・・・・・・・・・・・・・・・・・・・・・・・・・・・274
　(2) 位置センサ（PS）・・・・・・・・・・・・・・・・・・・・・・・・・・・・・・・・・274
　(3) トルク検出器、速度・トルクメータ・・・・・・・・・・・・・・・・・・・276
　(4) 負荷・・277
　(5) パワーメータ・・・・・・・・・・・・・・・・・・・・・・・・・・・・・・・・・・・277
　(6) インバータ・・・・・・・・・・・・・・・・・・・・・・・・・・・・・・・・・・・・・277
　(7) 直流電源・・・・・・・・・・・・・・・・・・・・・・・・・・・・・・・・・・・・・・277
　(8) デジタル制御システム・・・・・・・・・・・・・・・・・・・・・・・・・・・・278
9－3　初期設定（実験準備）・・・・・・・・・・・・・・・・・・・・・・・・・・・・・・279
　9－3－1　正転方向・相順決定、Z位置の確認・・・・・・・・・・・・・279
　　(1) PMSMの場合・・・・・・・・・・・・・・・・・・・・・・・・・・・・・・・・・279
　　(2) SynRMの場合・・・・・・・・・・・・・・・・・・・・・・・・・・・・・・・・281
　9－3－2　電気系定数の測定法・・・・・・・・・・・・・・・・・・・・・・・・282
　　(1) 電機子抵抗の測定・・・・・・・・・・・・・・・・・・・・・・・・・・・・・283
　　(2) 永久磁石による電機子鎖交磁束の測定・・・・・・・・・・・・・284
　　(3) d, q軸インダクタンスの測定・・・・・・・・・・・・・・・・・・・・・284
　　　(a) 停止状態での測定・・・・・・・・・・・・・・・・・・・・・・・・・・284
　　　(b) 実運転状態での測定・・・・・・・・・・・・・・・・・・・・・・・・289
　9－3－3　機械系定数の測定法・・・・・・・・・・・・・・・・・・・・・・・・293

⊗ 目次

9－3－4　センサの零点補正・・・・・・・・・・・・・・・・・・・・・・・・・・・・・・・・・・295
9－4　基本特性の測定 ・・296
　9－4－1　電流位相－トルク特性 ・・・・・・・・・・・・・・・・・・・・・・・・・・・296
　9－4－2　速度－トルク特性、効率マップ ・・・・・・・・・・・・・・・・・・・296
9－5　損失分離 ・・299

モータドライブシステム の基本構成

1-1 はじめに

　本章では本書の導入として、モータドライブシステムの全体構成を説明する。モータドライブシステムは大きく分けるとモータを中心に、モータが駆動する負荷機械、モータを駆動・制御するための電力変換器、制御器およびセンサで構成される。これら各構成要素について概説するとともに各構成要素と本書の各章との対応についても述べる。

1-2 モータドライブシステムの全体構成
1-2-1 全体構成

　モータには様々な種類があるが、構造がシンプル、ブラシレスでメインテナンスフリー、高効率運転特性などの利点から動力用モータとして交流モータが主流となっている。また、交流モータを高効率に可変速運転するためにインバータ駆動が一般的である。三相交流モータの可変速ドライブシステムの基本構成を図1-1に示す。本システムは、交流モータを中心として、負荷機械、電力変換器、制御器およびセンサで構成される。エネルギーの流れは、電源からの電気エネルギー（電力）を電力変換器（インバータ）で可変電圧・可変周波数の三相交流電圧に変換してモータに入力し、モータで機械エネルギー（動力）に変換して負荷機械を駆動する。一方、信号（情報）の流れは、外部から与えられる指令（モータの回転角度（位置）、回転速度、トルクなど）とセンサなどから得られる情報（電流・電圧や位置・速度）をもとに制御器で演算処理して、

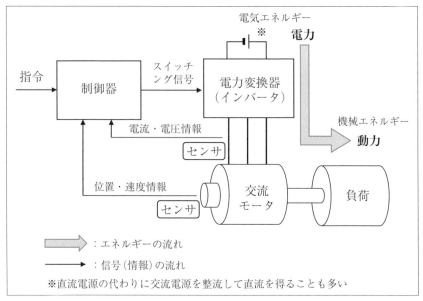

〔図1-1〕交流モータドライブシステムの基本構成

最終的に電圧型インバータのスイッチをオン・オフする信号（スイッチング信号）を生成する。

１－２－２　モータが駆動する負荷の特性

　モータが駆動する負荷は、速度に対して様々なトルク特性を示す。モータ制御においては、様々な特性を有する負荷の位置や速度を指令に従って、安定で素早くかつ高精度に追従させること（目標値追従特性）、外乱の影響が少ないこと（外乱抑圧特性）、さらにエネルギー効率が高いこと（高効率特性）が要求される。図1-2に代表的な負荷の速度－トルク特性を示す。①定トルク負荷は速度に関係なく一定のトルクを要求する負荷で、クレーン、エレベータ、コンベヤなどである。②２乗トルク負荷は、逓減トルク負荷とも呼ばれ、ファンやポンプなどの流体機械に見られる特性である。③定出力負荷は、トルクが速度に対して反比例し、出力が速度に関係なく一定の負荷で、巻取機や工作機械の主軸などに見られる特性である。同図中には、最大トルクや最大出力が要求される運転ポイントを〇印で示している。これらの負荷を駆動するモータは、負荷機械が要求する速度－トルク特性を満たす出力特性を有する必要が

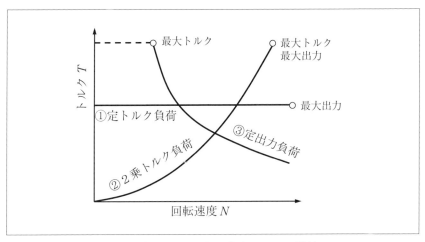

〔図1-2〕様々な負荷の速度－トルク特性

あり、最大トルクで主に最大モータ電流が、最大出力でモータ出力や電源容量が決まり、負荷を駆動するためのモータ定格（定格トルク、定格速度、定格出力など）が決まる。

　従来のモータ駆動では、図1-2のように負荷によって決まる速度－トルク特性上で運転することが一般的であったが、エアコンのコンプレッサ駆動用モータや電気自動車駆動用モータなど用途に応じて最適設計され、機器に組み込まれて使用される用途指向形モータにおいては、様々な速度・トルクの状態で運転される。用途指向形モータの運転領域の例を図1-3に示す。エアコンのコンプレッサ駆動（同図(a)）では、起動時に急速な冷暖房運転を行うために高速・高出力運転を行い、室温が安定すれば低速・低トルク運転となる。洗濯機駆動（同図(b)）では、洗濯状態（低速・高トルク）と脱水状態（高速・低トルク）で運転状態が大きく異なり、その中間の領域は使用されない。電気自動車やハイブリッド自動車などの自動車駆動では、広い速度範囲とトルク範囲が要求される（同図(c)）。通常走行状態では低トルクであるが、登坂発進や追い越し加速などのために短時間でも高トルク・高出力が必要となる。このように用途によって様々な運転状態、運転領域があり、それを満たすためにモータ駆動システムには図1-3に破線で示したような速度－トルク特性（定トルク領域＋定出力領域）が必要となる。

1－2－3　モータと制御器

　図1-3に示したような用途に応じた要求特性を満足するためには、まずは用いるモータの選定およびその最適設計が必要である。モータには小型・軽量、高効率、メンテナンスフリーといった特性が要求され、それを満たす省エネルギー・高効率モータとして、永久磁石界磁を有する永久磁石同期モータ（PMSM：Permanent Magnet Synchronous Motor）が広く用いられている。PMSMは形状自由度や設計自由度も高いので、機器組込型の用途指向形モータとして適している。また、一般産業用モータとしては、誘導モータが主流であるが、より高効率化が求められており、ポスト誘導モータとしてシンクロナスリラクタンスモータ（SynRM：

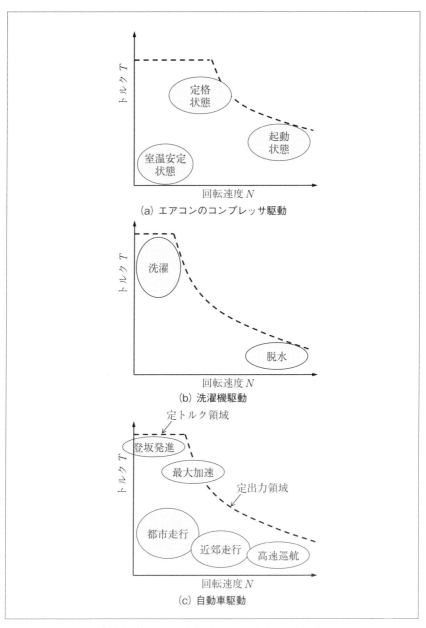

〔図1-3〕各種用途指向形モータの運転領域

Synchronous Reluctance Motor）が注目されている。本書では、これらのPMSMとSynRMを同期モータ（SM：Synchronous Motor）と称し、そのドライブシステムについて説明する。

　モータが最適設計されたとき、そのモータの能力を最大限に引き出すためのモータドライブシステムが重要となる。交流モータドライブは、インバータ駆動が基本であるが、モータの回転速度、トルクなどの指令値とセンサから検出された電流や位置・速度の情報よりインバータのスイッチングを制御する制御器（図1-1参照）には様々な構成が考えられる。本書では、同期モータ（PMSM、SynRM）の速度やトルクの高性能制御および高効率制御を実現するシステムとして、電流ベクトル制御と直接トルク制御について詳しく説明している。

1−2−4　機械系の運動制御

　本書で扱うモータドライブシステムでは、モータの性能を最大限に引き出す制御方法とその具体的なシステム構成について説明している。モータの用途は様々であるが、モータが駆動する機械系の回転速度や回転角度を上位コントローラからの指示で速やかに追従させる電動アクチュエータとして使用されることも多い。

　図1-4に示す多関節ロボットでは、複数の関節がモータで駆動される構成となっている。このときの制御目的は、ロボットの多数の関節の角度、アームの位置や軌跡、または外部に加える力などを上位のコントローラの指令に従って安定かつ高速に制御することである。そのためには、それぞれの関節を駆動する複数のモータのトルク・回転速度・回転角度（位置）を正確かつ高速に制御するサーボドライブが必要となる。同期モータのトルク制御は、本書で説明する電流ベクトル制御や直接トルク制御で実現でき、ロボットアームの運動（移動速度や位置）を制御するためのモータの回転速度と回転角度の制御は運動制御（モーションコントロール）と呼ばれる。モータの回転速度・回転角度が指令値どおりに精度良く制御できれば、軌道生成部からの指令により全ての関節を協調して制御でき、ロボット全体の動作を制御することができる。

本書では、トルク制御システムについても説明しているので、モータドライブシステムをトルク発生機（図1-4中のトルク制御部＋モータに相当）と捉え、速度や位置の制御システムを設計できる。トルクの応答特性はモータ制御器の設計で決まるが、指令トルク T^* と実トルク T の関係を一次遅れ系で近似すると次式で表すことができる。

$$G_T(s) = \frac{T}{T^*} = \frac{\omega_T}{s+\omega_T} = \frac{1}{T_T s+1} \quad \cdots\cdots\cdots\cdots\cdots\cdots\cdots\cdots \quad (1\text{-}1)$$

ただし、ω_T, T_T ($=1/\omega_T$)：トルク制御系の交差角周波数（カットオフ角周波数）と時定数

トルク制御系の応答を機械系の応答に比べて十分速くなるように設計すれば、モータが駆動する負荷機械系も含めた機械系の制御（回転速度や位置の制御）は図1-5のように速度制御系や位置制御系を構成し、各種制御理論に基づき制御器を設計することができる。図1-5の位置制御系では、位置制御のフィードバックループの内側に速度制御ループが、さらに内側にトルク制御系がある。内側の閉ループをマイナループと呼び、これを接続して構成する制御をカスケード制御という。マイナー

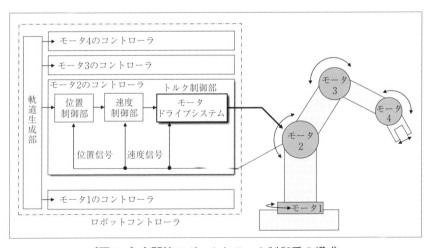

〔図1-4〕多関節ロボットとモータ制御系の構成

ループの応答速度（交差角周波数）が外側の制御ループの応答速度の 10 倍以上であれば、マイナーループの応答は無視して外側の制御ループの制御器を設計しても問題無い。モータ制御はこのようなカスケード制御を行うことが多い。トルク制御系が構築できれば、速度や位置を制御するシステムは自由に設計すれば良いので、そのための制御システムやコントローラの設計法については専門書を参照されたい。

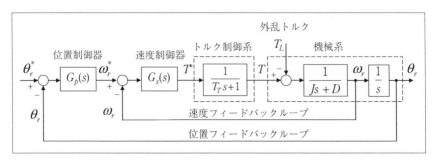

〔図1-5〕機械系の制御システム

1－3　ドライブシステムの構成要素と本書との対応

本節では、図 1-1 に示したドライブシステムの各構成要素について概説する。また、それらの構成要素が本書のどの章に対応しているかについても説明する。図 1-6 に本書で対象とする同期モータドライブシステムを示し、図中に本書の対応する章番号を示す。

(1) 同期モータ

本書で対象とするモータは、前述のように省エネルギー・高効率モータとして省エネ家電やハイブリッド自動車、電気自動車などの車両駆動用モータなどで使用されている永久磁石同期モータ（PMSM）および誘導モータに代わる産業用高効率モータとして注目されているシンクロナスリラクタンスモータ（SynRM）である。

本書で制御対象とする PMSM および SynRM の基礎として、基本構造やトルク発生原理について第 2 章で説明する。第 3 章では特性解析や制御手法の検討および制御システムの設計に不可欠な同期モータの数学モデルの導出を行う。本書で説明するドライブシステムの構築には、第 3 章で説明する数学モデルの理解が必要不可欠である。

(2) 制御器

本書では同期モータの制御法として電流ベクトル制御と直接トルク制

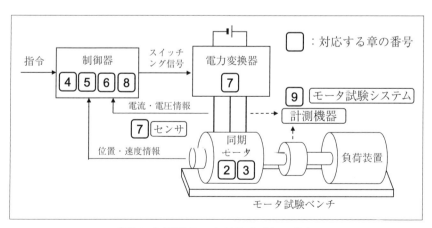

〔図 1-6〕同期モータドライブシステム

※1. モータドライブシステムの基本構成

御について具体的なモータパラメータを用いて求めた特性図やシミュレーション結果、実機による実験結果を示すなどして詳しく説明している。

電流ベクトル制御システムの基本構成を図1-7に示す。電流ベクトル制御は一般に回転座標系である d-q 座標上で制御系を構成するため、回転子位置情報を用いた座標変換が必要となるが、d-q 座標上の電流や電圧は直流量となるため制御系の設計が容易となる。まず、速度やトルクの指令と検出した速度や電流情報に基づき d, q 軸電流の指令値を生成する（電流指令作成部）。この電流指令値の作成方法がモータ運転特性を決定する重要なポイントとなる。電流制御部は、電流指令値どおりに実電流が流れるように電流フィードバック制御を行い電圧指令値を生成する。電圧指令値に従いPWM回路でスイッチング信号を生成し、インバータを制御する。電流ベクトル制御システムにおける電流指令の作成方法および電流フィードバック制御については第4章で詳しく説明している。

同期モータの制御においては、基本的に位置情報が必要であり、一般に位置センサが使用される。モータ側に設置される位置センサは、設置スペースやコストの問題、使用環境の雰囲気やセンサ信号へのノイズ混

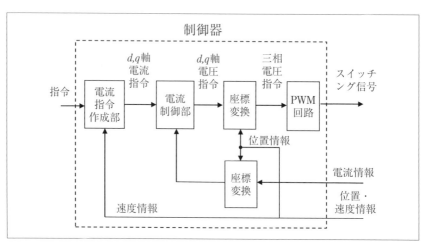

〔図1-7〕電流ベクトル制御システムの基本構成

入の問題などがあるため、センサを用いないセンサレス制御が望まれており、各種センサレス制御法が検討され、実用化されている。電流ベクトル制御システムにおける位置センサレス制御については、第5章で具体的事例も含めて説明している。

　直接トルク制御システムにおける制御器の基本構成を図1-8に示す。直接トルク制御では、指令値入力がトルク指令と磁束指令であること、電圧・電流情報より磁束およびトルクを推定すること、それらに基づきスイッチング信号を作成することが特徴である。電流ベクトル制御と異なり、直接電流を制御することなくトルクと磁束の制御を行う。直接トルク制御では、一般に静止座標である α-β 座標上で制御を行うため、回転子位置の情報は不要となる。トルク・磁束制御部の構成としては、大きく2つに分類できる。代表的な方式として、スイッチングテーブル方式がある。これは、トルクおよび磁束の指令値と推定値の偏差からスイッチングテーブルを用いて直接スイッチング信号を作成する方法で、電流ベクトル制御システムのような電圧指令値は生成されない。一方、電流ベクトル制御システムと同じように電圧指令を作成し、PWM回路でスイッチング信号を生成する方式がある。トルク指令と推定トルクの

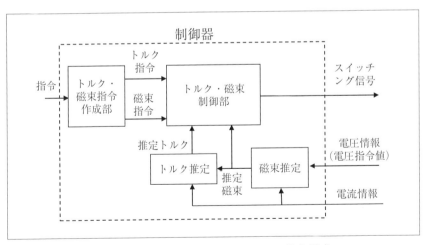

〔図1-8〕直接トルク制御システムの基本構成

偏差および磁束指令より指令磁束ベクトルを生成して、これより電圧指令値を作成する方式で、本書では RFVC DTC (Reference Flux Vector Calculation Direct Torque Control) と呼ぶ。直接トルク制御システムにおける制御の考え方および DTC を構築するスイッチングテーブル方式と RFVC DTC については第 6 章で詳しく説明している。

上記の各種制御は、マイクロプロセッサやデジタルシグナルプロセッサ (DSP) などを用いたデジタル制御が一般的であり、各種制御アルゴリズムはプログラムとして実装される。デジタル制御システムの基本構成や制御システムのデジタル化の方法および注意点について第 8 章で説明している。

(3) 電力変換器

可変速交流モータドライブシステムにおいて直流電源より可変電圧・可変周波数電源に変換する電力変換器は重要な要素であり、様々な構成や制御法がある。本書ではモータ制御を中心に説明しているため、電力変換器としてはモータドライブシステムで一般に用いられている三相電圧形インバータとする。インバータの構成、変調方式などについて第 7 章で説明している。

(4) センサ

モータの高性能制御を実現するには、モータの運転状態を把握するために電気量である電流および電圧の情報、機械量である回転子の位置および速度の情報が必要となる。第 7 章では、これらの情報を検出するためのセンサについて、センサ情報を利用しモータドライブシステムを設計する視点で説明している。

(5) モータ試験システム

モータドライブシステムを構築した後は、実際にモータを駆動・制御し、モータ試験ベンチや計測機器を用いてモータ本体の特性や制御性能を測定し評価することになる。第 9 章では、実験システムの構成や初期設定の方法、機器定数の測定方法、およびモータ性能を評価するためによく用いられる基本特性の測定法について説明している。

PMSM・SynRM の基礎

2-1 はじめに

本章では、本書で制御対象とする永久磁石同期モータ（PMSM）およびシンクロナスリラクタンスモータ（同期リラクタンスモータ：SynRM）の基礎を整理しておく。最初に PMSM および SynRM について、他のモータとも比較しながら概要や特徴を説明する。つぎに交流モータの固定子巻線、PMSM と SynRM の様々な回転子構造を示し、それらモータの基本構造をもとにトルク発生原理について説明する。

2－2 基本構造と特徴
2－2－1 モータの分類と特徴

　モータには様々な種類があり、電源、トルク発生原理、構造など各種視点によって分類することができる。図2-1は、電源を基本に原理、構造も考慮した電磁モータの分類である。非常に多くの種類のモータがあるが、近年は、半導体スイッチングデバイスを用いたインバータ等の電力変換装置をマイクロプロセッサ等によりデジタル制御するモータ駆動装置により可変速駆動されることが多くなっている。

　表2-1にインバータ駆動される中・小形モータの分類を示す。また、図2-2には、代表的なモータの断面図を示す。表2-1では、駆動電源の波形（正弦波、非正弦波）、回転子位置情報の必要性など駆動制御システムの観点からも分類している。まず、巻線電流によって作られる磁界の変化に同期して回転する同期形モータと同期しない非同期形モータに大別している。つぎに、制御におけるロータ位置情報の必要性と駆動波

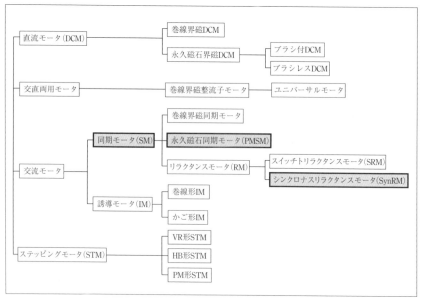

〔図2-1〕電磁モータの分類

形（正弦波駆動と非正弦波駆動）によって分けている。非同期形モータの誘導モータ（IM：Induction Motor；図 2-2（e））は正弦波駆動され、位置情報は不要である。ただし、ベクトル制御などを適用して高精度のトルク制御や速度制御を行う場合は速度情報が必要となる。同期形モータとしては、永久磁石界磁の永久磁石同期モータ（PMSM）と磁石を使用しないリラクタンスモータ（RM：Reluctance Motor）がある。ステッピングモータ（STM：Stepping Motor）も巻線に流す電流の切り換えに同期して回転するため同期形モータとして分類している。PMSM と RM は位置

〔表 2-1〕インバータ駆動される中・小形モータの分類

大分類	中分類	位置情報必要		位置情報不要		磁石
		正弦波駆動	非正弦波駆動	正弦波駆動	非正弦波駆動	
同期形モータ	永久磁石同期モータ（PMSM）	表面磁石同期モータ（SPMSM）	ブラシレスDCモータ（BLDCM）	自己始動形PMSM		有
		埋込磁石同期モータ（IPMSM）				有
						有
	リラクタンスモータ（RM）	シンクロナスリラクタンスモータ（SynRM）	スイッチトリラクタンスモータ（SRM）			
	ステッピングモータ（STM）			VR 形 STM HB 形 STM PM 形 STM		有 有
非同期形モータ	誘導モータ（IM）			かご形 IM		

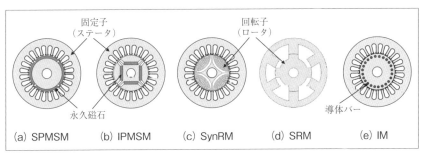

(a) SPMSM (b) IPMSM (c) SynRM (d) SRM (e) IM

〔図 2-2〕代表的なモータの断面図

※2. PMSM・SynRMの基礎

情報が必要であり、ステッピングモータは不要である。PMSMの中でも120°通電など非正弦波駆動されるモータをブラシレスDCモータと呼び、正弦波駆動されるPMSMと区別する。正弦波駆動PMSMは、ロータ内の永久磁石の配置によって、ロータ表面に永久磁石を張り付ける表面磁石同期モータ（SPMSM: Surface Permanent Magnet Synchronous Motor；図2-2 (a)) とロータ内部に永久磁石を埋め込む埋込磁石同期モータ（IPMSM: Interior Permanent Magnet Synchronous Motor；図2-2 (b)) に分類できる。リラクタンスモータも正弦波駆動されるシンクロナスリラクタンスモータ（SynRM: Synchronous Reluctance Motor；図2-2 (c)) と非正弦波駆動されるスイッチトリラクタンスモータ（SRM: Switched Reluctance Motor；図2-2 (d)) に分かれる。

本書で扱うモータは、位置情報を用いて正弦波駆動を行う同期形モータであるSPMSM、IPMSMおよびSynRMである。本書では、SPMSMとIPMSMをあわせてPMSM、PMSMとSynRMをあわせて同期モータと称する。

２－２－２　基本構造
(1) 固定子構造と回転磁界

モータの基本構造の概念図を図2-3に示す。同図 (b)、(c) は回転軸

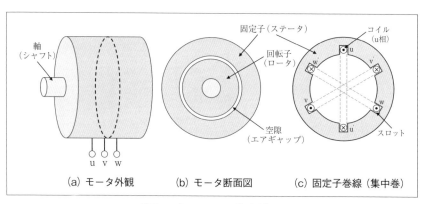

(a) モータ外観　　(b) モータ断面図　　(c) 固定子巻線（集中巻）

〔図2-3〕モータの基本構造

- 20 -

に直角な平面で切った断面図である。モータの断面は一般に同じ形状であり、モータの構造や原理などはこの断面形状に基づいて説明することができる。固定子に設けられたスロットに巻線が納められる。図2-3（c）には簡単化のため6つのスロットに角度$2\pi/3$ radずつ回転させた3組の巻線（u-u'：u相巻線、v-v'：v相巻線、w-w'：w相巻線）を設けた固定子を示している。このように各巻線が$2\pi/3$隔てて配置されている巻線を対称三相巻線と呼ぶ。交流モータの固定子巻線は対称三相巻線が基本であり、各相の一方の端子u', v', w'を接続した星形結線が一般的である。本書では、固定子巻線は星形結線の対称三相巻線とする。図2-3（c）のように一相分の全ての巻線を1箇所に集中して設置したものを集中巻と呼ぶ。

　巻線に電流を流したとき、その起磁力によってエアギャップに生じる磁束密度の空間分布が正弦波であると仮定し、u相、v相、w相の各相の巻線電流を$i_u=i_v=i_w=I$とすると、各相の電流によって生じる磁束密

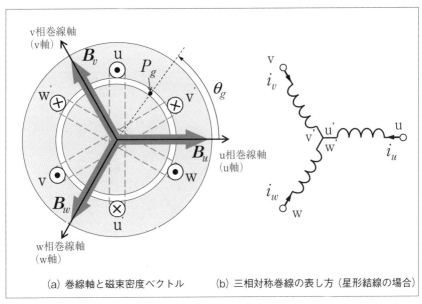

(a) 巻線軸と磁束密度ベクトル　　(b) 三相対称巻線の表し方（星形結線の場合）

〔図2-4〕三相対称巻線と磁束密度（$i_u=i_v=i_w=I$のとき）

度ベクトル $\boldsymbol{B}_u, \boldsymbol{B}_v, \boldsymbol{B}_w$ は図 2-4（a）のようになり、互いに $2\pi/3$ ずつ方向がずれる。各相に正の電流（端子 u, v, w に流れ込む方向を正とする）を流した時の磁束密度ベクトルの方向を巻線軸と呼び、一般に図 2-4（b）のように巻線軸の方向にコイルを描いて対称三相巻線を表す。

各相の電流 i_u, i_v, i_w による磁束密度の空間分布は巻線配置を考慮して次式で表すことができる。

$$\left.\begin{aligned} B_u(\theta_g) &= K i_u \cos \theta_g \\ B_v(\theta_g) &= K i_v \cos\left(\theta_g - \frac{2\pi}{3}\right) \\ B_w(\theta_g) &= K i_w \cos\left(\theta_g - \frac{4\pi}{3}\right) = K i_w \cos\left(\theta_g + \frac{2\pi}{3}\right) \end{aligned}\right\} \cdots\cdots\cdots\cdots \text{(2-1)}$$

ただし、K：磁気回路、巻線の巻数などによって決まる定数、θ_g：エアギャップの任意の位置 P_g の基準軸（u 相巻線軸）からの角度 [rad]（図 2-4（a）参照）

つぎに、三相巻線に次式に示す平衡三相交流電流（図 2-5）を流したときの磁束密度の空間分布を考える。

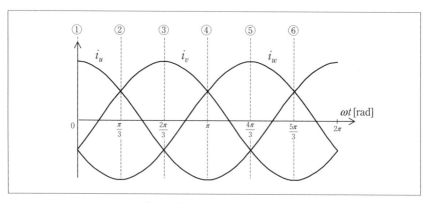

〔図 2-5〕平衡三相交流電流

$$\left.\begin{array}{l}i_u = I\cos\omega t \\ i_v = I\cos\left(\omega t - \dfrac{2\pi}{3}\right) \\ i_w = I\cos\left(\omega t - \dfrac{4\pi}{3}\right) = I\cos\left(\omega t + \dfrac{2\pi}{3}\right)\end{array}\right\} \quad \cdots\cdots\cdots (2\text{-}2)$$

式 (2-1) に式 (2-2) を代入することで各巻線により生じる磁束密度が得られ、それらを合成することで磁束密度の分布を表す次式を得る。

$$\begin{aligned}B(\theta_g) &= B_u(\theta_g) + B_v(\theta_g) + B_w(\theta_g) \\ &= KI\cos\theta_g \cos(\omega t) + KI\cos\left(\theta_g - \dfrac{2\pi}{3}\right)\cos\left(\omega t - \dfrac{2\pi}{3}\right) \\ &\quad + KI\cos\left(\theta_g - \dfrac{4\pi}{3}\right)\cos\left(\omega t - \dfrac{4\pi}{3}\right) \\ &= \dfrac{3}{2}KI\cos(\theta_g - \omega t) \quad \cdots\cdots (2\text{-}3)\end{aligned}$$

合成磁束密度分布も正弦波となり、磁束密度が最大となる位置（磁束密度ベクトルの方向）は、$\theta_g = \omega t$ であり、時間の経過とともに移動（回転）することが分かる。図 2-6 に図 2-5 の①〜⑥の時点における合成磁束密度ベクトル B を示す。磁束密度ベクトル B は大きさが一定で反時計方向に回転している。これを回転磁界と呼び、その回転角速度を同期角速度 ω_s [rad/s] と呼ぶ。回転磁界は図 2-7 に示すように等価的に N 極と S 極の磁極が回転していることに相当する。

これまでの説明では、1相の固定子巻線は空間的に π だけ隔てて巻いていた（図 2-3 (c)、図 2-4 (a) 参照）。その結果、上述のように N 極と S 極の 2 極が形成された（図 2-7）。このような巻線を極数 2 の巻線あるいは極対数 $P_n = 1$ の巻線と呼び、この回転機を 2 極機と呼ぶ。これに対して、図 2-8 (a) のように 1 相の固定子巻線を空間的に $\pi/2$ だけ隔てて巻

⊗2. PMSM・SynRMの基礎

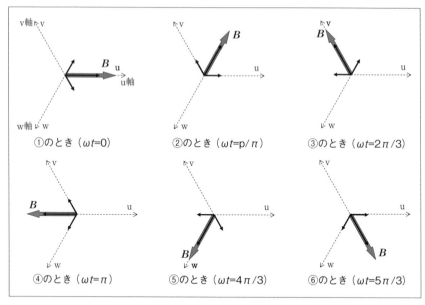

〔図2-6〕三相交流電流による回転磁界の発生

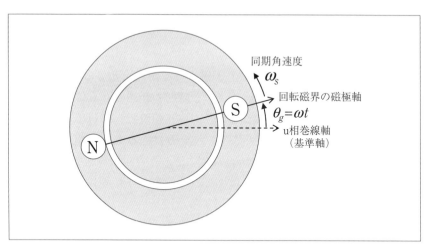

〔図2-7〕回転磁界の等価表現（2極機）

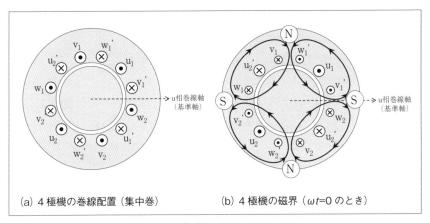

(a) 4極機の巻線配置（集中巻）　　(b) 4極機の磁界（$\omega t=0$のとき）

〔図2-8〕4極機の巻線配置と磁界

く（例えば、u_1-u_1'-u_2-u_2'）と、同図（b）のように4極が形成される。このような巻線を極数4の巻線あるいは極対数$P_n=2$の巻線と呼び、この回転機を4極機と呼ぶ。

このように巻線の巻き方を変えることで、$2P_n$極の磁極を作ることができる。このとき磁束密度の空間分布は、式（2-3）のθ_gを$P_n\theta_g$に置き換えて

$$B(\theta_g) = \frac{3}{2}KI\cos(P_n\theta_g - \omega t) \quad \cdots\cdots\cdots\cdots\cdots\cdots\cdots\cdots\cdots\cdots (2\text{-}4)$$

となる。従って回転磁界の回転角速度（同期角速度）ω_s[rad/s]は一般式として

$$\omega_s = \frac{\omega}{P_n} \quad \cdots\cdots\cdots\cdots\cdots\cdots\cdots\cdots\cdots\cdots\cdots\cdots\cdots\cdots\cdots\cdots\cdots\cdots (2\text{-}5)$$

となり、電源の角速度ω（電気角速度）の極対数分の1になる。同期角速度ω_sは、後述のように同期モータの回転角速度（機械角速度）に相当する。なお、モータの回転速度を表すのに角速度よりも1分間の回転数（分速）N[min^{-1}]または1秒間の回転数（秒速）n[s^{-1}]で表すことが多く、電源周波数f（$=\omega/2\pi$）を用いて次式で与えられる。

$$N = \frac{60f}{P_n}, \quad n = \frac{f}{P_n} \quad \cdots\cdots\cdots\cdots\cdots\cdots\cdots\cdots\cdots\cdots\cdots\cdots\cdots\cdots\cdots \quad (2\text{-}6)$$

　これまでの説明では簡単のため、固定子の巻線は図2-3（c）、図2-4（a）のように1個所のスロットに集中して巻く集中巻について扱ってきた。しかし、ギャップの磁束密度分布を正弦波に近づけるために巻線を数個のスロットに分布して巻く分布巻が一般的である。4極機の分布巻固定子の例を図2-9に示す。なお、同図の断面図にはu相巻線のみ示している。誘導モータを含め交流モータでは一般に分布巻固定子が用いられる。これに対して、小型化、扁平化や銅損の低減が求められる用途では図2-10に示す集中巻固定子を用いることが増えている。この集中巻は、これまで説明した集中巻（例えば、図2-8（a））とは異なる点に注意が必要である。図2-8（a）の集中巻では巻線間隔（コイルピッチ）が角度 π/P_n（4極機の場合 $\pi/2$）で配置されている全節集中巻であるが、図2-10の集中巻は1本のティースに1相分の巻線を集中して巻いた短節集中巻である。PMSMの固定子巻線として図2-10のような短節集中巻が使用されることが増えてきており、単に集中巻といえば短節集中巻を指すことが一般的となっている。

　図2-9と図2-10を比較して分かるように集中巻固定子を用いると、巻

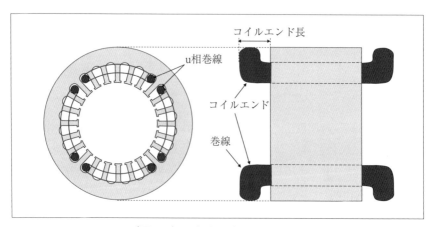

〔図2-9〕分布巻固定子（4極機）

線端部（コイルエンド）の長さが短縮でき、巻線抵抗の減少により銅損が低減できる。さらに軸方向寸法を短縮でき、小形化も実現できる。このような特長は、扁平形状のモータにおいてより有効である。また、分布巻に比べて集中巻は巻線作業が容易であり、分割コアの適用でさらに巻線占積率が向上する。しかし、集中巻は磁石磁束の有効利用率の低下、リラクタンストルクの減少、高調波磁束成分の増加に伴う鉄損の増加やトルクリプル、振動、騒音の増加といった問題点もある。集中巻固定子は、小形化と銅損低減による効率向上のメリットにより、エアコンや冷蔵庫のコンプレッサ駆動用モータをはじめ様々な用途に適用されてきている。

(2) 回転子構造

本書で対象とする同期モータのうち、まず永久磁石同期モータ（PMSM）の回転子構造について説明する。PMSMは、永久磁石で界磁極を構成するモータであり、永久磁石の配置や形状に自由度があるため様々な構造が考えられている。図2-11にPMSMの代表的な回転子構造（4極機の場合）を示す。同図において永久磁石による界磁磁束の方向をd軸（direct axis：直軸）、d軸より電気角で$\pi/2$だけ進んだ方向（正回転方向；本書では反時計方向）をq軸（quadrature axis：横軸）と呼ぶ。4極機では、

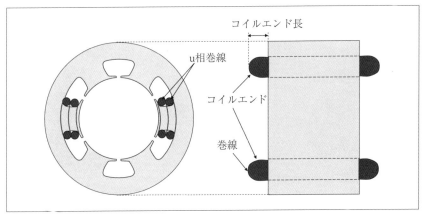

〔図2-10〕集中巻（短節集中巻）固定子（4極機）

d 軸から機械角で $\pi/4$ だけ進んだ方向が q 軸となる。前述のとおり永久磁石の配置から、ロータ表面に永久磁石を張り付けた表面磁石同期モータ (SPMSM) とロータ内部に永久磁石を埋め込んだ埋込磁石同期モータ (IPMSM) に分類できる。図 2-11 (b) も SPMSM であるが、鉄心の凹部に磁石を差し込む構造となっておりインセット型 SPMSM と呼ばれ、後述のように磁気的な特性は (a) の SPMSM と異なる。また、高速回転用の SPMSM では遠心力による磁石の飛散を防止するため、磁石外周に非磁性体の保護管 (ステンレスチューブ (SUS 管) やガラスファイバ) が設けられることが多い。図 2-11 (c) ～ (f) が IPMSM であり、IPMSM は磁石配置の自由度が高いため同図の他にも様々な構造が提案されている。IPMSM では、永久磁石を回転子内部の磁石挿入孔に埋め込むため機械

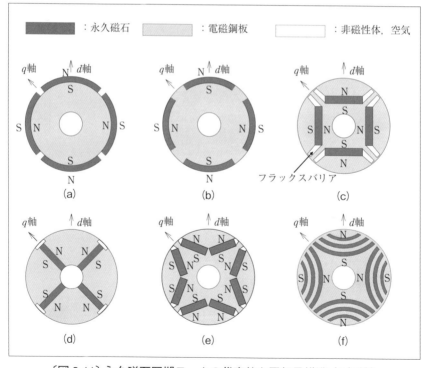

〔図 2-11〕永久磁石同期モータの代表的な回転子構造 (4 極機)

強度が向上する。また、回転子表面が積層電磁鋼板となるため SPMSM で生じる回転子表面（永久磁石や SUS 管）でのうず電流損が低減できる。しかし、磁石磁束が磁石端部の鉄心で短絡されるため、電機子巻線の磁束鎖交数（鎖交磁束）が減少する。これを防ぐために磁石の端部に磁束障壁（フラックスバリア）を設けることが多い（図 2-11 (c) 〜 (e) 参照）。

　永久磁石の比透磁率は 1.05 〜 1.20 程度であり真空透磁率とほぼ等しいため、図 2-11 に示した回転子の永久磁石の部分は磁気抵抗としては空気と等価とみなすことができる。したがって、図 2-11 (a) の SPMSM では回転子の位置によって固定子巻線から見た磁気抵抗は変化せずインダクタンスが一定の非突極機となる。一方、同図 (b) 〜 (f) の構造では回転子の位置によって磁気抵抗が変化する。図 2-12 に図 2-11 (c) の回転子構造において u 相巻線に電流を流したときの主な磁束の通路を示す。d 軸方向の磁気回路には透磁率が空気とほぼ等しい永久磁石が存在するため磁気抵抗が大きくなり、q 軸方向の磁気回路には磁石がないため d 軸方向に比べて磁気抵抗は小さくなる。従って、インダクタンスは回転子の回転角度（位置）によって変化する。u 相巻線の自己インダクタンス L_u は、u 相巻線軸と d 軸が一致するとき（図 2-12 (a)）最小となり、q 軸と一致するとき（図 2-12 (b)）最大となる。ここで、u 相巻線軸と d 軸

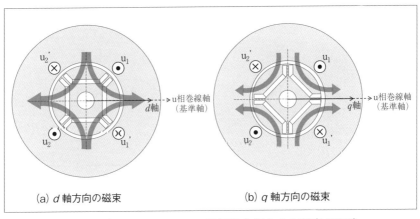

(a) d 軸方向の磁束　　　　　(b) q 軸方向の磁束

〔図 2-12〕IPMSM における回転子内部の主な磁束の通路

との成す角度(回転子の位置)を反時計方向を正として θ[rad](電気角)と定義すると、L_u は図2-13のように回転子位置 θ によって変化する。なお、本書では L_u は正弦波状に変化すると仮定する。三相巻線は次章で説明するように回転子と同期して回転する d 軸巻線と q 軸巻線に等価的に変換できる。d 軸等価巻線は回転子の d 軸上に、q 軸等価巻線は回転子の q 軸上に存在し、それぞれの巻線のインダクタンスを d 軸インダクタンス L_d および q 軸インダクタンス L_q と呼ぶ。このとき、図2-13に示したIPMSMの d, q 軸インダクタンスの関係は $L_d < L_q$ となる。図2-11(b)~(f)の構造は全て $L_d < L_q$ の突極性を持つ。巻線界磁形の突極同期機では $L_d > L_q$ となるが、上記永久磁石同期モータは逆の突極性をもつため、逆突極機と呼ばれる。一般にIPMSMは $L_d < L_q$ の逆突極機となるが、回転子の鉄心形状や磁石配置によっては $L_d > L_q$ の突極機となる場合もある。

インセット型SPMSMやIPMSMなど突極性を有するPMSMの磁石を取り除くと、永久磁石磁束がなく突極性を有するシンクロナスリラクタンスモータ(SynRM)となる。SynRMは突極性(回転子位置による磁気抵抗の差および比)が大きいほど高トルク、高力率化が可能となるため、突極比を増すために様々な回転子構造が検討されている。SynRMの代表的な回転子構造を図2-14に示す。SynRMの回転子には磁石はなく、

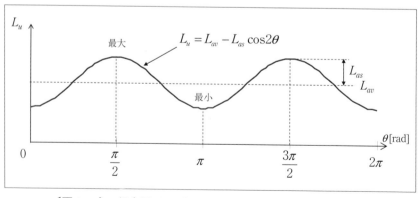

〔図2-13〕u 相自己インダクタンスの回転子位置による変化

鉄心のみで構成され、回転子の構造（鉄心と非磁性体（空気）の配置）により磁気的な突極性が生じるように構成されている。SynRMでは、一般に回転子の磁気抵抗が最小の方向をd軸と定義するので、d, q軸インダクタンスの関係は$L_d > L_q$となる。図2-14の中では、(d) アキシャルラミネーション構造が最もd, q軸インダクタンスの比L_d/L_qを大きくできるが、製造が困難であるため、(c) マルチフラックスバリア構造が採用されることが多い。

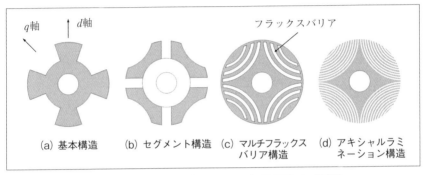

〔図2-14〕SynRMの代表的な回転子構造（4極機）

2-3 トルク発生原理

前述のように同期モータの固定子の対称三相巻線に平衡三相交流電流を流すと回転磁界が発生し、等価的にN極、S極の磁極が同期速度で回転していることになる(図2-7参照)。

図 2-15 (a) に非突極永久磁石同期モータのモデル (2極機)を示す。非突極の永久磁界磁極が同期速度 ω_s で回転すると界磁極と回転磁界の磁極が吸引・反発してトルクを発生する。ここで、回転磁界の回転方向(反時計方向)のトルクを正とする。トルクの大きさは、回転磁界の磁極軸と d 軸(界磁極の方向)とのなす角度 α[rad] に依存する。$\alpha=0$ のとき安定平衡点、$\alpha=\pi$ のとき不安定平衡点でトルクは0となり、$\alpha=\pi/2$ のとき最大値、$\alpha=-\pi/2$ のとき最小値(負の最大値)となる。ここで、トルクが $\sin\alpha$ の関数であると仮定すると図 2-15 (b)のようなトルク特性となる。このように回転磁界と永久磁石による界磁磁束で発生するトルクをマグネットトルク T_m と呼ぶ。マグネットトルクを有効に発生させるには、$\alpha=\pi/2$ に保つ必要がある。すなわち、回転子の位置(d軸)を検出して、$\alpha=\pi/2$ の位置に回転磁界の磁極軸ができるように電機子電流を制御すればよい。この制御法は、4-4節で述べる $i_d=0$ 制御に相当する。

つぎに、図 2-16 (a) のように回転子が突極構造の SynRM のモデル (2極機) を考える。前述のように SynRM では磁気抵抗(リラクタンス)が最小となる方向を d 軸と定義する。突極の回転子が同期速度で回転すると d 軸は回転磁界の磁極に吸引されてトルクを発生する。$\alpha=0$ および π のとき安定平衡点、$\alpha=\pi/2$ および $3\pi/2$ のとき不安定平衡点でトルクは0となり、$\alpha=\pi/4$ のとき最大値、$\alpha=-\pi/4$ のとき最小値(負の最大値)となる。ここで、トルクが $\sin2\alpha$ の関数であると仮定すると図 2-16 (b) のようなトルク特性となる。このように回転子の磁気抵抗が回転角度によって変化する突極回転子と回転磁界との間で発生するトルクをリラクタンストルク T_r と呼ぶ。

図 2-16 (a) の突極回転子に永久磁石界磁がある場合を考える。ここでは永久磁石界磁のN極方向を d 軸と定義する(PMSM における定義)。

図2-17 (a) のように d 軸方向の磁気抵抗が最小の場合と図2-18 (a) のように d 軸方向の磁気抵抗が最大の場合が考えられる。図2-17 (a) は突極形 ($L_d > L_q$) の永久磁石同期モータであり、図2-18 (a) は逆突極形

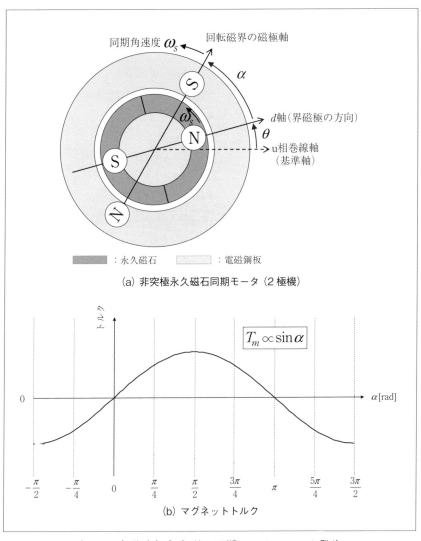

〔図2-15〕非突極永久磁石同期モータのトルク発生

2. PMSM・SynRMの基礎

($L_d < L_q$)の永久磁石同期モータに相当する。突極形永久磁石同期モータのトルク特性は図2-15 (b) のマグネットトルクと図2-16 (b) のリラクタンストルクを合わせたものとなり、図2-17 (b) のようになる。一方、一般的な埋込磁石同期モータは、図2-18 (a) に示すような逆突極形永久磁石同期モータであり、d軸方向の磁気抵抗が最大となるため、リラクタンストルクとαの関係は、図2-18 (b) に示すように図2-17 (b) と位相が$\pi/2$ずれる。突極性のある永久磁石同期モータは、マグネットトルク

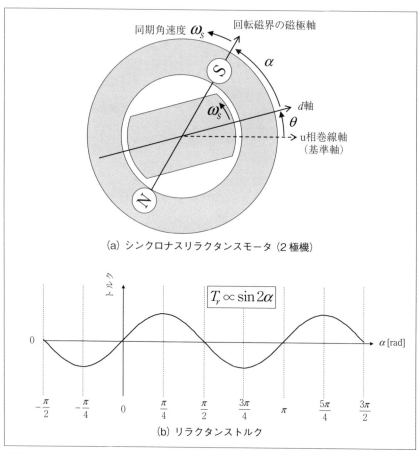

〔図2-16〕同期リラクタンスモータ（突極回転子、永久磁石なし）のトルク発生

に加えてリラクタンストルクが利用できるが、一定電流で最大トルクが得られる α は、突極形永久磁石同期モータ（$L_d > L_q$）では $\pi/4 < \alpha < \pi/2$、逆突極形永久磁石同期モータ（$L_d < L_q$）では $\pi/2 < \alpha < 3\pi/4$ の範囲となり、両トルクを有効に利用するためには、α を適切に制御する、すな

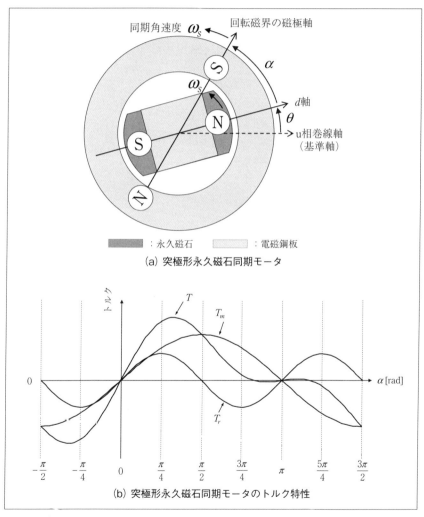

〔図2-17〕突極形永久磁石同期モータのトルク発生

わち巻線電流の位相を適切に制御することが重要である。ここで、α は3-4-1項で示すように電流ベクトルの d 軸からの進み位相角に相当する。

以上のように、突極性を有する同期モータ（IPMSM や SynRM）ではマグネットトルクとリラクタンストルクが発生するが、その割合はモー

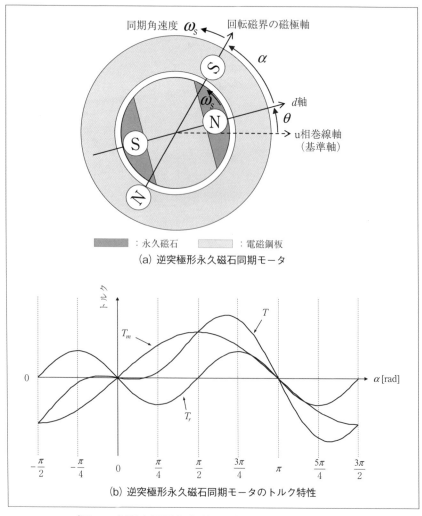

(a) 逆突極形永久磁石同期モータ

(b) 逆突極形永久磁石同期モータのトルク特性

〔図2-18〕逆突極形永久磁石同期モータのトルク発生

タ構造、特に回転子構造に依存する。図2-19にマグネットトルクとリラクタンストルクの割合とそれに対応する代表的な回転子構造を示す。非突極PMSM（図中の領域Ⅰ）はマグネットトルクのみを利用し、逆突極機はマグネットトルクとリラクタンストルクを併用できる（図中の領域Ⅱ、Ⅲ）。永久磁石を使用せず、ロータ構造の工夫で突極性を大きく設計するのがリラクタンストルクのみを利用するシンクロナスリラクタンスモータ（同期リラクタンスモータ）となる（図中の領域Ⅳ）。IPMSMにおいて多層の磁石または磁束障壁をもつ構造にするとd軸方向とq軸方向のインダクタンスの差が大きくなり（突極性が増し）、リラクタンストルクの割合が増加する。また、シンクロナスリラクタンスモータの磁束障壁に永久磁石を補助的に加えることでリラクタンストルクに加えマグネットトルクも利用できる。このように特に、リラクタンストルクの割合が大きく永久磁石を補助的に利用するモータは、永久磁石補助形シンクロナスリラクタンスモータ（PMASynRM: Permanent Magnet Assisted SynRM）と呼ばれることもある。

表2-2に同期モータを固定子構造、回転子構造、インダクタンスと永久磁石磁束の位置による変化、およびトルク発生メカニズムで整理して示す。分布巻固定子または集中巻固定子と各種回転子を組み合わせて

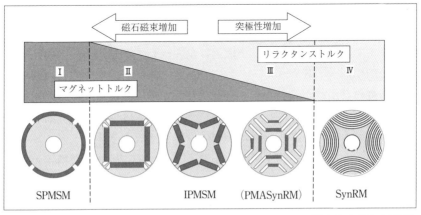

〔図2-19〕マグネットトルクとリラクタンストルクの配分と代表的な回転子構造

2. PMSM・SynRMの基礎

〔表2-2〕同期モータの構造とトルク発生メカニズムによる分類

項目	SPMPM	IPMSM	SynRM
固定子構造			
回転子構造			
インダクタンス・永久磁石磁束の位置による変化	L_u, Ψ_{fu}, M_{uv}	L_u, Ψ_{fu}, M_{uv}	L_u, M_{uv}
トルク発生メカニズム	永久磁石による電機子鎖交磁束の変化（マグネットトルク）	永久磁石による電機子鎖交磁束の変化（マグネットトルク）＋自己インダクタンスと相互インダクタンスの変化（リラクタンストルク）	自己インダクタンスと相互インダクタンスの変化（リラクタンストルク）

　種々の同期モータを構成できるが、磁気的な突極性を大きくしてリラクタンストルクを積極的に利用するモータ（例えば、図2-11 (f)）においては、集中巻固定子は不適である。また、SynRMでは分布巻固定子が基本である。

　これまで説明してきたモータ構造は全て回転子が固定子の内側に配置された内転形（インナーロータ形）モータであるが、永久磁石同期モータは構造の自由度が高いため、回転子が固定子の外側に配置された外転形（アウターロータ形）モータも構成できる。さらに回転軸方向にエアギャップのあるアキシャルギャップモータも構成できる。

　上記のように同期モータの固定子および回転子には様々な構造があるが、モータ外部には図2-3 (a) に示したようにu, v, wの3つの端子があるのみである。すなわち、本書で扱う同期モータの制御は、モータの位置・速度・トルクの高精度制御や高効率運転のために3つのモータ端子

に印加する電圧を適切に制御することに帰着する。その際、モータ構造が不明であっても、その数学モデルやモデルパラメータが把握できていれば、高効率で高性能な制御は実現できる。次章では、モータの特性解析や制御において必要となる各種同期モータの数学モデルについて説明する。

PMSM・SynRM の数学モデル

3-1 はじめに

　交流モータの特性解析や制御手法の検討および制御システムの設計にはモータの数学モデルが必要である。本章では、まず、物理的に存在する三相巻線に基づくモータモデルを導出する。次に、座標変換を利用して各種直交座標系におけるモータモデルを導出する。代表的な直交座標系として、α-β 静止座標系と回転子に同期して回転する d-q 回転座標系がある。d-q 回転座標系のモデルは同期モータの電圧、電流を直流量として扱えるため制御系設計のためのモデルとして一般的に用いられており、本書の内容を理解する上で重要である。さらに、α-β 座標系および d-q 座標系を包含する任意の直交座標系におけるモータモデル、電機子鎖交磁束に注目した磁束鎖交数ベクトルを基準とする M-T 座標系のモデルについても説明する。これらのモデルは、次章以降で説明する各種制御法を理解する上での基本となる。本書ではモータの空間高調波や磁気飽和を考慮しない理想的なモータモデルをもとに制御法等について説明するが、本章の最後で高調波や磁気飽和等を考慮した場合のモデルについても述べる。

3－2 座標変換
3－2－1 座標変換とは

　モータの電気、磁気に関係した物理量（状態変数）は、電圧、電流、磁束である。磁束は、前章で述べたとおりモータ断面の2次元平面に空間的に分布し、その空間分布を正弦波と仮定すれば空間ベクトルとして表すことができる。ある瞬間の磁束ベクトル ϕ を図3-1に示す。磁束ベクトル ϕ はu相、v相、w相の対称三相巻線の電流で生じる磁束ベクトル（ϕ_u, ϕ_v, ϕ_w）を合成したものであるが、これを任意の直交座標系（図3-1中の $\gamma\text{-}\delta$ 座標系）で表すことも可能である。また、磁束のもとになる三相巻線の電圧と電流は空間的に分布するものではないが、三相巻線をモータ断面の物理的空間（図2-4の巻線配置）に結びつけて考えることができ、電圧ベクトルおよび電流ベクトルとして扱うことができる。電圧ベクトル、電流ベクトルも磁束ベクトルと同様に任意の直交座標系で表すことができる。

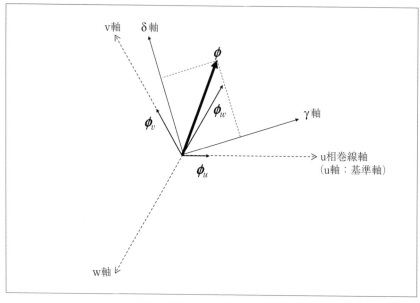

〔図3-1〕磁束の空間ベクトル

三相巻線を有する交流モータの解析および制御では、三相座標系で物理的に存在する三相巻線の電圧、電流、磁束鎖交数（鎖交磁束）を直接扱うよりも別の直交座標系における仮想的で等価な電圧、電流、磁束鎖交数を扱う方が簡単で、制御法を検討する上で見通しが良いことが多い。このように異なる座標系に変換することを座標変換と呼ぶ。
　モータの電気系モデルは一般に次式のような回路方程式（電圧方程式）で記述される。

$$v = Zi \quad \cdots\cdots\cdots\cdots\cdots\cdots\cdots\cdots\cdots\cdots\cdots\cdots\cdots \quad (3\text{-}1)$$

　ただし、v：電圧ベクトル、Z：インピーダンス行列、i：電流ベクトル
ここで、変換行列 C を用いて次のように任意の座標系に座標変換する。

$$Cv = CZi = CZC^{-1}Ci \quad \cdots\cdots\cdots\cdots\cdots\cdots\cdots\cdots \quad (3\text{-}2)$$

　ただし、C^{-1}：C の逆行列
座標変換後の回路方程式を

$$v' = Z'i' \quad \cdots\cdots\cdots\cdots\cdots\cdots\cdots\cdots\cdots\cdots\cdots\cdots \quad (3\text{-}3)$$

　ただし、$v' = Cv$, $Z' = CZC^{-1}$, $i' = Ci$
と表し、座標変換前後の電力（瞬時電力）P_w および P_w' を求めると

$$P_w = i^T v \quad \cdots\cdots\cdots\cdots\cdots\cdots\cdots\cdots\cdots\cdots\cdots\cdots \quad (3\text{-}4)$$

$$P_w' = i'^T v' = (Ci)^T (Cv) = i^T C^T C v \quad \cdots\cdots\cdots\cdots \quad (3\text{-}5)$$

　ただし、i^T, C^T：i, C の転置
となる。座標変換の前後において電力不変、すなわち $P_w = P_w'$ とするためには式 (3-5) より $C^T C = I$（単位行列）となる必要があり、座標変換行列は

$$C^{-1} = C^T \quad \cdots\cdots\cdots\cdots\cdots\cdots\cdots\cdots\cdots\cdots\cdots\cdots \quad (3\text{-}6)$$

を満たす必要がある。上式を満たす行列をユニタリ行列と呼び、特に、C の要素が実部のみのときは直交行列と呼ぶ。ユニタリ行列を用いた座

標変換を絶対変換と呼び、本書で使用する座標変換は全て絶対変換である。

3－2－2 座標変換行列

図3-2に本書で主に扱う座標系の関係を示す。三相座標系は固定子の対称三相巻線の巻線軸（u, v, w軸）に基づく座標系で、空間的に静止した座標系である。α-β座標系は、α軸がu軸と一致し、β軸をα軸より電気角で$\pi/2$進んだ方向（反時計方向）にとった直交座標系であり、静止座標系である。三相座標系からα-β座標系（二相直交静止座標系）に変換する変換行列C_1は各座標軸の位置関係と絶対変換の条件より次式となる。

$$C_1 = \sqrt{\frac{2}{3}} \begin{bmatrix} 1 & -\frac{1}{2} & -\frac{1}{2} \\ 0 & \frac{\sqrt{3}}{2} & -\frac{\sqrt{3}}{2} \\ \frac{1}{\sqrt{2}} & \frac{1}{\sqrt{2}} & \frac{1}{\sqrt{2}} \end{bmatrix} \qquad (3\text{-}7)$$

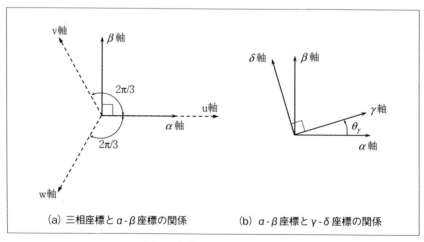

(a) 三相座標とα-β座標の関係　　(b) α-β座標とγ-δ座標の関係

〔図3-2〕各種座標系の関係

この座標変換を三相-二相変換または α-β 変換と呼ぶ。例えば、三相交流電流 i_u, i_v, i_w は、次式のように α-β 座標上の電流 i_α, i_β および零相分電流 i_0 に変換される。

$$\begin{bmatrix} i_\alpha \\ i_\beta \\ i_0 \end{bmatrix} = C_1 \begin{bmatrix} i_u \\ i_v \\ i_w \end{bmatrix} \quad \cdots\cdots\cdots\cdots\cdots\cdots\cdots\cdots\cdots\cdots\cdots\cdots\cdots\cdots \text{(3-8)}$$

三相三線式の場合は、$i_u+i_v+i_w=0$ であり、零相分電流 i_0 は0となるため変換行列 C_1 の3行目を省略した次式を用いることができる。

$$C_2 = \sqrt{\frac{2}{3}} \begin{bmatrix} 1 & -\frac{1}{2} & -\frac{1}{2} \\ 0 & \frac{\sqrt{3}}{2} & -\frac{\sqrt{3}}{2} \end{bmatrix} \quad \cdots\cdots\cdots\cdots\cdots\cdots\cdots\cdots\cdots \text{(3-9)}$$

C_1, C_2 の係数 $\sqrt{2/3}$ は、電力不変の絶対変換のために必要となる。このとき、α-β 座標上の電流、電圧の振幅は三相座標上の電流、電圧の振幅の $\sqrt{3/2}$ 倍になる。

図3-2 (b) に示すように α-β 座標から任意の角度 θ_γ [rad] 進んだ座標を γ-δ 座標と定義すると、α-β 座標系から γ-δ 座標系への変換行列 C_γ は次式となる。

$$C_\gamma = \begin{bmatrix} \cos\theta_\gamma & \sin\theta_\gamma \\ -\sin\theta_\gamma & \cos\theta_\gamma \end{bmatrix} \quad \cdots\cdots\cdots\cdots\cdots\cdots\cdots\cdots\cdots\cdots \text{(3-10)}$$

ここで、角度 θ_γ は任意であり、これを回転子の位置に相当する d 軸の角度 θ に選定すると次式の変換行列となり、この変換を d-q 変換と呼ぶ。

$$C_3 = \begin{bmatrix} \cos\theta & \sin\theta \\ -\sin\theta & \cos\theta \end{bmatrix} \quad \cdots\cdots\cdots\cdots\cdots\cdots\cdots\cdots\cdots\cdots\cdots \text{(3-11)}$$

d-q 座標系は角速度 $\omega(=d\theta/dt)$ [rad/s] で回転する回転座標系となる。ここで、d 軸は一般に界磁軸（主磁束の方向）とする。従って、PMSM では永久磁石のN極の方向、SynRM においては回転子の磁気抵抗が最小

の方向を d 軸とする。

　一般に交流モータの零相分電流は 0 であるため三相座標系から d-q 座標系への変換行列 C_4 は次式となる。

$$C_4 = C_3 C_2 = \sqrt{\frac{2}{3}} \begin{bmatrix} \cos\theta & \cos(\theta - 2\pi/3) & \cos(\theta + 2\pi/3) \\ -\sin\theta & -\sin(\theta - 2\pi/3) & -\sin(\theta + 2\pi/3) \end{bmatrix} \quad (3\text{-}12)$$

　上述の絶対変換のほかに、電流、電圧の大きさを変えずに変換する相対変換も用いられることがある。その場合、C_1, C_2, C_4 の係数は $\sqrt{2/3}$ から 2/3 に変わる。このとき、α-β 座標系や d-q 座標系で計算した電力はもとの三相座標系の電力（実際の電力）の 2/3 倍になるので注意を要する。すなわち、三相交流モータの出力、トルク、損失など電力に関する諸量は、相対変換した座標系（α-β 座標系や d-q 座標系）で計算した値を 3/2 倍しなければならない。国内では一般に絶対変換が用いられるが、欧米では相対変換が用いられることが多いため注意が必要である。

　状態変数を座標変換する具体例として、三相交流電流が、次式で与えられたときの各座標系における電流を求める。

$$\begin{bmatrix} i_u \\ i_v \\ i_w \end{bmatrix} = I \begin{bmatrix} \cos(\omega t + \alpha) \\ \cos\left(\omega t - \dfrac{2}{3}\pi + \alpha\right) \\ \cos\left(\omega t + \dfrac{2}{3}\pi + \alpha\right) \end{bmatrix} \quad \cdots\cdots\cdots\cdots\cdots\cdots (3\text{-}13)$$

　α-β 座標上の電流 i_α, i_β は上式に変換行列 C_2（式 (3-9)）を適用して次式となる。

$$\begin{bmatrix} i_\alpha \\ i_\beta \end{bmatrix} = C_2 \begin{bmatrix} i_u \\ i_v \\ i_w \end{bmatrix} = \sqrt{\frac{3}{2}} I \begin{bmatrix} \cos(\omega t + \alpha) \\ \sin(\omega t + \alpha) \end{bmatrix} \quad \cdots\cdots\cdots\cdots\cdots (3\text{-}14)$$

振幅が $\sqrt{3/2}$ 倍の二相交流になることがわかる。さらに変換行列 C_3（式 (3-11)）において $\theta = \omega t$ として上式を d-q 座標系に変換すると、d-q 座標

上の電流

$$\begin{bmatrix} i_d \\ i_q \end{bmatrix} = \mathbf{C}_3 \begin{bmatrix} i_\alpha \\ i_\beta \end{bmatrix} = \sqrt{\frac{3}{2}} I \begin{bmatrix} \cos\alpha \\ \sin\alpha \end{bmatrix} \quad \cdots\cdots\cdots\cdots\cdots\cdots\cdots\cdots (3\text{-}15)$$

を得る。d-q 座標上の電流は直流となっている。

　式 (3-13) 〜 (3-15) において、$\alpha=2\pi/3$ としたときの各座標上の電流波形を図 3-3 に示す。また、$\omega t = \pi/6$ の時点での電流ベクトル $\boldsymbol{i}_a$ を図 3-4 に示す。電流ベクトル $\boldsymbol{i}_a$ は同じであっても各座標軸上の電流値は異なる。d-q 座標は電流ベクトル $\boldsymbol{i}_a$ と同じ角速度 ω で回転しているため、d-q 座標と $\boldsymbol{i}_a$ の位置関係は変化しない。すなわち、d-q 座標上の電流は一定値（直流）となる。

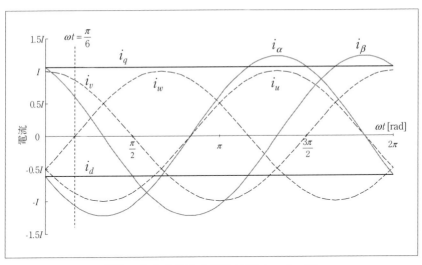

〔図 3-3〕各座標上の電流波形（$\alpha=2\pi/3$）

3. PMSM・SynRMの数学モデル

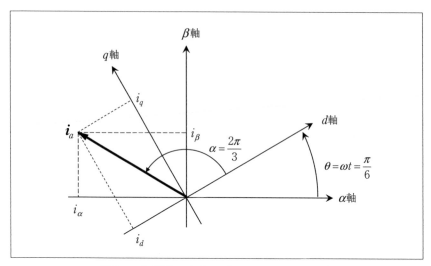

〔図3-4〕電流ベクトル（$\alpha = 2\pi/3$, $\omega t = \pi/6$）

3－3 静止座標系のモデル

3－3－1 三相静止座標系のモデル

　第2章で述べたように同期モータの構造は様々であるが、トルク発生原理から分類すると、永久磁石界磁を有し突極性の無い非突極PMSM（SPMSM）、永久磁石はなく突極性を有するシンクロナスリラクタンスモータ（SynRM）、永久磁石界磁を有し逆突極性のある逆突極PMSM（IPMSM）の3種類になる。この中で、IPMSMは、SPMSMおよびSynRMの特徴（永久磁石界磁および突極性）を併せ持つモータである。そこで、本章では、IPMSMの数学モデルの導出を行い、IPMSMのモデルパラメータに特別な条件を与えることで、SPMSMとSynRMのモデルとなることを示す。

　埋込磁石同期モータ（逆突極PMSM）の等価モデル図を図3-5に示す。このモデルをもとにして三相静止座標系における電圧方程式を導出する。

　各相の電圧は、巻線抵抗による電圧降下と各巻線の磁束鎖交数を時間微分した誘導起電力の和として求めることができる。各相の磁束鎖交数

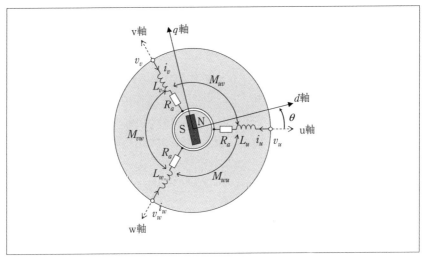

〔図3-5〕IPMSMの三相座標系の等価モデル

3. PMSM・SynRMの数学モデル

は、巻線電流による磁束と永久磁石による磁束からなり、次式で与えられる。

$$\begin{bmatrix} \Psi_u \\ \Psi_v \\ \Psi_w \end{bmatrix} = \begin{bmatrix} L_u & M_{uv} & M_{wu} \\ M_{uv} & L_v & M_{vw} \\ M_{wu} & M_{vw} & L_w \end{bmatrix} \begin{bmatrix} i_u \\ i_v \\ i_w \end{bmatrix} + \begin{bmatrix} \Psi_f \cos\theta \\ \Psi_f \cos\left(\theta - \dfrac{2\pi}{3}\right) \\ \Psi_f \cos\left(\theta + \dfrac{2\pi}{3}\right) \end{bmatrix} \quad \cdots\cdots (3\text{-}16)$$

$$\boldsymbol{\psi}_s = \boldsymbol{L}_s \boldsymbol{i}_s + \boldsymbol{\psi}_{fs} \quad \cdots\cdots\cdots\cdots\cdots\cdots\cdots (3\text{-}16\text{'})$$

ただし、

Ψ_u, Ψ_v, Ψ_w：u, v, w 相の電機子鎖交磁束 [Wb]
i_u, i_v, i_w：u, v, w 相の電機子電流 [A]
L_u, L_v, L_w：u, v, w 相の自己インダクタンス [H]
M_{uv}, M_{vw}, M_{wu}：各相間の相互インダクタンス [H]
Ψ_f：一相あたりの永久磁石による電機子鎖交磁束の最大値 [Wb]
θ：d 軸の u 軸からの進み角（電気角）[rad]
$\boldsymbol{\psi}_s$：三相静止座標系の磁束鎖交数ベクトル
$\boldsymbol{\psi}_{fs}$：三相静止座標系における永久磁石による磁束鎖交数ベクトル
$\boldsymbol{i}_s$：三相静止座標系の電機子電流ベクトル
$\boldsymbol{L}_s$：三相静止座標系におけるインダクタンス行列

自己インダクタンスと相互インダクタンスは、逆突極性のあるIPMSMにおいては 2-2-2 項で述べたように回転子位置 θ によって変化する。その変化が正弦波状であると仮定すると次式で表すことができる。

$$\left. \begin{array}{l} L_u = l_a + L_a - L_{as} \cos 2\theta \\ L_v = l_a + L_a - L_{as} \cos\left(2\theta + \dfrac{2\pi}{3}\right) \\ L_w = l_a + L_a - L_{as} \cos\left(2\theta - \dfrac{2\pi}{3}\right) \end{array} \right\} \quad \cdots\cdots\cdots\cdots\cdots\cdots (3\text{-}17)$$

- 52 -

$$\left.\begin{aligned} M_{uv} &= -\frac{1}{2}L_a - L_{as}\cos\left(2\theta - \frac{2\pi}{3}\right) \\ M_{vw} &= -\frac{1}{2}L_a - L_{as}\cos 2\theta \\ M_{wu} &= -\frac{1}{2}L_a - L_{as}\cos\left(2\theta + \frac{2\pi}{3}\right) \end{aligned}\right\} \quad \cdots\cdots (3\text{-}18)$$

ただし、
 l_a：一相あたりの漏れインダクタンス [H]
 L_a：一相あたりの有効インダクタンスの平均値 [H]
 L_{as}：一相あたりの有効インダクタンスの振幅 [H]

L_{as} は突極性を表すインダクタンスであり、$L_{as}>0$ のときは式 (3-17) より分かるように $\theta=0$ (u相巻線軸と d 軸が一致) において u 相自己インダクタンスが最小となる。すなわち、d 軸方向の磁気抵抗が最大となることを表しており、逆突極機 (IPMSM) に相当する。一方、$L_{as}<0$ のときは突極機を表すことになる。また、非突極機の場合は $L_{as}=0$ であり、インダクタンスに位置依存性はなく定数となる。図 3-6 に $L_{as}>0$ の逆突極機の場合の u 相自己インダクタンス L_u、u-v 間の相互インダクタンス M_{uv} を示

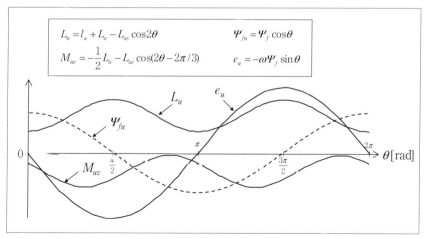

〔図 3-6〕インダクタンス，永久磁石磁束，誘導起電力の波形

3. PMSM・SynRMの数学モデル

す。IPMSMは磁気的突極性があり、回転子位置 θ によって磁気抵抗が変化するためインダクタンスが 2θ の関数として変化する。逆突極機では永久磁石界磁の方向である d 軸方向の磁気抵抗が最大となるため、u軸と d 軸が一致する位置（$\theta=0$）で自己インダクタンスが最小となる。

三相巻線の電圧方程式は巻線抵抗による電圧降下と誘導起電力の和より次式となる。

$$\begin{bmatrix} v_u \\ v_v \\ v_w \end{bmatrix} = R_a \begin{bmatrix} i_u \\ i_v \\ i_w \end{bmatrix} + p \begin{bmatrix} \Psi_u \\ \Psi_v \\ \Psi_w \end{bmatrix}$$

$$= R_a \begin{bmatrix} i_u \\ i_v \\ i_w \end{bmatrix} + p \begin{bmatrix} L_u & M_{uv} & M_{wu} \\ M_{uv} & L_v & M_{vw} \\ M_{wu} & M_{vw} & L_w \end{bmatrix} \begin{bmatrix} i_u \\ i_v \\ i_w \end{bmatrix} + \begin{bmatrix} e_u \\ e_v \\ e_w \end{bmatrix}$$

$$= \begin{bmatrix} R_a + pL_u & pM_{uv} & pM_{wu} \\ pM_{uv} & R_a + pL_v & pM_{vw} \\ pM_{wu} & pM_{vw} & R_a + pL_w \end{bmatrix} \begin{bmatrix} i_u \\ i_v \\ i_w \end{bmatrix} + \begin{bmatrix} e_u \\ e_v \\ e_w \end{bmatrix} \quad \cdots\cdots (3\text{-}19)$$

$$\boldsymbol{v}_s = R_a \boldsymbol{i}_s + p(\boldsymbol{L}_s \boldsymbol{i}_s) + \boldsymbol{e}_s = \boldsymbol{Z}_s \boldsymbol{i}_s + \boldsymbol{e}_s \quad \cdots\cdots\cdots\cdots (3\text{-}19\text{'})$$

ただし、

$$\boldsymbol{e}_s = \begin{bmatrix} e_u \\ e_v \\ e_w \end{bmatrix} = \begin{bmatrix} -\omega \Psi_f \sin\theta \\ -\omega \Psi_f \sin\left(\theta - \dfrac{2\pi}{3}\right) \\ -\omega \Psi_f \sin\left(\theta + \dfrac{2\pi}{3}\right) \end{bmatrix} \quad \cdots\cdots\cdots\cdots (3\text{-}20)$$

v_u, v_v, v_w：u, v, w 相の電機子電圧 [V]
R_a：電機子巻線抵抗 [Ω]
$p = d/dt$：微分演算子
e_u, e_v, e_w：永久磁石磁束による u, v, w 相の誘導起電力 [V]
$\omega = d\theta/dt$：電気角速度 [rad/s]

$\boldsymbol{v}_s$：三相静止座標系の電機子電圧ベクトル
$\boldsymbol{e}_s$：三相静止座標系における永久磁石磁束による誘導起電力ベクトル
$\boldsymbol{Z}_s$：三相静止座標系におけるインピーダンス行列

図3-6に示すように永久磁石磁束によるu相の誘導起電力e_uは鎖交磁束Ψ_{fu}の時間微分波形となり、Ψ_{fu}から位相が$\pi/2$進み、振幅がω倍となる。

3-3-2 二相静止座標系（α-β座標系）のモデル

式(3-19)の三相座標系の電圧方程式を二相静止座標系（α-β座標系）に変換する。式(3-9)の変換行列$\boldsymbol{C}_2$を用いて

$$\boldsymbol{C}_2\boldsymbol{v}_s = \boldsymbol{C}_2\boldsymbol{Z}_s\boldsymbol{i}_s + \boldsymbol{C}_2\boldsymbol{e}_s = (\boldsymbol{C}_2\boldsymbol{Z}_s\boldsymbol{C}_2^{\mathrm{T}})(\boldsymbol{C}_2\boldsymbol{i}_s) + \boldsymbol{C}_2\boldsymbol{e}_s \quad \cdots\cdots\cdots (3\text{-}21)$$

を計算して、次式を得る。

$$\begin{bmatrix} v_\alpha \\ v_\beta \end{bmatrix} = \begin{bmatrix} R_a + p(L_0 + L_1\cos 2\theta) & pL_1\sin 2\theta \\ pL_1\sin 2\theta & R_a + p(L_0 - L_1\cos 2\theta) \end{bmatrix} \begin{bmatrix} i_\alpha \\ i_\beta \end{bmatrix} + \omega\Psi_a \begin{bmatrix} -\sin\theta \\ \cos\theta \end{bmatrix} \quad (3\text{-}22)$$

$$\boldsymbol{v}_{\alpha\beta} = \boldsymbol{Z}_{\alpha\beta}\boldsymbol{i}_{\alpha\beta} + \boldsymbol{e}_{\alpha\beta} \quad \cdots\cdots\cdots\cdots\cdots\cdots\cdots\cdots\cdots\cdots (3\text{-}22')$$

ただし、

$$L_0 = l_a + \frac{3}{2}L_a, \quad L_1 = -\frac{3}{2}L_{as}, \quad \Psi_a = \sqrt{\frac{3}{2}}\Psi_f$$

v_α, v_β：電機子電圧のα, β軸成分
i_α, i_β：電機子電流のα, β軸成分
$\boldsymbol{v}_{\alpha\beta}$：$\alpha$-$\beta$座標系の電機子電圧ベクトル
$\boldsymbol{i}_{\alpha\beta}$：$\alpha$-$\beta$座標系の電機子電流ベクトル
$\boldsymbol{e}_{\alpha\beta}$：$\alpha$-$\beta$座標系における永久磁石磁束による誘導起電力ベクトル
$\boldsymbol{Z}_{\alpha\beta}$：$\alpha$-$\beta$座標系におけるインピーダンス行列

α-β座標系の電圧方程式は三相座標系に比べて簡単になっていることが分かる。インダクタンスL_1が突極性を表し、逆突極機では$L_1<0$となる。

3－4　回転座標系のモデル
3－4－1　d-q 座標系のモデル

式 (3-11) の変換行列 C_3 を用いて α-β 座標系の電圧方程式 (式 (3-22)) を次のように d-q 座標系に変換する。

$$C_3 v_{\alpha\beta} = C_3 Z_{\alpha\beta} i_{\alpha\beta} + C_3 e_{\alpha\beta} = (C_3 Z_{\alpha\beta} C_3^{\mathrm{T}})(C_3 i_{\alpha\beta}) + C_3 e_{\alpha\beta} \quad (3\text{-}23)$$

d-q 回転座標系での電圧方程式は式 (3-23) を計算して次式となる。計算の過程において、インピーダンス行列 $Z_{\alpha\beta}$ に微分演算子 p が含まれていること、変換行列 C_3 の中の θ が時間関数 ($p\theta = \omega$) であることに注意が必要である。

$$\begin{bmatrix} v_d \\ v_q \end{bmatrix} = \begin{bmatrix} R_a + pL_d & -\omega L_q \\ \omega L_d & R_a + pL_q \end{bmatrix} \begin{bmatrix} i_d \\ i_q \end{bmatrix} + \begin{bmatrix} 0 \\ \omega \Psi_a \end{bmatrix} \quad \cdots\cdots\cdots\cdots (3\text{-}24\text{a})$$

$$v_a = Z_a i_a + e_a \quad \cdots\cdots\cdots\cdots\cdots\cdots\cdots\cdots\cdots\cdots\cdots\cdots\cdots\cdots (3\text{-}24\text{a'})$$

$$\begin{bmatrix} v_d \\ v_q \end{bmatrix} = R_a \begin{bmatrix} i_d \\ i_q \end{bmatrix} + \begin{bmatrix} L_d & 0 \\ 0 & L_q \end{bmatrix} p \begin{bmatrix} i_d \\ i_q \end{bmatrix} + \begin{bmatrix} -\omega L_q i_q \\ \omega L_d i_d + \omega \Psi_a \end{bmatrix} \quad \cdots\cdots\cdots (3\text{-}24\text{b})$$

$$v_a = R_a i_a + pL_a i_a + v_o \quad \cdots\cdots\cdots\cdots\cdots\cdots\cdots\cdots\cdots\cdots (3\text{-}24\text{b'})$$

ただし、

$$L_d = l_a + \frac{3}{2}(L_a - L_{as}) = L_0 + L_1, \quad L_q = l_a + \frac{3}{2}(L_a + L_{as}) = L_0 - L_1 \quad (3\text{-}25)$$

v_d, v_q：電機子電圧の d, q 軸成分

i_d, i_q：電機子電流の d, q 軸成分

L_d, L_q：d, q 軸インダクタンス

v_a：d-q 座標系の電機子電圧ベクトル

i_a：d-q 座標系の電機子電流ベクトル

e_a：d-q 座標系における永久磁石磁束による誘導起電力ベクトル

Z_a：d-q 座標系におけるインピーダンス行列

L_a：d-q 座標系におけるインダクタンス行列

v_o：d-q 座標系における誘導起電力ベクトル

d-q 座標系では突極性があってもインダクタンスは定数となり、電圧、電流の d, q 軸成分は前述のとおり直流となる。また、突極性を表す指標として次式で定義する突極比 ρ を用いる。

$$\rho = \frac{L_q}{L_d} \quad \cdots\cdots\cdots\cdots\cdots\cdots\cdots\cdots\cdots\cdots\cdots\cdots\cdots\cdots \text{(3-26)}$$

式 (3-16) の三相座標系の磁束鎖交数を式 (3-12) を用いて d-q 座標系に変換すると次式となり、磁束鎖交数も簡単に表すことができる。

$$\begin{bmatrix} \Psi_d \\ \Psi_q \end{bmatrix} = \begin{bmatrix} L_d & 0 \\ 0 & L_q \end{bmatrix} \begin{bmatrix} i_d \\ i_q \end{bmatrix} + \begin{bmatrix} \Psi_a \\ 0 \end{bmatrix} \quad \cdots\cdots\cdots\cdots\cdots\cdots \text{(3-27)}$$

$$\boldsymbol{\psi}_o = \boldsymbol{L}_a \boldsymbol{i}_a + \boldsymbol{\psi}_a \quad \cdots\cdots\cdots\cdots\cdots\cdots\cdots\cdots\cdots\cdots\cdots \text{(3-27')}$$

ただし、
 Ψ_d, Ψ_q：電機子鎖交磁束の d, q 軸成分
 $\boldsymbol{\psi}_o$：d-q 座標系の磁束鎖交数ベクトル
 $\boldsymbol{\psi}_a$：d-q 座標系の永久磁石による磁束鎖交数ベクトル
 $\boldsymbol{L}_a$：d-q 座標系におけるインダクタンス行列

このように d-q 座標系のモデルは非常に扱いやすくなるため、解析および制御に用いられることが多い。

図 3-7 に IPMSM の d-q 座標系の等価モデルを示す。固定子の三相巻線は、回転子と同期して回転する d 軸巻線と q 軸巻線に等価的に変換されるため、回転子と固定子巻線は相対的に静止していることになり、d, q 軸巻線は直流回路と見なすことができる。式 (3-24)、(3-27) より、定常状態における PMSM の基本ベクトル図は図 3-8 となる。同図で電機子電流ベクトル i_a の d 軸からの進み位相角 α は、図 2-15、図 2-16、図 2-17 で示した回転磁界の磁極軸の位置に相当する。また、後述のように IPMSM では、電流ベクトルの位相角を $\alpha \geq \pi/2$ の領域で制御することが多いため、電流ベクトルの q 軸からの進み位相角 $\beta (= \alpha - \pi/2)$ を用いることが多い。

電機子電流ベクトル i_a と電機子鎖交磁束ベクトル $\boldsymbol{\psi}_o$ の外積よりトル

3. PMSM・SynRMの数学モデル

ク T[Nm] は次式となる。

$$T = P_n(\Psi_d i_q - \Psi_q i_d) = P_n\{\Psi_a i_q + (L_d - L_q)i_d i_q\} \quad \cdots\cdots\cdots (3\text{-}28)$$

ただし、P_n：極対数

また、電流ベクトルの大きさ $I_a(=|\boldsymbol{i}_a|)$ と電流ベクトルの q 軸からの進み

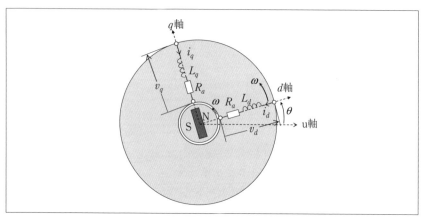

〔図3-7〕IPMSM の d-q 座標系の等価モデル

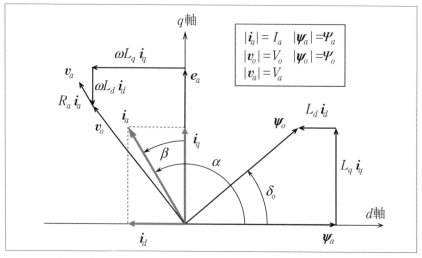

〔図3-8〕PMSM の d-q 座標系の基本ベクトル図（定常状態）

角（電流位相と称す）β を用いてトルクを表すと、$i_d = -I_a \sin\beta$、$i_q = I_a \cos\beta$ の関係より次式となる。

$$T = P_n \left\{ \Psi_a I_a \cos\beta + \frac{1}{2}(L_q - L_d)I_a^2 \sin 2\beta \right\} \quad \cdots\cdots\cdots\cdots (3\text{-}29)$$

式 (3-28)、(3-29) において右辺第 1 項が永久磁石の磁束と q 軸電流により生じるマグネットトルク、第 2 項が突極性によって発生するリラクタンストルクである。電流値 I_a が一定の時、トルクは電流位相 β によって決まる。図 3-9 に逆突極機（$L_d < L_q$）における電流一定時の電流位相とトルクの関係を示す。式 (3-29) よりわかるようにマグネットトルク T_m は $\beta = 0$ で最大となる。一方、リラクタンストルク T_r は $L_d < L_q$ の逆突極機の場合、$\beta = \pi/4$ で最大となる。その結果、全トルク T は電流位相が $0 < \beta < \pi/4$ の範囲で最大となる。

ここで、図 3-9 と図 2-18 (b) のトルク特性を比較すると、両図とも逆突極 PMSM のトルク特性であるため同じ形の特性となっている。ただし、横軸が異なっており、$\beta = \alpha - \pi/2$ の関係になっている。すなわち電

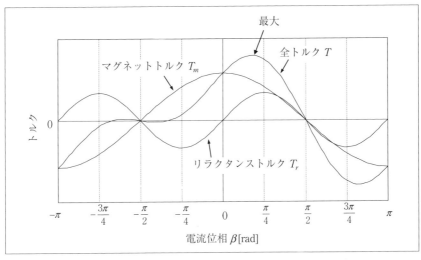

〔図 3-9〕電流位相とトルクの関係（逆突極機の場合）

3. PMSM・SynRMの数学モデル

流位相が $\beta=0$ のときは $\alpha=\pi/2$ であり、電機子電流が作る回転磁界の磁極軸と永久磁石界磁軸（d 軸）は直交し、永久磁石界磁により生じる誘導起電力ベクトルの方向（q 軸）と一致していることになる。

図 2-11 および図 2-14 に示した各種ロータ構造の PMSM および SynRM について、IPMSM の d-q 座標系のモータモデル（電圧方程式やトルク式）における 3 つのパラメータ（Ψ_a, L_d, L_q）が各モータの特徴を表すことになる。表 3-1 に各種モータの代表的な回転子構造と d, q の定義、d-q 座標系の基本式およびモータパラメータの特徴をまとめて示す。前述のように、逆突極性を有する IPMSM の電圧方程式やトルク式が SPMSM と SynRM を包含する基本式となる。$\Psi_a>0$、$L_d=L_q$ のとき非突極の SPMSM（例えば図 2-11（a））であり、発生トルクは式（3-28）、（3-29）の第 1 項（マグネットトルク）のみとなる。インセット型 SPMSM（図 2-11（b））や IPMSM（図 2-11（c）～（f））など逆突極性を有する PMSM は $\Psi_a>0$、$L_d<L_q$ であり、マグネットトルクに加えてリラクタンストルクも利用できる。$L_d \neq L_q$ で $\Psi_a=0$ とすると永久磁石を用いず、磁気的突極性により発生するリラクタンストルクのみを利用する SynRM を表すことになる。

〔表 3-1〕d-q 座標系における各種モータのモデル

モータタイプ	SPMPM	IPMSM	SynRM PMSM 基準	SynRM SynRM 基準
回転子構造と d, q 軸の定義				
共通 電圧方程式		$\begin{bmatrix} v_d \\ v_q \end{bmatrix} = \begin{bmatrix} R_a+pL_d & -\omega L_q \\ \omega L_d & R_a+pL_q \end{bmatrix} \begin{bmatrix} i_d \\ i_q \end{bmatrix} + \begin{bmatrix} 0 \\ \omega \Psi_a \end{bmatrix}$ (3-24a)		
共通 トルク式		$T = P_n \{ \Psi_a i_q + (L_d - L_q) i_d i_q \}$ (3-28)		
パラメータ	$\Psi_a>0, L_d=L_q$	$\Psi_a>0, L_d<L_q$	$\Psi_a=0, L_d<L_q$	$\Psi_a=0, L_d>L_q$

※本書では SynRM は PMSM 基準の d-q 座標系モデルを用いる。

SynRMでは、2-2-2項で述べたように一般に回転子の磁気抵抗が最小の方向をd軸と定義するので、表3-1でSynRM基準のd-q座標系として示したようにd,q軸インダクタンスの関係は$L_d > L_q$となる。ここで、SynRMのd軸を回転子の磁気抵抗が最大の方向と定義すると表3-1でPMSM基準のd-q座標系として示すように$L_d < L_q$となりIPMSMと同じ関係となる。このようにSynRMのモデルをPMSM基準のd-q座標系で表すことにより、SPMSMとSynRMはIPMSMの特別な場合として扱うことができ、解析や制御アルゴリズムの構築において、統一的に扱うことができる。そのため本書では、特に断らない限りSynRMはPMSM基準のd-q座標系で扱うことにする。表3-2にSynRMをPMSM基準およ

〔表3-2〕SynRMのベクトル図とトルク式

モデル基準	PMSM 基準	SynRM 基準
回転子構造とd,q軸の定義		
パラメータ	$\Psi_a = 0, L_d < L_q$	$\Psi_a = 0, L_d > L_q$
ベクトル図		
トルク式	$T = \dfrac{P_n}{2}(L_q - L_d)I_a^2 \sin 2\beta$	$T = \dfrac{P_n}{2}(L_d - L_q)I_a^2 \sin 2\alpha$

※本書ではPMSM基準のd-q座標系モデルを用いる。

び SynRM 基準の d-q 座標系で表したときのベクトル図とトルク式（電流ベクトルの極座標表現使用）を示す。SynRM 基準の d-q 座標系の場合は、一般に電流ベクトルの基準は d 軸であり、電流ベクトルの d 軸からの進み位相角 α を用いる。同一電流 I_a に対して $\alpha = \pi/4$ のときトルクは最大となる。PMSM 基準の d-q 座標系における各ベクトルは、SynRM 基準の d-q 座標系の各ベクトルを反時計方向に $\pi/2$ 回転させたものとなる。

3-4-2 鉄損を考慮した d-q 座標系のモデル

これまでのモータモデルに含まれる損失は電機子抵抗 R_a で生じる銅損 $W_c(=3I_e^2 R_a = I_a^2 R_a)$ のみであった。モータの損失としては鉄損もありモータ効率について検討する場合は鉄損の考慮が必要である。鉄損 W_i[W] は一般式として次式で表される。

$$W_i = W_h + W_e \quad \cdots\cdots\cdots\cdots\cdots\cdots\cdots\cdots\cdots\cdots\cdots\cdots (3\text{-}30)$$

ただし、

$$W_h = m_{core} k_h f B_{max}^{1.6\sim 2} \quad \cdots\cdots\cdots\cdots\cdots\cdots\cdots\cdots\cdots (3\text{-}31)$$

$$W_e = m_{core} k_e (f B_{max})^2 \quad \cdots\cdots\cdots\cdots\cdots\cdots\cdots\cdots\cdots (3\text{-}32)$$

W_h：ヒステリシス損、W_e：うず電流損、m_{core}：鉄心の質量 [kg]、k_h, k_e：鉄心材料で決まる定数、f：電源周波数 [Hz]、B_{max}：鉄心中の磁束密度の最大値 [T]

上式で磁束密度 B_{max} は、d-q 軸モデルの磁束鎖交数 Ψ_o に対応し、周波数 f は電気角周波数 ω に対応する。従って、fB_{max} は誘導起電力 $V_o(=|\boldsymbol{v}_o|=\omega\Psi_o)$ に相当するため誘導起電力に並列に等価鉄損抵抗 R_c を挿入した図 3-10 の dq 軸等価回路で鉄損を考慮した PMSM を表すことができる。等価回路で鉄損は

$$W_i = \frac{v_{od}^2}{R_c} + \frac{v_{oq}^2}{R_c} = \frac{V_o^2}{R_c} = \frac{(\omega \Psi_o)^2}{R_c} \quad \cdots\cdots\cdots\cdots\cdots\cdots (3\text{-}33)$$

と計算される。等価鉄損抵抗 R_c が一定であれば、V_o^2（$(fB_{max})^2$ に相当）に

比例するうず電流損 W_e を表すことになるが、R_c を電源角周波数 ω や磁束鎖交数 Ψ_o に応じて変化させることでうず電流損とヒステリシス損からなる鉄損を考慮することができる。また、このときトルクは式(3-28)の代わりに次式で与えられる。

$$T = P_n \left(\Psi_d i_{oq} - \Psi_q i_{od} \right) = P_n \left\{ \Psi_a i_{qo} + (L_d - L_q) i_{do} i_{qo} \right\} \quad \cdots\cdots (3\text{-}34)$$

３－４－３　M-T 座標系のモデル

　上述の d-q 座標系は、永久磁石界磁ベクトル ψ_a の方向（N 極の方向）を d 軸と定義し、ロータの回転角度に同期した回転座標系であった。これに対し、電機子電流による電機子反作用磁束も考慮したステータ巻線の鎖交磁束ベクトル ψ_o の方向を M 軸とし、$\pi/2$ 進んだ方向を T 軸としたM-T 座標系を定義する。図 3-11 に M-T 座標系と他の座標系との関係

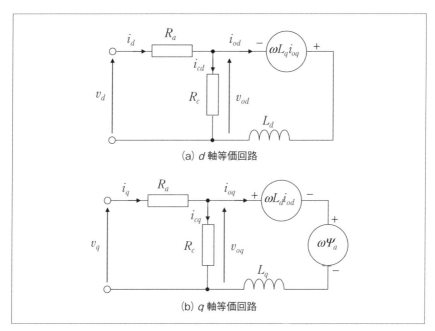

〔図 3-10〕鉄損を考慮した PMSM の dq 軸等価回路

- 63 -

3. PMSM・SynRMの数学モデル

および電流ベクトルと鎖交磁束ベクトルを示す。d 軸を基準に考えると、図 3-8 に示したように鎖交磁束ベクトル ψ_o の方向（M 軸の方向）は、δ_o だけ進んだ位置となり、α 軸を基準に考えると $\theta_o(=\theta+\delta_o)$ だけ回転した位置となる。永久磁石界磁ベクトル ψ_a の方向はロータの回転角度 θ であるため、位置センサで検出可能であるが、鎖交磁束ベクトル ψ_o の方向 θ_o は、一般に検出が困難であるため電圧、電流情報やモータパラメータを用いて推定することになる。

M-T 座標系における電圧方程式およびトルク式は、鎖交磁束の大きさ $\Psi_o(=|\psi_o|)$ を状態変数とすると次式で与えられる。

$$\begin{bmatrix} v_M \\ v_T \end{bmatrix} = R_a \begin{bmatrix} i_M \\ i_T \end{bmatrix} + \begin{bmatrix} p \\ \omega \end{bmatrix} \Psi_o \quad \cdots\cdots\cdots\cdots\cdots\cdots\cdots\cdots (3\text{-}35)$$

$$T = P_n \Psi_o i_T \quad \cdots\cdots\cdots\cdots\cdots\cdots\cdots\cdots (3\text{-}36)$$

上式は非常にシンプルな表現となっており、PMSM、SynRM に関係なく同じ式となる。特にトルクは i_T のみで制御できるため、トルク制御を行う際に好都合である。本モデルは鎖交磁束ベクトルの方向と大きさが

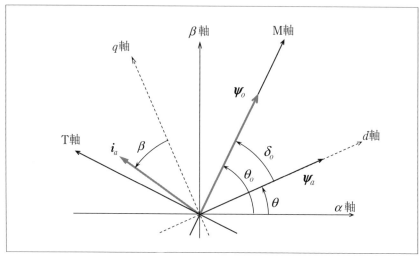

〔図 3-11〕M-T 座標系のベクトル図（定常状態）

分かれば、トルク制御が容易に可能となるため、第6章で説明する直接トルク制御と相性が良い。

3－4－4　任意直交座標系のモデル

図3-12に示すように、α-β座標から任意の角度θ_γだけ進み、$\omega_\gamma(=d\theta_\gamma/dt)$で回転する$\gamma$-$\delta$座標系を考える。$\gamma$-$\delta$座標系の電圧方程式は、式（3-22）の$\alpha$-$\beta$座標系のモデルを式（3-10）の変換行列$C_\gamma$を用いて角度$\theta_\gamma$だけ回転座標変換することで次式となる。

$$\begin{bmatrix} v_\gamma \\ v_\delta \end{bmatrix} = \begin{bmatrix} R_a + pL_\gamma - \omega_\gamma L_{\gamma\delta} & -\omega_\gamma L_\delta + pL_{\gamma\delta} \\ \omega_\gamma L_\gamma + pL_{\gamma\delta} & R_a + pL_\delta + \omega_\gamma L_{\gamma\delta} \end{bmatrix} \begin{bmatrix} i_\gamma \\ i_\delta \end{bmatrix} + \omega \Psi_a \begin{bmatrix} -\sin\Delta\theta \\ \cos\Delta\theta \end{bmatrix}$$
$$\cdots (3\text{-}37)$$

ただし、

$\Delta\theta = \theta - \theta_\gamma, L_\gamma = L_0 + L_1\cos 2\Delta\theta, L_\delta = L_0 - L_1\cos 2\Delta\theta, L_{\gamma\delta} = L_1\sin 2\Delta\theta$

γ-δ座標系は任意の直交座標系であり、$\Delta\theta = \theta(\theta_\gamma=0)$とすれば$\alpha$-$\beta$座標系と一致し、$\Delta\theta = 0(\theta_\gamma=\theta)$とすれば$d$-$q$座標系となる。第5章で述べるセンサレス制御においてはこのγ-δ座標系を推定d-q座標系として扱うことが多く、このとき、θ_γ, ω_γが推定したロータ位置と速度であり、$\Delta\theta$は位置推定誤差となる。

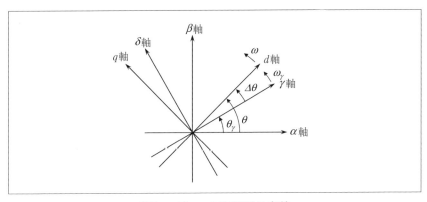

〔図3-12〕γ-δ座標系の定義

3−5 制御対象としての基本モータモデル
3−5−1 d-q 座標系の基本モデル

同期モータ（PMSM、SynRM）が駆動する負荷機械系も含めたモータシステムの基本的な構成を図3-13に示す。モータはインバータで駆動され、モータ端子電圧 v に応じて巻線電流 i が流れる。電流によってトルク T が発生し、負荷の機械系を駆動する。機械系の運動方程式に従って、モータの回転角速度（速度）ω_r および回転角度（位置）θ_r が変化する。このモータシステムは、電気系、電気・機械エネルギー変換および機械系から構成されている。モータ制御の目的は、モータのトルク、速度、位置などを目標値（指令値）に素早く、安定に追従させることや外乱が加わっても目標値からの変化を極力小さくすることに加えて、様々な運転状態において損失を極力小さくして効率を高くすることも重要である。モータ制御システムを設計するには、制御対象の正確なモデリングが必要である。SPMSM と SynRM を含む IPMSM の数学モデルとして、前章までに各種座標系における電圧方程式を導出した。これらモデルの中で d-q 座標上で表したモデルが最も簡単で扱いやすいため、制御アルゴリズムの構築や制御器の設計には d-q 軸モデルが用いられることがほとんどである。以下に、制御対象としての視点からモータモデル

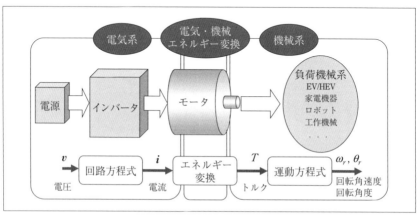

〔図3-13〕モータシステムの基本構成

を整理しておく。
(1) 電気系モデル

d-q 座標系で表した永久磁石同期モータの電圧方程式（式 (3-24)）を制御対象モデルとして制御で一般に用いられる状態方程式（微分方程式）で表すと次式となる。

$$p\begin{bmatrix}i_d\\i_q\end{bmatrix} = \begin{bmatrix}-\dfrac{R_a}{L_d} & \dfrac{\omega L_q}{L_d}\\-\dfrac{\omega L_d}{L_q} & -\dfrac{R_a}{L_q}\end{bmatrix}\begin{bmatrix}i_d\\i_q\end{bmatrix} + \begin{bmatrix}\dfrac{1}{L_d} & 0\\0 & \dfrac{1}{L_q}\end{bmatrix}\begin{bmatrix}v_d\\v_q\end{bmatrix} - \begin{bmatrix}0\\\dfrac{\omega \Psi_a}{L_q}\end{bmatrix} \quad \cdots (3\text{-}38)$$

$$p\,\boldsymbol{i}_a = \boldsymbol{A}_e\,\boldsymbol{i}_a + \boldsymbol{B}_e\,\boldsymbol{v}_a + \boldsymbol{d}_e \quad \cdots\cdots\cdots\cdots\cdots\cdots\cdots\cdots\cdots\cdots\cdots (3\text{-}38')$$

永久磁石同期モータの電気系モデルは、状態変数が電機子電流 $\boldsymbol{i}_a(=[i_d\ i_q]^{\mathrm{T}})$、入力が電機子電圧 $\boldsymbol{v}_a(=[v_d\ v_q]^{\mathrm{T}})$ であり、さらに磁石磁束 Ψ_a による誘導起電力が外乱 $\boldsymbol{d}_e$ として作用するシステムである。また、行列 $\boldsymbol{A}_e$ より、d 軸と q 軸が相互に干渉すること、$\boldsymbol{A}_e$ に角速度 ω が含まれているため時変系であることが分かる。しかし、一般に機械系の時定数は電気系の時定数に比べて十分大きいため、電流の変化に対して角速度 ω の変化は非常に緩やかであると仮定すると ω は定数と見なすことができる。

(2) 電気－機械エネルギー変換

d-q 座標系で表した永久磁石同期モータのトルクは、前掲の

$$T = P_n\{\Psi_a i_q + (L_d - L_q)\,i_d i_q\} = P_n\{\Psi_a + (L_d - L_q)\,i_d\}i_q \quad \cdots\cdots (3\text{-}39)$$

で与えられ、マグネットトルクは i_q のみの関数であるが、リラクタンストルクは i_d と i_q の乗算となっているため非線形である。ただし、d 軸電流 i_d を一定に保てばトルクは i_q で線形に制御できる。しかし、PMSM を高効率で運転するなど運転状態に応じて適切に制御するためには第4章で述べるように i_d の積極的な制御が必要である。このときトルク特性は非線形になる。

(3) 機械系モデル

機械系の運動方程式は、

⊗ 3. PMSM・SynRMの数学モデル

$$T = J \frac{d\omega_r}{dt} + D\omega_r + T_L \qquad \cdots\cdots\cdots\cdots\cdots\cdots\cdots (3\text{-}40)$$

ただし、ω_r：機械角速度 $(=\omega/P_n)$ [rad/s]、J：慣性モーメント [kg・m^2]、D：粘性摩擦係数 [Nm・s/rad]、T_L：負荷トルク [Nm]
で与えられ、これを状態方程式で表すと

$$p\omega_r = -\frac{D}{J}\omega_r + \frac{1}{J}T - \frac{1}{J}T_L \qquad \cdots\cdots\cdots\cdots\cdots\cdots (3\text{-}41)$$

となる。

　機械系も含む IPMSM 全体のブロック線図は、式 (3-38)、(3-39)、(3-41) より図 3-14 となる。同図では、式 (3-27) で得られる磁束鎖交数も示しており、d 軸鎖交磁束 Ψ_d および q 軸鎖交磁束 Ψ_q によって発生する誘導起電力 v_{oq}, v_{od} がそれぞれ q 軸および d 軸に干渉していることがわかる。

3-5-2　本書で用いるモータと機器定数

　次章以降では、各種制御法や特性について説明するが、そのときの特

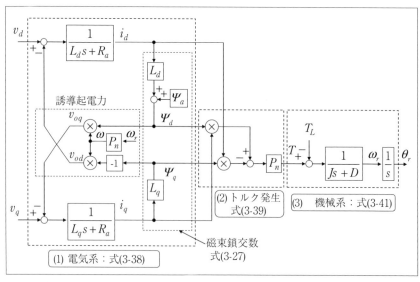

〔図 3-14〕IPMSM 全体のブロック線図（$d\text{-}q$ 座標系の基本モデル）

性図等はできる限り具体的なモータ定数を用いて計算したものを用いる。表3-3に各種モータモデルとそのパラメータ等を示す。なお、SynRMはPMSM基準のd-q座標系モデル（L_d<L_q）を用いる。基準となるIPMSMとしては、構造や特性が明らかとなっている電気学会D1モデル[3]（集中巻IPMSM、モデル名：IPM_D1）を採用した。他のモータについては、d軸インダクタンスL_dをIPM_D1と同じ値に設定し、定格電流における最大発生トルクがIPM_D1と同程度になるように他のモータパラメータ（Ψ_a, L_q）を設定した。SPMSM（モデル名：SPM_1）は突極比が1（L_d=L_q）であり、分布巻IPMSMを想定したIPM_3は、突極比が3になるようにL_qを設定した。また、SPM_1とIPM_3では定格トルクがIPM_D1と同じ1.83Nmとなるように磁石磁束Ψ_aを調整した。SynRM（モデル名：SynRM_3.8）は、トルクが1.83NmとなるようにL_qを設定した結果、突極比は3.8となった。また、巻線抵抗R_aは集中巻に比べて分布巻は大きくなるが、ここでは全てIPM_D1と同じ値とした。表中の特性電流I_{ch}はモータの速度－トルク特性の概形や制御法の選択において重要なパラメータであり、詳細は第4章で述べる。

〔表3-3〕本書の特性計算に用いるモータパラメータ

モータモデル名	IPM_D1	SPM_1	IPM_3	SynRM_3.8
モータ種類	集中巻 IPMSM (電気学会D1モデル)	SPMSM	分布巻 IPMSM	SynRM
極対数 P_n	2			
R_a [Ω]	0.380			
Ψ_a [Wb]	0.107	0.12	0.047	0
L_d [mH]	11.2	11.2	11.2	11.2
L_q [mH]	19	11.2	33.6	42.7
突極比 ρ (=L_q/L_d)	1.7	1	3	3.8
特性電流 I_{ch} (=Ψ_a/L_d) [A]	9.55	10.71	4.12	0
最大線間電圧 V_{max} [Vrms] (V_{amax} [V])	165 (165)			
最大相電流 I_{emax} [Arms] (I_{amax} [A])	7.5 (13.0)			
定格相電流 I_{er} [Arms] (I_{ar} [A])	4.4 (7.62)			
定格トルク [Nm]	1.83			

⊗ 3. PMSM・SynRMの数学モデル

　本書では、基本的に IPM_D1 のモータパラメータを使用して計算した特性図等を示すが、必要に応じて比較のために SPM_1、IPM_3 および SynRM_3.8 のモータパラメータを用いた特性図も示す。

　また、本書では一部実験結果も示している。実験に用いたモータの諸元を表3-4に示す。表3-3に示した IPMSM に近い仕様のモータである。q 軸インダクタンス L_q は次節で述べるように磁気飽和のため電流によって変化する。9-3-5項で説明する実運転状態でのインダクタンスの測定手法によって測定した結果を図3-15に示す。d 軸インダクタンス L_d は一定と考えられるが、L_q は磁気飽和のため q 軸電流 i_q の増加のより減少する。L_q は同図中に示すように q 軸電流 i_q の一次関数で近似している。

〔表3-4〕本書で使用した実験機の諸元

モータモデル名	実験機 I	実験機 II
モータ種類／ロータ概形	分布巻 IPMSM	
極対数 P_n	2	
R_a [Ω]	0.570	0.824
Ψ_a [Wb]	0.106	0.0785
L_d [mH]	8.72	9.67
L_q [mH]	図 3.15 (a)	図 3.15 (b)
特性電流 $I_{ch}(=\Psi_a/L_d)$ [A]	12.15	8.12
定格相電流 I_{er} [Arms] (I_{ar} [A])	5.0（8.66）	

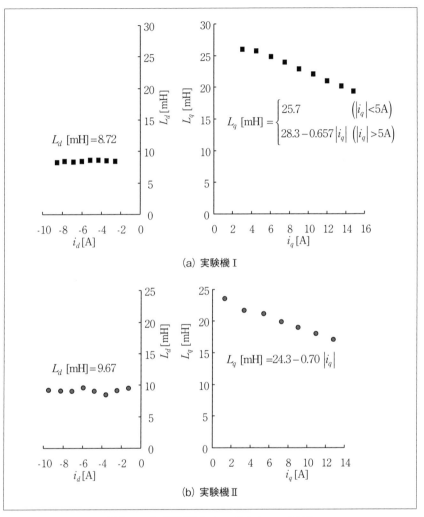

〔図 3-15〕実験機のインダクタンス特性

3-6 実際のモータモデル

これまでの数学モデルの導出(モデリング)においては、3-3節で示したように、次のような理想状態を仮定していた。
- 永久磁石による電機子鎖交磁束は正弦波状に分布し、誘起電圧も正弦波状である。(式(3-16)、(3-20))
- インダクタンスの位置に対する変化は正弦波状である(式(3-17)、(3-18))
- 磁気飽和はなく、インダクタンスの平均値や振幅および磁石磁束は一定である。(式(3-16)、(3-17)、(3-18)中のΨ_f, L_a, L_{as}は一定値)

しかし、実際のモータでは、エアギャップの磁束密度分布が正弦波状でない場合やスロット高調波の影響もある(空間高調波が含まれる)。この空間高調波によるトルクリプルはトルク式には含まれていない。また、インダクタンスは磁気飽和の影響による電流依存性がある(電流値によって変化する)。そこで、本節では理想状態でない場合のモデル式について説明する。本書で扱う理想的な数学モデルと本節で説明するような実際のモータとの差異の影響は、モータ設計や使用条件等で異なるが、このような違いがあることを理解した上で理想的な数学モデルを使用することが必要であり、場合によっては本節で述べるような考慮が必要となる。

3-6-1 磁気飽和と空間高調波の影響
(1) 磁気飽和の影響

モータの鉄心材料の磁化特性(B-H特性)は非線形であり、特に小型・軽量化のためトルク密度を向上したモータではモータ鉄心の磁束密度が高くなり、磁気飽和が生じる。ここでは、磁気飽和がある場合のインダクタンスについて説明する。図3-16(a)に巻線電流Iに対する磁束鎖交数Ψの関係を示す。電流がI_1以下においては電流と磁束鎖交数は比例関係(線形)にあるが、I_1を越える電流に対しては鉄心の磁気飽和のため非線形となる。

$I<I_1$の線形領域では、$\Psi=LI$の関係式におけるインダクタンスLは定数となるが、$I>I_1$の非線形領域(磁気飽和領域)においてインダクタ

ンスは電流によって変化する。非線形領域におけるインダクタンスは次のように扱う。
(a) 磁束鎖交数に注目したインダクタンス
　図3-16 (a) の非線形領域である動作点②における電流 I_2 と磁束鎖交数 Ψ_2 の比である

$$L_{app} = \frac{\Psi_2}{I_2} \quad \cdots\cdots\cdots\cdots\cdots\cdots\cdots\cdots\cdots\cdots\cdots\cdots\cdots\cdots (3\text{-}42)$$

で求めたインダクタンスを電流 I_2 における静的インダクタンスまたは平均インダクタンスと称する（英文では、Apparent inductance）。静的イ

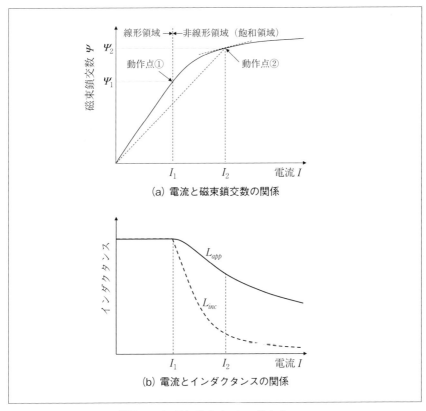

〔図3-16〕磁気飽和とインダクタンス

ンダクタンス L_{app} は非線形領域において図 3-16 (b) の実線のように電流増加とともに減少していく。L_{app} は上式の関係より各電流値における磁束鎖交数を表すのに用いることができ、トルクの計算（例えば式 (3-39)）や誘導起電力の計算（例えば式 (3-24b) における右辺第 3 項）に用いる。本書で扱うインダクタンスは、基本的に静的インダクタンスである。

(b) 電流の微小変化に対する磁束鎖交数の微小変化に注目したインダクタンス

動作点②における電流 I_2 近傍の微小電流変化に対する磁束鎖交数の変化より、

$$L_{inc} = \frac{d\Psi}{dI} = \frac{\Delta\Psi}{\Delta I} \quad \cdots\cdots\cdots (3\text{-}43)$$

で求めたインダクタンスを電流 I_2 における動的インダクタンスまたは局所インダクタンスと称する（英文では、Incremental inductance）。動的インダクタンス L_{inc} は動作点における接線の傾きであり、図 3-16 (b) の破線で示すように磁気飽和領域における減少の程度が静的インダクタンス L_{app} よりも大きい。動的インダクタンス L_{inc} は、電流の微小変化に対応しているため、4-6-2 項で述べる電流制御系の PI ゲインの設計で用いるのに適している。また、5-4 節で述べる高周波電圧を印加するセンサレス制御におけるインダクタンスに相当する。

d, q 軸インダクタンスを平均インダクタンス（L_{d_app}, L_{q_app}）と局所インダクタンス（L_{d_inc}, L_{q_inc}）に分けて考える場合、式 (3-24) の d-q 座標系の電圧方程式は次式となる。

$$\begin{bmatrix} v_d \\ v_q \end{bmatrix} = \begin{bmatrix} R_a + pL_{d\_inc} & -\omega L_{q\_app} \\ \omega L_{d\_app} & R_a + pL_{q\_inc} \end{bmatrix} \begin{bmatrix} i_d \\ i_q \end{bmatrix} + \begin{bmatrix} 0 \\ \omega \Psi_a \end{bmatrix} \quad \cdots\cdots (3\text{-}44)$$

磁気飽和の影響は、磁気抵抗が小さく磁束が通りやすいため磁束密度が高くなる q 軸方向に表れることが多く、電流増加に伴い q 軸インダクタンスの減少割合が大きくなる。このように磁気飽和を考慮したとき、L_d, L_q は定数ではなく電流の関数として扱う必要がある。

図 3-17 に q 軸電流 i_q に対する q 軸インダクタンス L_q の変化の様子を

示す。L_q に及ぼす d 軸電流 i_d の影響が無視できれば、L_q を i_q のみの関数として、同図の実線のように $L_q(i_q)$ と表すことができる。しかし、L_q は i_d の影響を受ける場合もあり、そのときは同図の破線のように L_q は i_d および i_q によって変化する。このような影響をクロスカップリングまたはクロスサチュレーションと呼ぶ。このように、クロスカップリングを考慮すると d-q 座標系のモデルにおける d, q 軸インダクタンス L_d, L_q は i_d および i_q の関数 $(L_d(i_d, i_q), L_q(i_d, i_q))$ として扱う必要がある。実際のモータにおいては、SPMSM は永久磁石部を含めた等価的なエアギャップ長が大きいため磁気飽和の影響は少なく、L_d, L_q は定数として扱えることが多い。IPMSM では、q 軸インダクタンスは必ず磁気飽和の影響を受けるので、少なくとも L_q は i_q の関数として扱う必要があり、L_d も i_d の関数となる場合もある。図 3-15 に示したように実験機 I および II のインダクタンス特性では、L_d はほぼ一定であるが、L_q は電流増加に伴い磁気飽和の影響で減少していることが確認できる。

　磁気飽和の影響が大きい場合には、クロスカップリングを考慮した d, q 軸インダクタンス L_d, L_q のモデリングも必要となる。ただし、このように磁気飽和を考慮して d, q 軸インダクタンスを電流の関数としてモデル化した場合も図 3-18 に示すようにインダクタンスのロータ位置に対する変化は正弦波状であると仮定していることになる。

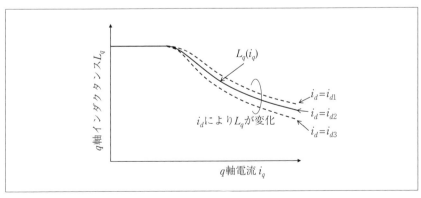

〔図 3-17〕インダクタンスのクロスカップリング

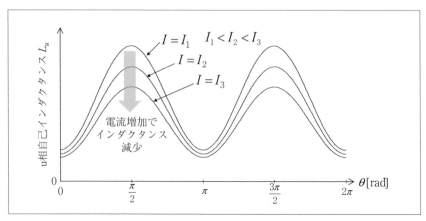

〔図3-18〕電流増加に伴う自己インダクタンスの変化

(2) 空間高調波の影響

これまでは、磁束の空間分布は正弦波状であると仮定していたが、高調波成分が含まれる場合もある。このような空間高調波を考慮した際の表現について説明する。

永久磁石による鎖交磁束の分布に5次と7次の高調波成分が含まれている場合を考える。このとき永久磁石磁束による誘導起電力は次式で表される。

$$\begin{bmatrix} e_u \\ e_v \\ e_w \end{bmatrix} = \omega \begin{bmatrix} -\Psi_{f1} \sin\theta \\ -\Psi_{f1} \sin\left(\theta - \dfrac{2}{3}\pi\right) \\ -\Psi_{f1} \sin\left(\theta + \dfrac{2}{3}\pi\right) \end{bmatrix}$$

$$+ 5\omega \begin{bmatrix} \Psi_{fs5} \cos 5\theta - \Psi_{fc5} \sin 5\theta \\ \Psi_{fs5} \cos 5\left(\theta - \dfrac{2}{3}\pi\right) - \Psi_{fc5} \sin 5\left(\theta - \dfrac{2}{3}\pi\right) \\ \Psi_{fs5} \cos 5\left(\theta + \dfrac{2}{3}\pi\right) - \Psi_{fc5} \sin 5\left(\theta + \dfrac{2}{3}\pi\right) \end{bmatrix}$$

$$+ 7\omega \begin{bmatrix} \Psi_{fs7} \cos 7\theta - \Psi_{fc7} \sin 7\theta \\ \Psi_{fs7} \cos 7\left(\theta - \dfrac{2}{3}\pi\right) - \Psi_{fc7} \sin 7\left(\theta - \dfrac{2}{3}\pi\right) \\ \Psi_{fs7} \cos 7\left(\theta + \dfrac{2}{3}\pi\right) - \Psi_{fc7} \sin 7\left(\theta + \dfrac{2}{3}\pi\right) \end{bmatrix} \cdots\cdots \text{(3-45)}$$

ただし、Ψ_{f1}：一相あたりの永久磁石による電機子鎖交磁束の基本波の最大値 [Wb]、Ψ_{fs5}, Ψ_{fc5}, Ψ_{fs7}, Ψ_{fc7}：一相あたりの永久磁石による電機子鎖交磁束のうち5次と7次の正弦、余弦成分の最大値 [Wb]
上式の右辺第1項は、式 (3-20) と同一であり、第2項、第3項が5次および7次高調波成分である。これを d-q 座標系に変換すると次式を得る。

$$\begin{bmatrix} e_d \\ e_q \end{bmatrix} = \sqrt{\dfrac{3}{2}}\omega \begin{bmatrix} 0 \\ \Psi_{f1} \end{bmatrix} + \sqrt{\dfrac{3}{2}}\omega \begin{bmatrix} \left(-5\Psi_{fc5} - 7\Psi_{fc7}\right)\sin 6\theta + \left(5\Psi_{fs5} + 7\Psi_{fs7}\right)\cos 6\theta \\ \left(-5\Psi_{fs5} + 7\Psi_{fs7}\right)\sin 6\theta + \left(-5\Psi_{fc5} + 7\Psi_{fc7}\right)\cos 6\theta \end{bmatrix}$$

$$= \begin{bmatrix} 0 \\ \omega\Psi_a \end{bmatrix} + \omega \begin{bmatrix} K_{hd}(\theta) \\ K_{hq}(\theta) \end{bmatrix} \qquad \cdots \text{(3-46)}$$

上式の右辺第1項は、式 (3-24) の右辺第2項と同一であり、第2項が5

次および 7 次高調波成分に起因する誘導起電力成分であり、d-q 座標上では 6 次の高調波成分となる。

磁束分布の空間高調波の影響は、インダクタンスにも表れ、インダクタンスの位置による変化が図 3-18 に示したような正弦波状ではなくなる。磁束分布の高調波を考慮したインダクタンスと永久磁石による誘導起電力の一般式は次式のように表すことができる。

$$\left.\begin{array}{l} L_u = \sum L_n \cos 2n\theta, \quad L_v = \sum L_n \cos n\left(2\theta + \frac{2}{3}\pi\right), \quad L_w = \sum L_n \cos n\left(2\theta - \frac{2}{3}\pi\right) \\ M_{uv} = \sum M_n \cos n\left(2\theta - \frac{2}{3}\pi\right), \quad M_{vw} = \sum M_n \cos 2n\theta, \quad M_{wu} = \sum M_n \cos n\left(2\theta + \frac{2}{3}\pi\right) \\ e_u = -\sum m\omega \Psi_{fm} \sin m\theta, \quad e_v = -\sum m\omega \Psi_{fm} \sin m\left(\theta - \frac{2}{3}\pi\right), \quad e_w = -\sum m\omega \Psi_{fm} \sin m\left(\theta + \frac{2}{3}\pi\right) \end{array}\right\}$$

$$(n=0,1,2\cdots, \quad m=1,2\cdots) \qquad \cdots (3\text{-}47)$$

ここで、$n=0, 1, m=1$ とした場合が、式 (3-17)、(3-18)、(3-20) に相当する。さらに、磁気飽和の影響も考慮すると上式中の L_n, M_n, Ψ_{fm} は全て電流の関数となる。

3−6−2 実際のモータパラメータの解析事例

本項では、実際のモータにおいて磁気飽和や空間高調波が d-q 座標系の電圧方程式のパラメータにどのように表れるのか、有限要素法を用いた磁界解析により確認する。解析したモータは、IPM_D1 と同程度の出力の 4 極集中巻 IPMSM である。

図 3-19 に回転子位置 θ（電気角）に対する永久磁石による電機子鎖交磁束 $\Psi_a(\theta)$ を示す。同図中には、解析したモータの概略断面図も示している。電機子鎖交磁束の分布が基本波のみの正弦波であれば、$\Psi_a(\theta)$ は一定となるが、高調波を含む場合は同図のように位置によって変化する。同図では、基本波（電気角周波数）に対して 6 倍の周波数成分が含まれている。これは、式 (3-46) の右辺第 2 項の誘導起電力に含まれる 6 次高調波成分に対応している。$\Psi_a(\theta)$ の平均値がこれまでのモデルにおける永久磁石による電機子鎖交磁束 Ψ_a である。

図 3-20 に $i_q=1.0$ p.u.（定格電流）の条件で求めた q 軸インダクタンス

を示す。これも回転子位置 θ によって変化していること、d 軸電流の値によって波形が変化していることが分かる。同図より q 軸インダクタンスの主な高調波成分は 6 次であること、d 軸電流が大きくなることで、平均値は減少し高調波成分の振幅が大きくなっていることが分かる。この場合も平均値がこれまでのモデルにおける q 軸インダクタンス L_q である。L_q は i_q が同じであっても i_d によって変化することが分かる。すなわちクロスカップリングが生じている。

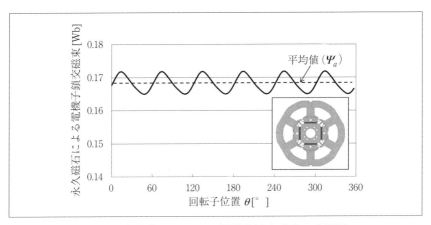

〔図 3-19〕永久磁石による電機子鎖交磁束の高調波

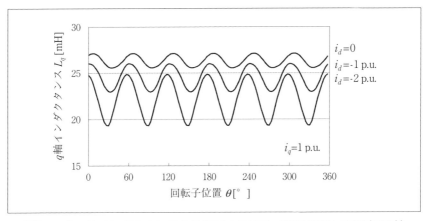

〔図 3-20〕q 軸インダクタンスの位置による変化(磁気飽和と空間高調波)

3. PMSM・SynRMの数学モデル

d, q 軸電流を変えて、図 3-20 のように d, q 軸インダクタンスの平均値 L_d, L_q を求めた結果を図 3-21 に示す。ここで、図 3-21 (a) 中の×印の値が、図 3-20 より得られた L_q の値である。L_d, L_q は d, q 軸電流の影響を受けて変化しており、d, q 軸インダクタンスを i_d および i_q の関数 $(L_d(i_d, i_q), L_q(i_d, i_q))$ として扱う必要があることが分かる。

本項の事例は、集中巻 IPMSM であること、電流値を定格以上に大きく設定したことで、磁気飽和や空間高調波の影響が大きく表れているが、実際のモータでは、理想的なモータモデル（モータパラメータ）と異なることも多いことを意識しておく必要がある。

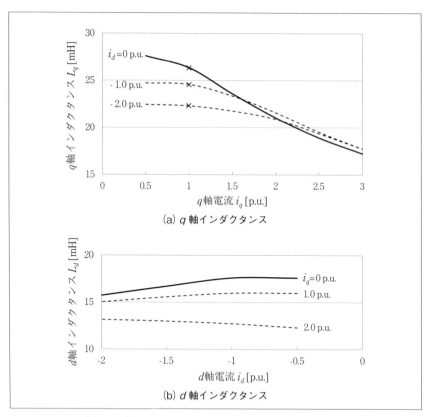

〔図 3-21〕インダクタンスに及ぼす磁気飽和の影響

電流ベクトル制御法

4-1 はじめに

　同期モータの運転特性は電流ベクトル（d, q 軸電流または電流の大きさと位相）の決め方によって大きく変化する。特にリラクタンストルクも利用できる IPMSM や SynRM では適切に電流ベクトルを選択することが非常に重要である。本章では、まず PMSM の諸特性に及ぼす電流ベクトルの影響について説明し、それをもとに本書で対象とする同期モータに共通の各種電流ベクトル制御法を示し、制御アルゴリズムや運転特性について説明する。また、電流ベクトルの指令値を求めた後、実際にモータに流れる電流を指令値と一致させるための電流制御システムについて説明する。

　本章の特性図は、特に断らない限り IPM_D1（表 3-3 参照）のパラメータを用いて計算しているが、必要に応じて SPMSM や SynRM など表 3-3 に示した各種モータの特性図も示している。

4-2 電流ベクトル平面上の特性曲線

　同期モータにおける電流ベクトルの制御は、d-q 座標系で行われることが一般的であり、その制御方法の検討も d-q 座標系モデルをもとに行われる。d-q 座標系における電流、磁束鎖交数（鎖交磁束）、電圧などの変数は図 3-8 に示した d-q 座標系のベクトル図で考えると分かりやすい。特に、電流ベクトルを制御するという観点から、制御アルゴリズムの構築、モータ特性の検討、電流や電圧の制限の考慮などを行うために d 軸電流 i_d を横軸に、q 軸電流 i_q を縦軸に選んだ座標上に様々な特性曲線を描くと理解しやすい。この二次元平面上の原点から任意の点へのベクトルが電流ベクトルを表すことになるので、これを d-q 座標系における電流ベクトル平面と呼ぶことにする。

　d-q 座標系の PMSM モデルは、式 (3-24) に示しているが、電流ベクトルとモータ特性の関係を検討するために各種ベクトルの極座標表現と基本式を以下に整理し、関連するベクトル図を図 4-1 に示す。
電機子電流ベクトルの極座標表現：

$$I_a = \sqrt{i_d^2 + i_q^2} \quad \cdots\cdots\cdots\cdots\cdots\cdots\cdots\cdots\cdots\cdots\cdots\cdots \text{(4-1)}$$

$$\beta = \tan^{-1}\left(-\frac{i_d}{i_q}\right) \quad \cdots\cdots\cdots\cdots\cdots\cdots\cdots\cdots\cdots\cdots \text{(4-2)}$$

　ただし、I_a：電流ベクトル i_a の大きさ [A]、β：電流ベクトルの q 軸からの進み位相角 [rad]、定常時は $I_a = \sqrt{3} I_e$（I_e：相電流の実効値）の関係がある。
電機子鎖交磁束ベクトルの極座標表現：

$$\Psi_o = \sqrt{\Psi_d^2 + \Psi_q^2} = \sqrt{(\Psi_a + L_d i_d)^2 + (L_q i_q)^2} \quad \cdots\cdots\cdots \text{(4-3)}$$

$$\delta_o = \tan^{-1}\left(\frac{\Psi_q}{\Psi_d}\right) = \tan^{-1}\left(\frac{L_q i_q}{\Psi_a + L_d i_d}\right) \quad \cdots\cdots\cdots\cdots \text{(4-4)}$$

　ただし、Ψ_o：電機子鎖交磁束ベクトル ψ_o の大きさ [Wb]、δ_o：電機子鎖交磁束ベクトルの d 軸からの進み位相角 [rad]

誘導起電力ベクトルの極座標表現：

$$V_o = \sqrt{v_{od}^2 + v_{oq}^2} = \omega \Psi_o = \omega \sqrt{(\Psi_a + L_d i_d)^2 + (L_q i_q)^2} \quad \cdots\cdots\cdots (4\text{-}5)$$

$$\delta_o = \tan^{-1}\left(-\frac{v_{od}}{v_{oq}}\right) = \tan^{-1}\left(\frac{\Psi_q}{\Psi_d}\right) \quad \cdots\cdots\cdots\cdots\cdots\cdots (4\text{-}6)$$

ただし、V_o：誘導起電力ベクトル v_o の大きさ [V]、δ_o：誘導起電力ベクトルの q 軸からの進み位相角 [rad]（電機子鎖交磁束ベクトルの d 軸からの進み位相角と同じ）

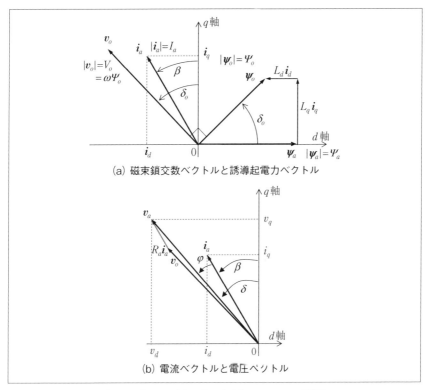

〔図4-1〕d-q 座標系の各種ベクトルの関係

※4. 電流ベクトル制御法

電機子電圧の極座標表現：

$$V_a = \sqrt{v_d^2 + v_q^2} = \sqrt{(R_a i_d - \omega L_q i_q)^2 + (R_a i_q + \omega \Psi_a + \omega L_d i_d)^2} \quad \cdots \quad (4\text{-}7)$$

$$\delta = \tan^{-1}\left(-\frac{v_d}{v_q}\right) \quad \cdots\cdots\cdots\cdots\cdots\cdots\cdots\cdots\cdots\cdots\cdots\cdots\cdots \quad (4\text{-}8)$$

ただし、V_a：電機子電圧ベクトル v_a の大きさ [V]、δ：電機子電圧ベクトルの q 軸からの進み位相角 [rad]、定常時は $V_a = V_l$（V_l：線間電圧の実効値）の関係がある。

力率：

$$\cos\varphi = \cos(\delta - \beta) \quad \cdots\cdots\cdots\cdots\cdots\cdots\cdots\cdots\cdots\cdots \quad (4\text{-}9)$$

ただし、φ：力率角 [rad]、電機子電圧ベクトル v_a に対する電流ベクトル i_a の遅れ位相角

トルク：

$$T = P_n\{\Psi_a i_q + (L_d - L_q) i_d i_q\} \quad \cdots\cdots\cdots\cdots\cdots\cdots \quad (4\text{-}10)$$

$$T = P_n\{\Psi_a I_a \cos\beta + \frac{1}{2}(L_q - L_d) I_a^2 \sin 2\beta\} \quad \cdots\cdots\cdots \quad (4\text{-}11)$$

トルクは式 (4-10) に示すように d, q 軸電流で決まるため、一定のトルクを発生する q 軸電流は d 軸電流の関数として次式で与えられる。

$$i_q = \frac{T}{P_n\{\Psi_a + (L_d - L_q) i_d\}} \quad \cdots\cdots\cdots\cdots\cdots\cdots\cdots \quad (4\text{-}12)$$

この関係を電流ベクトル平面で表すと図 4-2 の定トルク曲線となる。定トルク曲線上の点は、同じトルクを発生する i_d と i_q の組み合わせを表している。定トルク曲線は i_d 軸に対して対称となり、$i_q < 0$ のときトルクは負となる。

図 4-3 に表 3-3 に示した 4 種類の同期モータにおける定格トルク (1.83Nm) を発生する定トクル曲線を示す。非突極の SPMSM (SPM_1) では、リラクタンストルクが発生しないので、定トルク曲線は i_d の値に

関係なく i_q が一定の直線となる。マグネットトルクが発生しない SynRM（SynRM_3.8）では、$-i_d$ と i_q は反比例の関係となる。IPM_D1 よ

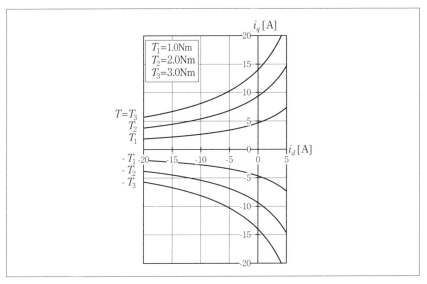

〔図4-2〕IPMSM（IPM_D1）の定トルク曲線

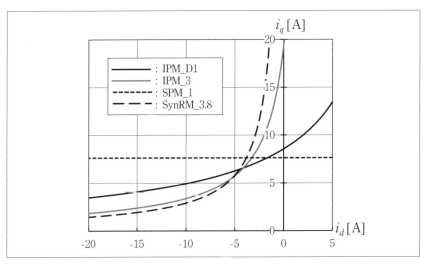

〔図4-3〕定格トルク（1.83Nm）の定トルク曲線

⊗4. 電流ベクトル制御法

り突極比の大きい IPM_3 の定トルク曲線は、IPM_D1 と SynRM_3.8 の間の曲線となっている。

電機子鎖交磁束も d, q 軸電流で決まるため、電機子鎖交磁束 Ψ_o が一定となる d, q 軸電流の組み合わせは式 (4-3) より

$$(\Psi_a + L_d i_d)^2 + (L_q i_q)^2 = \Psi_o^2 \quad \cdots\cdots\cdots\cdots\cdots\cdots\cdots\cdots\cdots\cdots (4\text{-}13)$$

で与えられ楕円となる。これを定鎖交磁束楕円と呼ぶ。IPMSM（IPM_D1）の定鎖交磁束楕円を図 4-4 に示す。定鎖交磁束楕円は、中心が図中の点 M($-\Psi_a/L_d$, 0) で、長径が $2\Psi_o/L_d$、短径が $2\Psi_o/L_q$ であり、電機子鎖交磁束 Ψ_o が小さくなると点 M を中心として定鎖交磁束楕円の径は小さくなる。点 M の d 軸電流の大きさ

$$I_{ch} = \frac{\Psi_a}{L_d} \quad \cdots\cdots\cdots\cdots\cdots\cdots\cdots\cdots\cdots\cdots\cdots\cdots\cdots\cdots\cdots\cdots (4\text{-}14)$$

は、永久磁石による電機子鎖交磁束と d 軸インダクタンスで決まる電流値であり特性電流と呼ばれる。$i_d = -I_{ch}$ のとき d 軸鎖交磁束 Ψ_d が 0 と

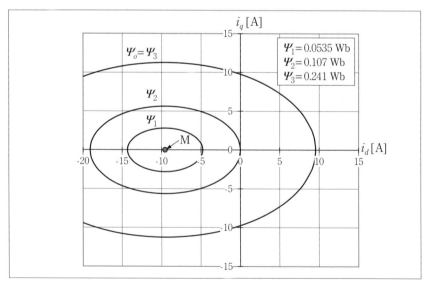

〔図 4-4〕IPMSM（IPM_D1）の定鎖交磁束楕円

なる。特性電流I_{ch}や電流ベクトル平面上の点Mの位置は後述のようにPMSMの制御および高速領域の運転特性を決める重要な要素となる。

また、$V_o = \omega \Psi_o$の関係があるので、式(4-13)は誘導起電力に関する式

$$(\Psi_a + L_d i_d)^2 + (L_q i_q)^2 = \left(\frac{V_o}{\omega}\right)^2 \quad \cdots\cdots\cdots\cdots\cdots\cdots\cdots\cdots (4\text{-}15)$$

として表すこともできる。これを定誘起電圧楕円と呼ぶ。定誘起電圧楕円は、定鎖交磁束楕円と同じものであるが、電圧に注目して描いている点が異なる。定電誘起圧楕円はPMSMの高速運転領域における電流ベクトルの選択範囲や制御アルゴリズムを検討する際に利用する。

図4-5に表3-3に示した4種類の同期モータにおいて、鎖交磁束が$\Psi_o = 0.107$Wb（IPM_D1のΨ_aと同値）となる定鎖交磁束楕円（定誘起電圧楕円）を示す。突極比$\rho(=L_q/L_d)$が1のSPM_1の定鎖交磁束楕円は円となり、突極比ρが大きいほど扁平な楕円になる。各モータの特性電流I_{ch}（点Mのd軸電流の大きさ）は表3-3に示した値であり、磁石磁束のないSynRMでは0（点Mは原点）となる。

電流値I_aが一定となるd, q軸電流の組み合わせは、

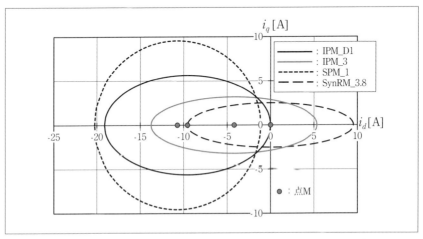

〔図4-5〕各種同期モータの定鎖交磁束楕円（$\Psi_o = 0.107$ Wb）

4. 電流ベクトル制御法

$$i_d^2 + i_q^2 = I_a^2 \quad \cdots\cdots\cdots\cdots\cdots\cdots\cdots\cdots\cdots\cdots\cdots\cdots\cdots\cdots \quad (4\text{-}16)$$

で表され、円となるので定電流円と呼ぶ。図4-6に定電流円を示す。これは、モータの種類に関係ない。定電流円は、定格電流や最大電流における特性の検討や電流の制限を考慮する際に用いる。

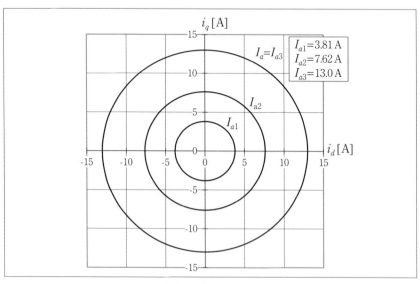

〔図4-6〕定電流円

4−3 電流位相と諸特性

電流ベクトル（d, q 軸電流 i_d, i_q または電流の大きさ I_a と位相 β）の制御により諸特性がどのように変化するか説明する。なお、モータ速度は機械角速度 ω_r ではなく電気角速度 $\omega(=P_n\omega_r)$ で表す。

4−3−1 電流一定時の電流位相制御特性

図 4-7 に電流を一定値とし、電流位相 β を変化させたときの全発生トルク T、マグネットトルク T_m、リラクタンストルク T_r をそれぞれ示す。これは、図 4-6 の定電流円上を電流ベクトルが一周したときのトルクの変化を表している。

式 (4-11) よりわかるようにマグネットトルクは $\beta=0°$ で最大となり、$\beta=180°$ で最小となる（図 4-7 (b) 参照）。一方、リラクタンストルクは $L_d<L_q$ のため、$\beta=45°$、$\beta=-135°$ で最大、$\beta=-45°$、$135°$ で最小となる（図 4-7 (c) 参照）。従って、全発生トルクは電流位相が $0°<\beta<45°$ の範囲で最大となり、$135°<\beta<180°$ の範囲で負の最大値となる（図 4-7 (a) 参照）。マグネットトルクの最大値は電流に比例し、リラクタンストルクの最大値は電流の 2 乗に比例するため最大トルクが発生する電流位相は電流値が大きくなるほど 45° に近づいていく。以上のトルク特性より、マグネットトルクとリラクタンストルクを有効に利用するためには、正のトルクを発生するときは $0<\beta<90°$ の範囲（電流ベクトル平面の第 2 象限）を、負のトルクを発生するときは $90°<\beta<180°$ の範囲（電流ベクトル平面の第 3 象限）を利用するのが良いことが分かる。なお、非突極の SPMSM（$L_d=L_q$）では図 4-7 (b) のマグネットトルクのみ生じるため常に $\beta=0°$ で、シンクロナスリラクタンスモータ（$\Psi_a=0$）では図 4-7 (c) のリラクタンストルクのみ発生するため常に $\beta=45°$ で発生トルクが最大となる。

図 4-7 のトルク特性は、モータパラメータ（Ψ_a, L_d, L_q）が一定の条件で求めたものであるが、実際の IPMSM では 3-6 節で述べたように磁気飽和の影響でモータパラメータが変化することが多い。特に、q 軸インダクタンス L_q は電流増加とともに減少することが知られている。従って、磁気飽和の影響が大きい IPMSM や SynRM では大電流時にトルク

※4．電流ベクトル制御法

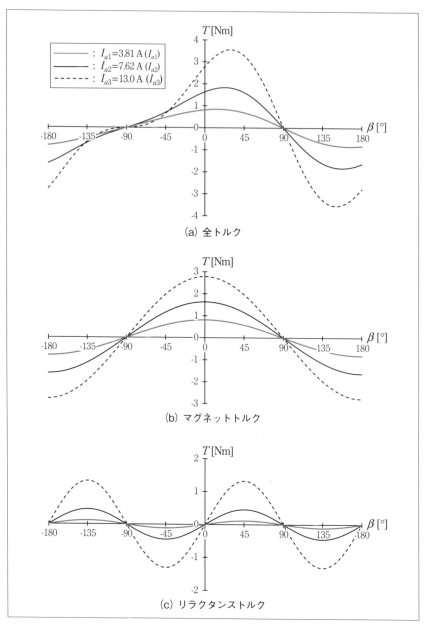

〔図 4-7〕定電流時の IPMSM（IPM_D1）の電流位相ートルク特性

が最大となる電流位相が 45°よりも大きくなることがある。具体例を 4-7 節で示す。

　図 4-7 と同じように電流一定の状態で電流位相 β を変えたときの鎖交磁束ベクトル ψ_o の軌跡とその大きさ Ψ_o の変化を図 4-8 に示す。電流が一定で電流位相 β を 0 から大きくしていくと q 軸電流は減少し、d 軸電流は負の方向に増加する。このとき q 軸電機子反作用 $L_q i_q$ は減少し、d 軸電機子反作用 $L_d i_d$ は永久磁石の磁束 Ψ_a を弱める方向に増加する。その結果、永久磁石と電機子反作用を合わせた全鎖交磁束 Ψ_o は減少していく。$\beta=90°$ のとき鎖交磁束 Ψ_o は最小値 $\Psi_{omin}=|\Psi_a-L_d I_a|$ となる。このように負の d 軸電流を流すと永久磁石磁束のある d 軸方向の磁束（d 軸鎖交磁束；$\Psi_d=\Psi_a+L_d i_d$）を小さくでき、等価的な弱め界磁効果が得られる。ここで、図 4-8 (b) よりわかるように、鎖交磁束 Ψ_o の最小値（$\beta=90°$ のとき鎖交磁束）Ψ_{omin} は、電流 I_a（$\beta=90°$ のとき $i_d=-I_a$）が大きい程小さくなるわけではない点に注意が必要である。Ψ_{omin} は、電流が特性電流のとき（$I_a=I_{ch}$）0 となるが、$I_a>I_{ch}$ の場合は、$\beta=90°$ のときの d 軸鎖交磁束 Ψ_d は負の値となり、$\Psi_{omin}>0$ となる。これらの結果より、モータに流すことができる電流が特性電流 I_{ch} より大きい場合は、最大電流よりも電流を減少させる方が鎖交磁束の最小値 Ψ_{omin} を小さくでき、誘起電圧も小さくできるため、より高速運転が実現できることが分かる。

　図 4-9 に定格電流（7.62A）で電流位相を変化させたときの 3000min^{-1} における誘起電圧ベクトルの軌跡を示す。誘起電圧ベクトル軌跡は、図 4-8 (a) に示した I_a=7.62A における鎖交磁束ベクトルの軌跡を 90°反時計方向（進み方向）に回転させたものに相当する。電流位相 β を 0°から大きくしていくことで、誘起電圧ベクトル v_o の大きさ V_o は減少し、その位相 δ_o は電流ベクトル i_a の位相 β に近づき、力率が良くなっていくことが分かる。同図では、$\beta=60°$（図中の△印）を超えたあたりで力率が 1 になることが分かる。さらに β が大きくなると、誘起電圧ベクトルに対して電流ベクトルは進み位相となり、$\beta=90°$（図中の×印）のとき誘起電圧 V_o は最小となり、電流ベクトル i_a と誘導起電力ベクトル v_o は直交する。電流位相が $\beta>90°$ の領域では、$i_q<0$ となり、電流ベクト

⊗4. 電流ベクトル制御法

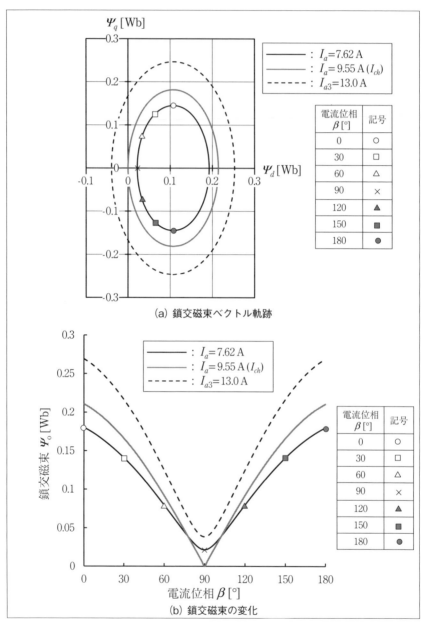

〔図 4-8〕電流位相に対する鎖交磁束の変化

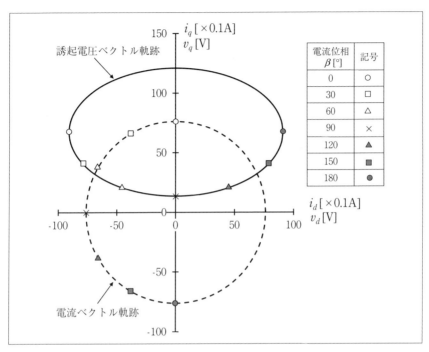

〔図4-9〕電流ベクトルと誘起電圧ベクトルの軌跡

ル i_a と誘導起電力ベクトル v_o の位相差が90°以上で発電機の動作領域となる。

4-3-2 トルク一定時の電流位相制御特性

　速度とトルクが一定（出力一定）の条件のもとで電流位相 $β$ を変化させたときのIPMSM（IPM_D1）の特性例を図4-10に示す。これは図4-2の $T=T_1$, T_2 の定トルク曲線上を電流ベクトルが移動したときの特性を表している。なお、図4-10の縦軸は $β=0°$ の時の値を100%として表している。電流位相 $β$ が増加するとマグネットトルクは減少するがリラクタンストルクが加算されるため、同一トルクを発生するために必要な電流値が減少して最小となる電流位相が存在し（図4-10の①）、このとき銅損は最小となる。また、この状態は電流一定時にトルクが最大とな

⊗4. 電流ベクトル制御法

る条件でもある。さらに β が増加すると電流は増加していく。電流一定時と同様に電流位相を大きくすると、等価的な弱め界磁効果が得られ、鎖交磁束 Ψ_o が減少し、誘起電圧 V_o は低下する。この効果を利用すると、モータ端子電圧が低下するため、インバータ出力電圧の制限のもとで高速運転や定出力運転が実現できる。鎖交磁束 Ψ_o（誘起電圧 V_o）は図4-10の②のとき最小になる。すなわち、②は鎖交磁束（誘起電圧）に対するトルクが最大となる運転ポイントである。図3-10の等価回路をもとに考えると、速度が一定であれば鉄損は誘起電圧 V_o の2乗に比例するため、②の状態で鉄損が最小になる。電流値 I_a が最小になる電流位相（図中の①）で銅損 W_c が最小に、鎖交磁束 Ψ_o（誘起電圧 V_o）が最小になる電流位相（図中の②）で鉄損 W_i が最小になるため、両方の最適電流位相の間に全損失 W_l（＝銅損 W_c＋鉄損 W_i）が最小となる電流位相が存在する。このとき出力が一定のため効率が最大となる。

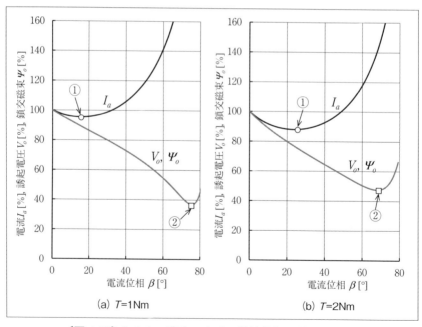

〔図4-10〕トルク・速度一定時の電流位相に対する特性

4－3－3　電流位相制御特性のまとめ

図4-7～図4-10に示した電流位相制御特性より、電流ベクトル（電流位相）を制御したときの運転特性の特徴とそれより考えられる制御方式について以下に整理する。

① IPMSMの発生トルクは、電流一定の時、電流位相が$0<\beta<45°$の範囲で最大となり、その最適位相は電流値や機器定数によって変化する。また、SPMSMでは$\beta=0°$で、SynRMでは$\beta=45°$で電流に対するトルクは最大となる。

➡電流に対してトルクを最大にする制御法（最大トルク／電流制御）

② 同一トルクを発生するとき、鎖交磁束Ψ_o（誘導起電力V_o）が最小となる電流位相が存在する。

➡鎖交磁束（誘起電圧）に対してトルクを最大にする制御法（最大トルク／磁束制御、最大トルク／誘起電圧制御）

③ 速度およびトルクが一定（出力一定）の条件において電流位相βの制御で銅損および鉄損の値が変化するため、適切にβを制御することで損失（＝銅損＋鉄損）を最小にし、効率を最大にすることができる。

➡常に損失を最小にして効率を最大にする制御法（最大効率制御）

④ 電流位相βを大きくする（電流位相を進める）、すなわち負のd軸電流を流すことによりd軸電機子反作用による減磁作用で電機子鎖交磁束は減少し、等価的な弱め界磁が可能となる。その結果、誘起電圧を小さくでき、速度上昇に伴うモータ端子電圧の増加を抑制することができる。

➡鎖交磁束（誘起電圧）を減少させる等価的な弱め界磁制御法（弱め磁束制御）

⑤ 電流位相βを大きくする（電流位相を進める）ことで、力率が向上し、力率を1に制御できる。

➡力率を1に保つ制御法（力率1制御）

このように電流ベクトルを制御することで諸特性が変化するため、目的に応じて種々の電流ベクトル制御法が考えられる。次節では各種電流ベクトル制御法におけるd, q軸電流の決定法について説明する。

4-4 各種電流ベクトル制御法
4-4-1 最大トルク／電流制御

電流に対して発生トルクが最大となるように電流ベクトルを制御する方法を最大トルク／電流制御と呼び、MTPA (Maximum Torque Per Ampere) 制御あるいは単に最大トルク制御と呼ぶこともある。これは図 4-10 における①のポイントで運転することに相当する。モータパラメータが一定であると仮定すると、MTPA となる電流位相 β は、4-3-1 項で述べたようにマグネットトルクのみ生じる SPMSM では $\beta=0°$、リラクタンストルクのみ生じる SynRM では $\beta=45°$ となり、電流値に関係なく一定である。マグネットトルクとリラクタンストルクの両方が利用できる IPMSM の MTPA 条件は、モータパラメータが一定との仮定のもと式 (4-11) のトルク式を β で偏微分し、0 とおくことで得られる。正のトルク発生時に最大トルク／電流制御を実現する電流位相および d, q 軸電流の関係は次のようになる。

【MTPA 条件】
（IPMSM）

$$\beta = \sin^{-1}\left(\frac{-\Psi_a + \sqrt{\Psi_a^2 + 8(L_q - L_d)^2 I_a^2}}{4(L_q - L_d)I_a}\right) \quad \cdots\cdots (4\text{-}17)$$

$$i_d = \frac{\Psi_a}{2(L_q - L_d)} - \sqrt{\frac{\Psi_a^2}{4(L_q - L_d)^2} + i_q^2} \quad \cdots\cdots (4\text{-}18)$$

（SPMSM）

$$\beta = 0 \quad \cdots\cdots (4\text{-}19)$$

$$i_d = 0 \quad \cdots\cdots (4\text{-}20)$$

（SynRM；PMSM 基準の $d\text{-}q$ 座標系表現）

$$\beta = \frac{\pi}{4} \quad \cdots\cdots (4\text{-}21)$$

$$i_d = -i_q \quad \cdots\cdots (4\text{-}22)$$

最大トルク／電流制御を行うと電流の上限値を考慮したときに最大の発生トルクが得られる。また、銅損が最小になり、高効率運転が可能となる。

　IPMSM（IPM_D1）について、式（4-18）の関係を電流ベクトル平面（i_d-i_q平面）上で表すと図4-11の最大トルク／電流曲線（MTPA曲線）となる。同図には定トルク曲線および定電流円も示している。最大トルク／電流曲線上の電流ベクトルは、原点からの距離（電流値I_aに相当）が最小となる定トルク曲線上の運転ポイント、および発生トルクが最大となる定電流円上の運転ポイントであり、定トルク曲線と定電流円の接点に相当する。最大トルク／電流曲線は、横軸（i_d軸）に対して対称であるため、負のトルク発生時（$i_q<0$）は同様にMTPAを実現する電流ベクトルが得られる。最大トルク／電流制御では、電流ベクトルを負荷トルクに応じ

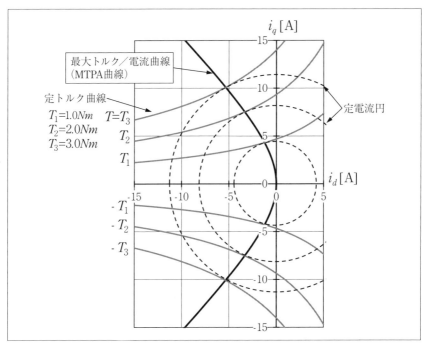

〔図4-11〕IPMSM（IPM_D1）の最大トルク／電流曲線（MTPA曲線）

て最大トルク／電流曲線上に制御することにより、電流値が最小（銅損が最小）の状態で運転できる。

表3-3に示した各種同期モータにおける最大トルク／電流曲線（MTPA曲線）を図4-12に示す。モータの種類やマグネットトルクとリラクタンストルクの割合等によってMTPA曲線が異なることが分かる。

4－4－2　最大トルク／磁束制御（最大トルク／誘起電圧制御）

図4-10の②のように、同一トルク発生時に鎖交磁束 Ψ_o（誘導起電力 V_o）が最小となる条件が存在する。この条件になるように制御する方法を最大トルク／磁束（MTPF：Maximum Torque Per Flux-linkage）制御と呼ぶ。この条件は、誘起電圧 V_o が最小となる条件でもあるので、この制御を最大トルク／誘起電圧制御、または単に最大トルク／電圧（MTPV：Maximum Torque Per Voltage）制御とも呼ぶ。

最大トルク／磁束（最大トルク／誘起電圧）の条件を満たす d, q 軸電流の関係は次のように導出できる。IPMSMの鎖交磁束を表す式（4-3）を

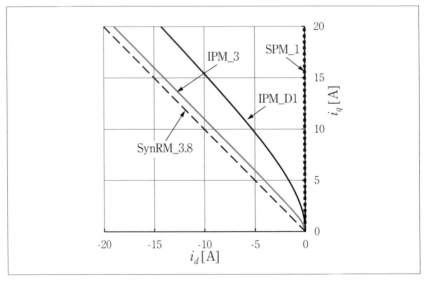

〔図4-12〕各種同期モータの最大トルク／電流曲線（MTPA曲線）

用いて式 (4-10) のトルク式より i_q を消去し、トルク T を i_d と Ψ_o で表して $\partial T/\partial i_d = 0$ と置くことで最大トルク／磁束（最大トルク／誘起電圧）の条件が得られる。$L_d = L_q$ の SPMSM では、d 軸電流 i_d はトルクに関与しないので鎖交磁束 Ψ_o を最小にする条件は 4-3-1 項で述べたように、$i_d = -I_{ch} (= -\Psi_a/L_d)$ となる。また、SynRM の条件は、IPMSM の特別な場合（$\Psi_a = 0$）に相当する。最大トルク／磁束制御（最大トルク／電圧制御）を実現する条件は次のようになる。

【MTPF (MTPV) 条件】
(IPMSM)

$$i_d = -\frac{\Psi_a + \Delta\Psi_d}{L_d} \quad \cdots\cdots\cdots\cdots\cdots\cdots\cdots (4\text{-}23)$$

$$i_q = \pm\frac{\sqrt{\Psi_o^2 - \Delta\Psi_d^2}}{L_q} \quad (+: 正トルク、-: 負トルク) \cdots (4\text{-}24)$$

$$\Delta\Psi_d = \frac{-L_q\Psi_a + \sqrt{(L_q\Psi_a)^2 + 8(L_q - L_d)^2 \Psi_o^2}}{4(L_q - L_d)} \quad \cdots\cdots\cdots (4\text{-}25)$$

(SPMSM)

$$i_d = -\frac{\Psi_a}{L_d} = -I_{ch} \quad \cdots\cdots\cdots\cdots\cdots\cdots\cdots (4\text{-}26)$$

(SynRM)

$$i_d = -\frac{\Psi_o}{\sqrt{2}L_d} \quad \cdots\cdots\cdots\cdots\cdots\cdots\cdots (4\text{-}27)$$

$$i_q = \pm\frac{\Psi_o}{\sqrt{2}L_q} \quad (+: 正トルク、-: 負トルク) \cdots\cdots (4\text{-}28)$$

$$\frac{i_q}{i_d} = \mp\frac{L_d}{L_q} = \mp\frac{1}{\rho} \quad (-: 正トルク、+: 負トルク) \cdots (4\text{-}29)$$

IPMSM (IPM_D1) について、MTPF (MTPV) 条件を $i_d\text{-}i_q$ 平面上に表すと図 4-13 の最大トルク／磁束曲線（MTPF 曲線）となる。同図には定トルク曲線と定鎖交磁束楕円（定誘起電圧楕円）も示している。最大トルク／磁束曲線は発生トルクが最大となる定鎖交磁束楕円上の運転ポイン

⊗4. 電流ベクトル制御法

トで、定トルク曲線と定鎖交磁束楕円の接点である。電圧の制限を考慮した場合に高速運転するためには、速度増加により電機子鎖交磁束を小さくする必要があるため電流ベクトルは速度の増加に伴ってM点の方向に移動し、速度無限大で点 M $(-\Psi_a/L_d, 0)$ に収束する。

最大トルク／磁束（最大トルク／誘起電圧）制御では、$L_d<L_q$ の IPMSM の場合、図 4-13 に示したように $i_d=-I_{ch}$（点 M の d 軸電流、磁石磁束 Ψ_a を d 軸電機子反作用でキャンセルする電流）よりさらに負の方向に d 軸電流を流すことになるので、永久磁石の不可逆減磁に対する十分な注意が必要である。また、流すことができる電流の上限値が $I_{ch}(=\Psi_a/L_d)$ より小さい場合には、最大トルク／磁束（最大トルク／誘起電圧）曲線上の電流ベクトルは電流上限値を越えるため、この制御法を用いることはできない。

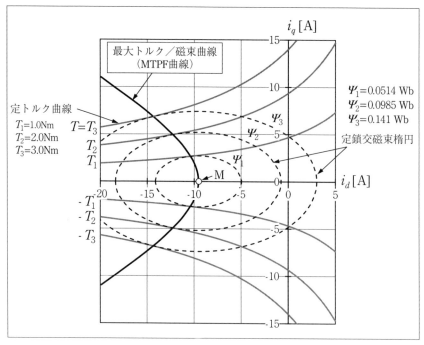

〔図 4-13〕最大トルク／磁束曲線（MTPF 曲線）

表3-3に示した各種同期モータにおける最大トルク／磁束曲線（MTPF曲線）を図4-14に示す。モータの種類、モータパラメータの違いによって、MTPF曲線の形状が大きく異なることが分かる。各同期モータのMTPF曲線のd軸上の電流値は、表3-3に示した特性電流の値I_{ch}である（$i_d=-I_{ch}$）。

実際の制御においては、電圧の上限値に制限があるため誘起電圧V_oの上限値V_{om}を考慮する必要がある。このとき$\mathit{\Psi}_o=V_{om}/\omega$の関係があるので、速度上昇に伴い$\mathit{\Psi}_o$を減少させる必要がある。最大トルク／磁束制御（最大トルク／誘起電圧制御）は、誘起電圧の上限値を考慮したときに最大の発生トルクが得られる条件となる。

4−4−3　弱め磁束制御

巻線界磁形同期モータを高速運転するためには弱め界磁制御により界磁電流を制御して界磁磁束を減少させるが、永久磁石により界磁磁束を

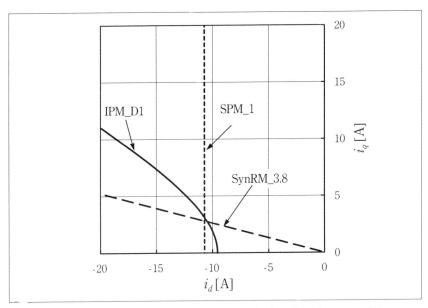

〔図4-14〕各種同期モータの最大トルク／磁束曲線（MTPF曲線）

4. 電流ベクトル制御法

得る PMSM では界磁磁束を直接制御することができない。しかし、図 4-1 のベクトル図および式 (4-3) よりわかるように、負の d 軸電流を流すことで d 軸電機子反作用による減磁効果を利用して磁束を減少させることができ、等価的な弱め界磁制御が実現できる。誘起電圧 $V_o(=|\boldsymbol{v}_o|)$ を制限値 V_{om} に保つための d, q 軸電流の関係は、$V_o = V_{om}$ を式 (4-15) に代入して

$$(\Psi_a + L_d i_d)^2 + (L_q i_q)^2 = \left(\frac{V_{om}}{\omega}\right)^2 \quad \cdots\cdots\cdots\cdots\cdots\cdots\cdots\cdots\cdots (4\text{-}30)$$

となる。これは、前述の定誘起電圧楕円を表しており、誘起電圧を制限値 V_{om} に設定したものである。定誘起電圧楕円上に電流ベクトルを制御して誘起電圧を一定に保つ制御法を弱め磁束 (FW: Flux-Weakening) 制御と呼ぶ。負の d 軸電流を流せば d 軸電機子反作用による減磁効果で磁石磁束のある d 軸方向の磁束を減少させることができるので、負の d 軸電流を流す制御を広い意味で弱め磁束制御と呼ぶことができる。前述の最大トルク／磁束制御や逆突極機における最大トルク／電流制御も広い意味では弱め磁束制御となるが、本書では、誘起電圧を制限値に保つ制御を弱め磁束制御と呼ぶ。なお、電機子抵抗による電圧降下を考慮して端子電圧 $V_a(=|\boldsymbol{v}_a|)$ を制限値 V_{am} に抑えるように d, q 軸電流を制御することも可能であるが、本章では簡単のため $V_o = V_{om}$ とする場合について説明する。

図 4-15 に弱め磁束制御の説明図を示す。同図は IPMSM (IPM_D1) について描いたもので、3 つの定誘起電圧楕円は誘起電圧を $V_{om} = 160\text{V}$ で一定とし、速度が異なる場合 ($\omega_1 < \omega_2 < \omega_3$) を表している。運転速度および必要なトルクに応じて定誘起電圧楕円上の運転ポイントが決まる。$\omega = \omega_2$ のとき、T_1 のトルクを生じる運転点は点 P_1 であり、トルクが増加すると運転点は矢印の方向に移動し、点 P_2 で T_2 となる。点 P_2 は定誘起電圧楕円と最大トルク／電圧曲線 (最大トルク／磁束曲線) が交わる点であり、トルクが最大となる。さらに電流ベクトルが定誘起電圧楕円上を点 P_2 より左側に移動する (さらに負の d 軸電流を流す) と電流値

I_a は増加してもトルクは減少する。また、T_1 のトルクを発生できる速度の上限は、$T=T_1$ の定トルク曲線と定誘起電圧楕円が接する速度 ω_3 であり、最大トルク／電圧曲線上の点 P_3 である。負のトルクを発生する場合も同様である。

式 (4-30) より、誘起電圧を制限値 V_{om} に保つ弱め磁束制御における d, q 軸電流の関係は次式で表される。

$$i_d = \begin{cases} \dfrac{-\Psi_a + \sqrt{\left(\dfrac{V_{om}}{\omega}\right)^2 - (L_q i_q)^2}}{L_d} & (i_d \geq -I_{ch}) \\ \dfrac{-\Psi_a - \sqrt{\left(\dfrac{V_{om}}{\omega}\right)^2 - (L_q i_q)^2}}{L_d} & (i_d < -I_{ch}) \end{cases} \quad \cdots\cdots (4\text{-}31)$$

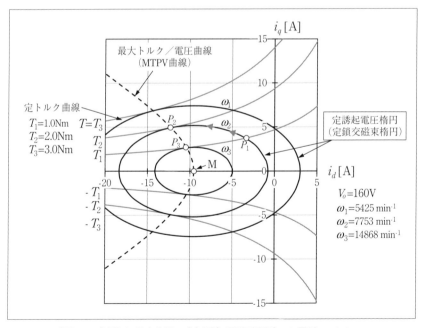

〔図 4-15〕弱め磁束制御（定誘起電圧制御）の電流ベクトル

ただし，　$|i_q| \le \dfrac{V_{om}}{\omega L_q}$

　図4-15はIPMSM（IPM_D1）について描いたが、他の同期モータについても同様である。各モータの定誘起電圧楕円は図4-5の定鎖交磁束楕円に相当し、これと図4-14に示した各モータの最大トルク／磁束曲線より、図4-15と同様に動作点を考えることができる。

4－4－4　最大効率制御

　4-3-2項で述べたようにトルクおよび速度が一定（出力一定）のとき電流ベクトルを制御することで銅損および鉄損の値が変化するので、損失（銅損＋鉄損）を最小にして、効率を最大にすることができる。任意の出力状態（任意の速度およびトルク）において損失を最小にし、効率を最大にする制御法を最大効率制御と呼ぶ。この条件は、図3-10の鉄損を考慮した等価回路より導出できる[2]が、鉄損のモデリングは難しく、等価鉄損抵抗R_cは一定ではなく運転速度や負荷状態によって変化する。さらに磁気飽和による非線形性もあるため実際の制御においてモータモデルに基づきオンラインで最大効率制御を実現するd, q軸電流を計算することは困難である。事前に正確なモータモデルに基づき最適電流ベクトルを求めるか、実験的に効率が最大となる最適電流ベクトルを求めて、速度とトルクに関する近似関数やテーブルを用いてd, q軸電流を決定するのが実用的である。

　速度一定時に最大効率制御を実現する電流ベクトルの軌跡の例を図4-16に最大効率曲線として示す。速度が0のとき鉄損は0となるため最大効率曲線は銅損が最小となる最大トルク／電流（MTPA）曲線と一致する。なお、実際のPMSM駆動ではPWMインバータによる高周波電圧が印加されるので、速度0であっても鉄損は発生するがここでは無視している。速度上昇とともにd軸電流を負の方向に増加させる（電流位相を進める）と電流I_aが増加して銅損は増えることになるが、弱め磁束効果により鉄損は減少するため全損失が最小となる条件が得られる。従

って、最大効率曲線は速度の増加に伴って左方向（i_dの負の方向）に移動し、理論上は鉄損に比べ銅損が無視できる速度無限大において、鉄損が最小となる最大トルク／電圧（MTPV）曲線と一致する。運転速度とトルクが決まれば最適電流ベクトルは定トルク曲線と最大効率曲線の交点として決定できる。例えば、$T=T_2$の場合、停止時（$\omega=0$）はMTPA曲線状の点P_1が最大効率運転点であり、速度が増加すると最大効率運転点は負のd軸電流が増加する方向に移動し、$\omega=\omega_2$の速度においては点P_2が最大効率運転点となる。また、$\omega=\omega_2$の速度で、T_3のトルクを発生する際は、運転点が点P_3となる。

4-4-5　力率1制御

4-3-1項で述べたように、力率が1になる条件がある。常に力率が1となるように制御する方法を力率1（UPF：Unity Power Factor）制御と

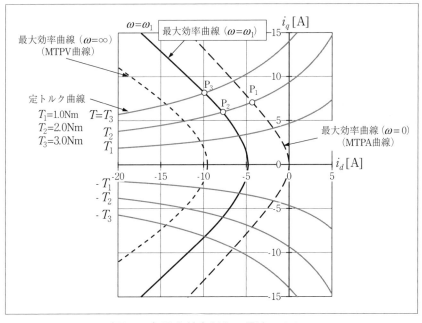

〔図4-16〕最大効率制御の電流ベクトル

4. 電流ベクトル制御法

呼ぶ。力率が1となるとき電流位相 β と電圧位相 δ が一致するので、$i_d/i_q = v_d/v_q$ の条件と式 (3-24) より、定常時の d, q 軸電流の関係は、

$$\left(i_d + \frac{\Psi_a}{2L_d}\right)^2 + \left(\sqrt{\frac{L_q}{L_d}}i_q\right)^2 = \left(\frac{\Psi_a}{2L_d}\right)^2 \quad \cdots\cdots\cdots\cdots\cdots (4\text{-}32)$$

となる。上式は楕円を表しており、原点と点 M を通り、最大トルク／電流曲線や最大トルク／磁束曲線と交わることはない。一般にモータ駆動では、力率を1にすることが効率面からも良いとされているが、PMSM 駆動においては電流ベクトルを制御することで力率を1にできる場合もあるが、効率は前述の最大効率制御で最大化できるので積極的に力率1制御を適用する利点は特にないと言える。なお、磁石磁束のない SynRM では、力率が1になる条件はない。

4−5 電流・電圧の制限を考慮した制御法

モータの最大電流で決まる電流の上限値 I_{am} およびインバータから供給できる電圧の上限値 V_{am} を考慮した PMSM の制御には、前節で述べた各種制御法を組み合わせて用いる。そのときの運転可能な速度−出力範囲はモータの機器定数に依存する。以下に、電流と電圧の制約を考慮した電流ベクトル制御法について説明する。

4−5−1 電流ベクトルの制約

インバータ駆動 PMSM では、電流の上限値 I_{am} および電圧の上限値 V_{am} を考慮して電流ベクトルを決定する必要がある。モータ電圧および電流の制限は、

$$I_a = \sqrt{i_d^2 + i_q^2} \leq I_{am} \quad \cdots \cdots (4\text{-}33)$$

$$V_a = \sqrt{v_d^2 + v_q^2} \leq V_{am} \quad \cdots \cdots (4\text{-}34)$$

で表すことができる。電流制限値 I_{am} は連続運転ではモータ定格電流、短時間的にはモータ最大電流またはインバータの最大出力電流となる。モータ最大電流は、定格電流の 2、3 倍になることもある。電圧制限値 V_{am} はインバータの出力可能な最大電圧でありインバータの DC リンク電圧 V_{dc} とインバータの制御法（変調方式）によって決まる。変調方式の詳細は、7-2 節で説明する。

電機子電圧 V_a と誘起電圧 V_o の間には力率角 φ を用いて

$$V_o^2 = V_a^2 + (R_a I_a)^2 - 2 V_a R_a I_a \cos\varphi \quad \cdots \cdots (4\text{-}35)$$

の関係があるため、V_o の制限値 V_{om} は電圧制限値 V_{am} が決まれば

$$V_{om} = \sqrt{(V_{am} - R_a I_a \cos\varphi)^2 + (R_a I_a \sin\varphi)^2} \quad \cdots \cdots (4\text{-}36)$$

で与えられる。電圧制限について、簡単のため本章では式 (4-34) を次式のように誘起電圧の制限に置き換えて考える。

$$V_o = \omega\sqrt{(\Psi_a + L_d i_d)^2 + (L_q i_q)^2} \leq V_{om} \quad \cdots \cdots (4\text{-}37)$$

※4. 電流ベクトル制御法

ここで、V_{om} を式 (4-36) の最小値である $V_{om}=V_{am}-R_aI_{am}$ と設定する。このとき式 (4-37) を満たせば必ず式 (4-34) を満たし、力率 $\cos\varphi$ が 1 のときのみ $V_a=V_{am}$ となる。$\cos\varphi=1$ 以外では電機子電圧 V_a に多少の余裕があり、その電圧余裕の最大値は発電領域において $\cos\varphi=-1$ のときで $2R_aI_{am}$ となる。

式 (4-33) の電流制限と式 (4-37) の電圧制限を電流ベクトル平面上に表すと図 4-17 のようになる。電流制限を考慮して選択できる電流ベクトルの範囲は式 (4-38) で表される電流制限円の内側であり、電圧制限を考慮して選択できる電流ベクトルの範囲は式 (4-39) で表される電圧制限楕円の内側になる。

$$i_d^2+i_q^2=I_{am}^2 \quad\cdots\cdots\cdots\cdots\cdots\cdots\cdots\cdots\cdots\cdots\cdots\cdots (4\text{-}38)$$

$$\left(\Psi_a+L_di_d\right)^2+\left(L_qi_q\right)^2=\left(\frac{V_{om}}{\omega}\right)^2 \quad\cdots\cdots\cdots\cdots\cdots\cdots\cdots (4\text{-}39)$$

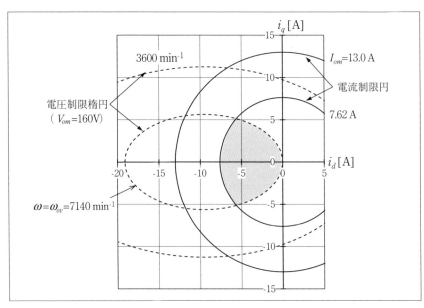

〔図 4-17〕電流・電圧の制限と電流ベクトル選択範囲

式 (4-38) は、式 (4-16) において $I_a = I_{am}$ とした定電流円であり、式 (4-39) は、式 (4-15) において $V_o = V_{om}$ とした定誘起電圧楕円である。電圧制限楕円は速度の増加に伴い小さくなる。電流と電圧の制限を満たして選択できる電流ベクトルは、電流制限円と電圧制限楕円の内側であり、速度の増加に伴いその範囲は狭くなる。例えば、$I_{am} = 7.62$A、$V_{om} = 160$V、$\omega = 7140 \text{min}^{-1} (= \omega_{ov})$ のとき、選択できる電流ベクトルは、図4-17の網がけ部に限定される。

図4-17において $\omega = \omega_{ov}$ における電圧制限楕円は原点と接しており、ω_{ov} を越えた速度で運転するには無負荷時 ($i_q = 0$) であっても負の d 軸電流を流す必要があることを表している。ω_{ov} は、永久磁石による誘導起電力が電圧制限値に達する電気角速度であり、次式で与えられる。

$$\omega_{ov} = \frac{V_{om}}{\Psi_a} \quad \cdots\cdots\cdots\cdots\cdots\cdots\cdots\cdots\cdots\cdots\cdots\cdots\cdots\cdots\cdots\cdots (4\text{-}40)$$

4－5－2 電流・電圧制限下での電流ベクトル制御

図4-17のように電流制限円と電圧制限楕円を描いた電流ベクトル平面上に前節で説明した各種制御法による電流ベクトル軌跡を描くことで、電流と電圧の制限を考慮した際の電流ベクトル制御法について説明する。図4-18に IPM_D1 について、電流制限値 I_{am} が 7.62A（定格電流）および 13.0A（最大電流）の場合の特性図を示す。同図 (a)、(b) 中の最大トルク／電流曲線（MTPA 曲線）、最大トルク／電圧曲線（MTPV 曲線）および電圧制限楕円は同一である。点 M が電流制限円の外側にあるか内側にあるかで、後述のように高速域での制御法や速度－トルク・出力特性が大きく異なる。$I_{am} = 7.62$A の場合は、$I_{am} < I_{ch} = \Psi_a / L_d (= 9.55$A) であり、図4-18 (a) では点 M が電流制限円の外側にある。これは、次式で定義する最大の減磁起磁力を与えたときの最小 d 軸鎖交磁束 $\Psi_{d\min}$ が正となる場合である。

$$\Psi_{d\min} = \Psi_a - L_d I_{am} \quad \cdots\cdots\cdots\cdots\cdots\cdots\cdots\cdots\cdots\cdots (4\text{-}41)$$

一方、$I_{am} = 13.0$A $> I_{ch}$ である図4-18 (b) では点 M が電流制限円の内側に

⊗4. 電流ベクトル制御法

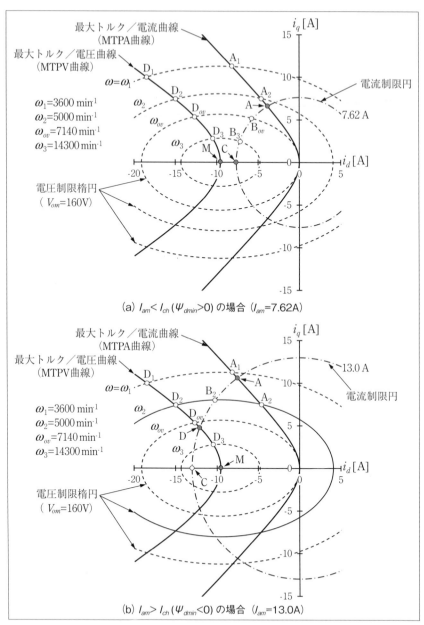

〔図4-18〕電流・電圧制限下での電流ベクトル制御

あり、$\Psi_{dmin} < 0$ である。

　最大トルク／電流曲線（MTPA 曲線）上に電流ベクトルを制御すれば最大トルク／電流制御（MTPA 制御）となり、電流制限（$I_a \leq I_{am}$）のみを考慮したときは MTPA 制御により最大のトルクが得られる。最大トルクが得られる電流ベクトルは $I_a = I_{am}$ の電流制限円と MTPA 曲線の交点 A である。一方、電圧制限（$V_o \leq V_{om}$）のみを考慮した際に MTPA 制御で最大のトルクが得られる電流ベクトルは、MTPA 曲線と電圧制限楕円の交点であり、$\omega = \omega_1$ および ω_2 において、A_1 および A_2 となる。電圧制限と電流制限の両方を考慮すると、図 4-18（a）では点 A_1、A_2 が、図 4-18（b）では点 A_1 が選択できない。電圧制限楕円が点 A と交わる速度（基底速度 ω_{base}）以下が、最大トルクを発生できる定トルク領域となる。基底速度を超えて速度が増加すると点 A で運転することは不可能であり、電圧制限を考慮して MTPA 制御を行える電流ベクトルは MTPA 曲線と電圧制限楕円の交点となる。$\omega = \omega_{ov}$ のとき MTPA 運転点は原点に到達し、電流、トルクが 0 になり出力限界に至る。

　最大トルク／電圧曲線（MTPV 曲線）上に電流ベクトルを制御すれば最大トルク／電圧制御（MTPV 制御）（または、最大トルク／磁束制御（MTPF 制御））となる。電圧制限のみを考慮したときは最大トルク／電圧曲線と電圧制限楕円の交点で運転することで発生トルクが最大となる。図 4-18 では速度が ω_1, ω_2, ω_3 と増加するとともに電流ベクトルを D_1, D_2, D_3 と点 M に向かって制御する。電圧制限に加えて電流制限も考慮すると、電流ベクトルの選択範囲が制限される。$I_{am} = 7.62A$ の図 4-18（a）の場合は、点 M が電流制限円の外であり、MTPV 曲線が電流制限円内に存在しないため MTPV 制御を適用できない。$I_{am} = 13.0A$ の図 4-18（b）の場合は、MTPV 曲線と電流制限円の交点である点 D と電圧制限楕円が交わる速度 ω_d より高速域において MTPV 制御が適用できる。

　電圧制限楕円上に電流ベクトルを制御すれば、誘起電圧 V_o を制限電圧 V_{om} に保つ弱め磁束制御となる。例えば、$\omega = \omega_2$ のときは図 4-18（b）に示すように、電流ベクトルが電圧制限楕円上を原点から遠ざかる（$A_2 \to B_2 \to D_2$ の方向に移動する）ほどトルクは増加し、MTPV 曲線上の点

⊗4．電流ベクトル制御法

D_2においてトルクが最大となり，さらに電流ベクトルを左方向（負のd軸方向）に移動するとトルクは減少する。電流制限（$I_a \leq I_{am}$）を考慮すると，電圧制限楕円と電流制限円の交点B_2が最大トルクを得る電流ベクトルとなる。速度がω_2から増加したときも同様に電圧制限楕円と電流制限円の交点で最大トルクが得られるが，電流制限円と電圧制限楕円の交点である点Dと MTPV 曲線とが交わる速度ω_dより高速域においては，MTPV 曲線上に電流ベクトルを制御する方が最大のトルクが得られる。

$I_{am} < I_{ch}(\Psi_{d\min} > 0)$の場合である図4-18（a）では，電流制限円と電圧制限楕円の交点（ω_{ov}のときB_{ov}，ω_3のときB_3）でトルクが最大となる。さらに速度が増加し，電流制限円と電圧制限楕円が接する速度ω_cで電流ベクトルは点 C に達し，トルクが 0 になり運転限界となる。この出力限界速度ω_c（電気角速度）は$i_d = -I_{am}, i_q = 0$を式（4-39）に代入して

$$\omega_c = \frac{V_{om}}{|\Psi_a - L_d I_{am}|} = \frac{V_{om}}{|\Psi_{d\min}|} \quad\cdots\cdots\cdots\cdots\cdots\cdots\cdots\cdots\cdots\cdots (4\text{-}42)$$

となる。

4−5−3 最大出力制御

4-5-2 項で述べたように電圧および電流の制限を考慮すると各種電流ベクトル制御法の適用範囲が限定される。そこで，電圧・電流制限下で最大の出力（最大のトルク）を得るための制御法について説明する。これは電圧・電流制限下で速度に対して発生トルクを最大にするための電流ベクトルの制御法であり，速度に応じてつぎのように制御方式（制御モード）を切り換える。この制御法を最大出力制御と呼ぶ。図 4-19 に電流制限値I_{am}が 7.62A（定格電流）および 13.0A（最大電流）の場合における最大出力制御の電流ベクトルの軌跡を太線で示す。図中の矢印は速度増加に伴う電流ベクトルの移動方向を表している。負のトルクに対しては図 4-18 よりわかるように正のトルクにおけるq軸電流を負の値にすれば同様であるため，特性図はq軸電流の正の領域のみ示し，正のトル

ク発生時のみ説明する。

(1) 制御モードⅠ

電圧が制限値に達しない低速度領域では電流制限のみを考慮して最大トルク／電流制御を適用する。$I_a=I_{am}$ のとき発生トルクは最大となる。この制御モードにおける d, q 軸電流は式 (4-17) に $I_a=I_{am}$ を代入することで得られる電流位相より次式となる。

$$i_{d1} = \frac{\Psi_a}{4(L_q - L_d)} - \sqrt{\frac{\Psi_a^2}{16(L_q - L_d)^2} + \frac{I_{am}^2}{2}} \quad \cdots\cdots\cdots\cdots (4\text{-}43)$$

$$i_{q1} = \sqrt{I_{am}^2 - i_{d1}^2} \quad \cdots\cdots\cdots\cdots\cdots\cdots\cdots\cdots (4\text{-}44)$$

この電流ベクトルは図 4-19 の点 A（図 4-18 の点 A と同一）である。

最大トルク発生状態において電圧が制限値に達する基底速度までが定トルク運転領域となる。この基底速度（電気角速度）ω_{base} は、

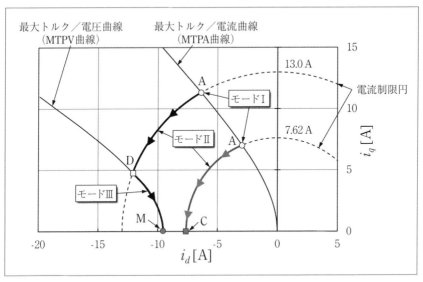

〔図 4-19〕最大出力制御における電流ベクトルの軌跡（IPM_D1）

※4. 電流ベクトル制御法

$$\omega_{base} = \frac{V_{om}}{\Psi_{o1}} \quad \cdots\cdots\cdots\cdots\cdots\cdots\cdots\cdots\cdots\cdots\cdots\cdots (4\text{-}45)$$

ただし，

$$\Psi_{o1} = \sqrt{(\Psi_a + L_d i_{d1})^2 + (L_q i_{q1})^2} \quad \cdots\cdots\cdots\cdots\cdots\cdots (4\text{-}46)$$

で与えられる。

(2) 制御モードⅡ

　最大トルク／電流制御を適用したときの電圧が制限値に達する速度（基底速度）ω_{base} より高い速度域（$\omega > \omega_{base}$）においては弱め磁束制御を適用し，$V_o = V_{om}$ となるように電流ベクトルを制御する。$I_a = I_{am}$、$V_o = V_{om}$ のとき最大の出力が得られる。これは電流ベクトルを電流制限円と電圧制限楕円の交点に制御することに相当する。この制御モードにおける d, q 軸電流は式(4-38)、式(4-39)より次式で与えられる。

$$i_{d2} = \frac{\Psi_a L_d - \sqrt{(\Psi_a L_d)^2 + (L_q^2 - L_d^2)\left\{\Psi_a^2 + (L_q I_{am})^2 - \left(\dfrac{V_{om}}{\omega}\right)^2\right\}}}{L_q^2 - L_d^2} \quad (4\text{-}47)$$

$$i_{q2} = \sqrt{I_{am}^2 - i_{d2}^2} \quad \cdots\cdots\cdots\cdots\cdots\cdots\cdots\cdots\cdots\cdots\cdots\cdots (4\text{-}48)$$

　制御モードⅡで運転する速度範囲は、電流制限値 I_{am} と特性電流 I_{ch} の大小関係で異なる。$I_{am} < I_{ch}$ の場合（最小の d 軸鎖交磁束 Ψ_{dmin} が $\Psi_{dmin} = \Psi_a - L_d I_{am} > 0$ の場合）は、図4-19の $I_{am} = 7.62\text{A}$（定格電流）の場合に相当し、式(4-42)で与えられる出力限界速度 ω_c（電気角速度）で電流ベクトルが図4-19の点Cに至り、トルクが0となり出力限界となる。一方、$I_{am} > I_{ch}$ の場合（$\Psi_{dmin} = \Psi_a - L_d I_{am} < 0$ の場合）は、高速域で次に示す制御モードⅢに切り換える。

(3) 制御モードⅢ

　$I_{am} > I_{ch}$ の場合（$\Psi_{dmin} = \Psi_a - L_d I_{am} < 0$ の場合）には、高速領域で最大トルク／電圧制御（最大トルク／磁束制御）に切り換えることで理論上無限大の速度までトルクを発生できる。この制御モードにおける電流ベク

トルは式 (4-23) ～ (4-25) において $\Psi_o = V_{om}/\omega$ と置き換えて

$$i_{d3} = -\frac{\Psi_a + \Delta\Psi_d}{L_d} \quad \cdots\cdots\cdots\cdots\cdots\cdots\cdots\cdots\cdots\cdots\cdots (4\text{-}49)$$

$$i_{q3} = \frac{\sqrt{\left(\dfrac{V_{om}}{\omega}\right)^2 - \Delta\Psi_d^2}}{L_q} \quad \cdots\cdots\cdots\cdots\cdots\cdots\cdots\cdots\cdots\cdots (4\text{-}50)$$

$$\Delta\Psi_d = \frac{-L_q\Psi_a + \sqrt{(L_q\Psi_a)^2 + 8(L_q - L_d)^2\left(\dfrac{V_{om}}{\omega}\right)^2}}{4(L_q - L_d)} \quad \cdots\cdots\cdots (4\text{-}51)$$

となる。制御モードⅡから制御モードⅢに切り換える速度は、電圧制限楕円が最大トルク／電圧曲線と電流制限円の交点Dに交わる速度 ω_d となる（図4-18、19参照）。速度 ω_d 以上では電流ベクトルを速度上昇とともに最大トルク／電圧曲線上に点Mに向かって制御することで最大出力を得ることができる。このとき電流値 I_a は制限値 I_{am} よりも小さくなる。

(4) 最大出力制御の電流ベクトルと特性例

以上のように速度に応じて制御モードを切り換えることで電圧と電流を制限した上で最大の出力を得ることができる。

図4-20に $I_{am} = 7.62\text{A}$ ($< I_{ch}$) の場合 ($\Psi_{dmin} > 0$ の場合) において、最大出力制御（図4-19に示した電流ベクトルの制御）を行った際の速度－トルク・出力特性を示す。同図には、比較のためにMTPA制御のみを行った場合および d 軸電流を常に0に保つ制御 ($i_d = 0$ 制御) を行ったときの速度－トルク特性も示している。低速領域では、最大トルク／電流制御（モードⅠ）を用いることでリラクタンストルクを最大限有効利用することができ、$i_d = 0$ 制御に比べて高トルクで運転できる。最大トルク／電流制御では、基底速度 ω_{base} ($N_{base} = 5008\text{min}^{-1}$) で電圧が制限値に達し、それ以上では速度増加とともに電流、トルクは急激に減少して、速度 ω_{ov} ($N_{ov} = 7140\text{min}^{-1}$) で運転限界となる。基底速度 ω_{base} 以上で弱め磁束制御（モードⅡ）に切り換えると $I_a = I_{am}$、$V_o = V_{om}$ の状態を保ちながら電流

⊗ 4. 電流ベクトル制御法

ベクトルを適切に制御する結果、トルクの減少を抑えることができている。出力は ω_{base} を越えても増加し、約 11000min^{-1} で最大となり、その後減少し、式 (4-42) で決まる速度 $\omega_c(N_c=35295\text{min}^{-1})$ でトルクが0となり、出力限界に至る。ここで、出力が最大となるときの力率は1になっており、出力の値は $V_{om}I_{am}=1219\text{W}$ となる。

図 4-21 に $I_{am}=13.0\text{A}\ (>I_{ch})$ の場合 ($\Psi_{dmin}<0$ の場合) において、最大出力制御 (図4-19 に示した電流ベクトルの制御) を行った際の速度－トルク・出力特性および電流値 I_a と電流位相 β を示す。同図には比較のため制御モードⅢを適用しない場合の特性を破線で示している。制御モードⅠ、制御モードⅡは $I_{am}<I_{ch}(\Psi_{dmin}>0)$ の場合と同様に電流ベクトルを制御するが、制御モードⅡの途中の速度 $\omega_d(N_d=8054\text{min}^{-1})$ で制御モードⅢに切り換えて、電流値 I_a を減少させながら電流位相 β を大きくしていくことで理論上はトルクが0になることはない。図 4-21 (b) より、40,000min^{-1} における電流値は $I_a=9.73\text{A}$ なっており速度増加とともに特性電流 I_{ch} の値 (9.55A) に漸近していく。また、最大出力は約 7000min^{-1} で約 1630W となっており、$V_{om}I_{am}\ (=20809\text{W})$ より小さく、電源容量の

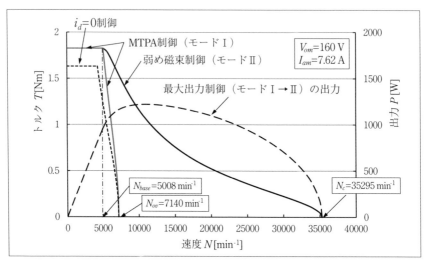

〔図4-20〕各種制御法の速度－トルク・出力特性 (IPM_D1, $I_{am}<I_{ch}(\Psi_{dmin}>0)$ の場合)

利用率(力率)が低い。これは、$I_{am} > I_{ch}$ の場合の特徴である。制御モードⅢに切り換えずに電流値 I_a を最大値 I_{am} に保ったままで電流位相 β の

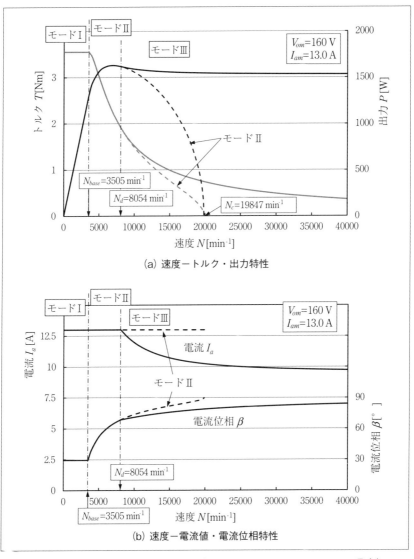

〔図 4-21〕最大出力制御時の特性（IPM_D1, $I_{am} > I_{ch}$（$\Psi_{dmin} < 0$）の場合）

⊗4. 電流ベクトル制御法

みを大きくしていくと（制御モードⅡ）、式 (4-42) で与えられる速度 ω_c でトルクが0となり、出力限界に至る。この速度は、電流制限値がより小さい $I_{am}=7.62\text{A}$ の場合（図 4-20）に比べて低い。このように $I_{am}>I_{ch}$ の場合には、高速域（$\omega>\omega_d$）において電流を減少させることでより大きなトルクが得られる。

上述のように、特性電流 I_{ch} の値や最小 d 軸鎖交磁束 $\Psi_{dmin}(=\Psi_a-L_d I_{am})$ の値は速度－トルク・出力特性や運転可能範囲を決めるとともに制御モードの切り換えにも関わる重要なパラメータである。一般に希土類永久磁石を使用した PMSM は、磁石磁束が大きいため $\Psi_{dmin}>0$ となるが、短時間的に非常に大きな電流を流す用途（例えば、EV/HEV 駆動用モータ）や磁石磁束が小さくマグネットトルクよりもリラクタンストルクを主として利用するモータにおいては $\Psi_{dmin}<0$ となる場合があり、高速域において制御モードⅢを適用する領域がある。

図 4-22 と図 4-23 に SPM_1 と SynRM_3.8 の最大出力制御時の電流ベクトル軌跡を示す。両図には、MTPA 曲線、MTPV 曲線および

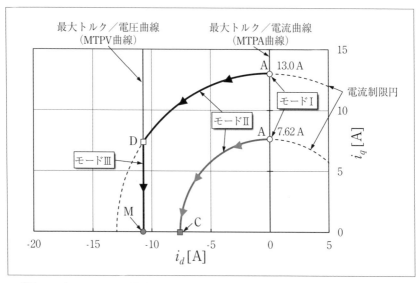

〔図 4-22〕SPMSM の最大出力制御における電流ベクトルの軌跡（SPM_1）

I_{am} = 7.62A、13.0A の電流制限円も示している。速度増加に伴い制御モードⅠの点 A から両図の矢印のように電流ベクトルを制御することで最大出力制御が実現できる。図 4-22 の SPM_1 の場合は、I_{am} = 7.62A($<I_{ch}$ = 10.71A) のとき電流ベクトルが点 C のポイント（速度 ω_c）でトルクが 0 となり、I_{am} = 13.0A($>I_{ch}$) の場合は制御モードⅢに切り換えることで高速運転が実現できる。SynRM では磁石磁束がなく I_{ch} = 0 であるため、必ず制御モードⅢを適用する必要があり、高速域では I_{am} に関係なく同じ特性を示すことになる。

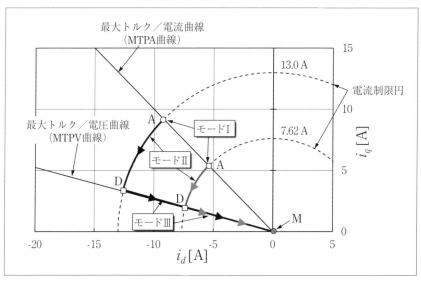

〔図 4-23〕SynRM の最大出力制御における電流ベクトルの軌跡（SynRM_3.8）

※4. 電流ベクトル制御法

4－6　電流ベクトル制御システム
4－6－1　電流指令値作成法

4-4節および4-5節では、様々な制御法について、モータモデルを基にして電流ベクトルの決定方法を数式で表した。本項では、実際のモータ制御システムにおいて、電流ベクトル (d, q 軸電流) の指令値 (i_d^*, i_q^*) の作成法を説明する。

(1) MTPA 制御

まず、MTPA制御を用いたトルク制御を考える。MTPA制御を実現する d, q 軸電流の関係式は、式 (4-18) のように導出した。このとき、d, q 軸電流からトルクは式 (4-10) を用いることで容易に求めることができる。しかし、逆にトルク (指令値) から MTPA 制御を実現する d, q 軸電流を求めることは容易ではない。

図 4-24 に MTPA 制御によるトルク制御システムの構成例を示す。同図 (a) は IPM_D1 において、トルクに対して MTPA 制御を実現する d, q 軸電流の関係を示したものである。トルクに対する電流の特性は複雑ではないため、比較的低次の近似関数で表現することが可能である。この近似関数 $f_d(T^*)$, $f_q(T^*)$ を用いてトルク指令より電流指令値は図 4-24 (b) のように得られる。近似関数の代わりにルックアップテーブル (LUT) を用いても良い。なお、図 4-24 (a) の特性は、モータパラメータが一定として求めているが、磁気飽和等を考慮して求めることで磁気飽和を考慮した MTPA 制御も実現できる。

図 4-24 (c)、(d) は検出した電流とトルク式 (式 (4-10)) をもとにトルク指令から d, q 軸電流指令値を作成する構成である。図 4-24 (c) では、式 (4-12) の分母をトルク定数 $K_T(=T/i_q)$ と見なして、検出 d 軸電流 i_d より K_T を計算して q 軸電流指令値 i_q^* を作成する。図 4-24 (d) では検出した電流とトルク式 (式 (4-10)) より計算したトルク T_{cal} を用いてトルクのフィードバック制御 (検出したトルクを使用できないのでセミクローズドループ制御) で i_q^* を作成する。d 軸電流指令 i_d^* は i_q^* を用いて MTPA 制御式 (式 (4-18)) で作成する。これらは、トルク式を用いているためモータパラメータが正確であることが必要である。

図 4-25 に MTPA 制御による速度制御システムの構成例を示す。同図 (a) は速度偏差を PI 補償してトルク指令を作成し、図 4-24 に示したようなトルク制御系を用いて速度を制御するため負荷の機械系が線形であれば線形制御理論を用いて速度制御系が設計できる。図 4-25 (b) では速度偏

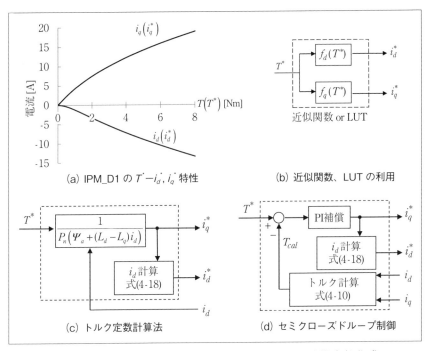

〔図 4-24〕トルク制御システムにおける MTPA 電流指令値作成

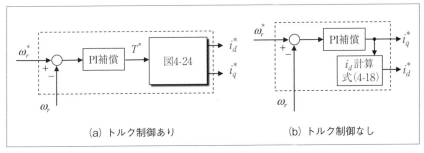

〔図 4-25〕速度制御システムにおける MTPA 電流指令値作成

差をPI補償してq軸電流指令を作成し、それより式(4-18)に基づきMTPA制御を実現するd軸電流指令を作成する。q軸電流とトルクの関係が線形で無いため線形な速度制御はできないが、q軸電流とトルクの非線形性が大きくなければ、簡単な構成で安定な速度制御が可能である。

(2) 弱め磁束制御

電圧が制限値に達しない低速域では上記のようにMTPA制御を行うが、速度が上昇して電圧飽和が生じる（電圧が制限値に達する）場合には、制御法を弱め磁束制御に切り換える必要がある。

図4-26に速度制御系におけるMTPA制御および弱め磁束制御（FW制御）を実現するd, q軸電流指令の作成法を示す。速度偏差からのq軸電流指令i_q^*（同図ではi_{q0}^*）の作成は、図4-25(b)と同じであるが、その制限値i_{q_lim}は速度に応じて変化している。基底速度以下では、MTPA制御で電流制限値を考慮したi_{q1}（式(4-44)）に、基底速度以上ではFW制御で電圧・電流制限を考慮したi_{q2}（式(4-48)）に制限している。d軸電流指令値i_d^*は、i_q^*と速度$\omega(=P_n\omega_r)$に基づき決定する。永久磁石による誘導起電力が電圧制限値に達する速度ω_{ov}（式(4-40)）よりモータ速度が高ければ（図中のAN）、必ず弱め磁束（FW）制御を適用する必要があるため、式(4-31)より$i_d^*(=i_{d\_FW}^*)$を得る。また、速度が基底速度ω_{base}（式(4-45)）以下であれば（図中のBY）、必ずMTPA制御を適用するため、式(4-18)より$i_d^*(=i_{d\_MTPA}^*)$を得る。$\omega_{base} < \omega \leq \omega_{ov}$の速度範囲ではMTPA制御の$d$軸電流を用いて式(4-5)より求めた誘導起電力$V_{o\_cal}$が電圧制限値以下であれば（図中のCY）MTPA制御を、$V_{o\_cal} > V_{om}$であれば（図中のCN）FW制御を適用する。図4-26の電流指令作成法は、モータモデルとモータパラメータを用いてフィードフォワード的にi_d^*を決定しているため、パラメータ変動に注意が必要である。

フィードフォワードによる電流指令決定法における上記の問題を解決するため、電圧（指令）のフィードバックによるFW制御の構成例を図4-27に示す。同図ではまずMTPA制御等で電流指令値i_d^*, i_q^*を作成した後、電圧指令のフィードバックによる電流指令値の補正を行っている。d, q軸電圧指令値v_d^*, v_q^*より電圧の大きさV_a^*を計算し、検出したDCリ

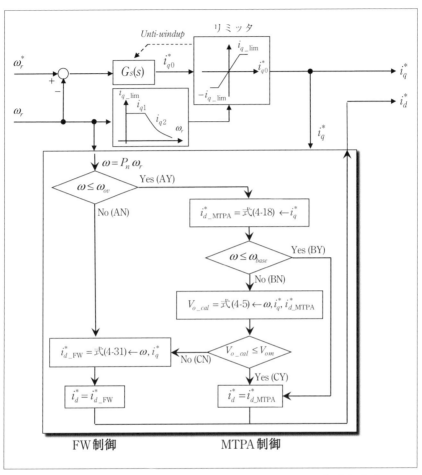

〔図4-26〕フィードフォワードによるMTPA・FW電流指令値作成

ンク電圧 V_{dc} とインバータの変調方式で決まる定数 K_v より電圧上限値 V_{am} を求める。電圧が制限値を超える $V_a^* > V_{am}$ の場合には d 軸電流指令が負の方向に増えるように i_{dv}^* だけ d 軸電流指令を補正する。また、q 軸電流指令値は、電流が制限値 I_{am} を超えないように q 軸電流の制限値 $i_{q\_\lim}$ を決める。本構成では電圧指令値が制限値を超えないようにフードバック制御されること、モータパラメータが変動する場合にも対応でき

⊗4. 電流ベクトル制御法

ることが特徴である。

また、上述のフィードフォワードとフィードバックによる手法を組み合わせることも有効である。

4－6－2　非干渉電流制御

d, q 軸電流の指令値が与えられた後に実際の d, q 軸電流を指令値と一致させるための電流フィードバック制御システムを説明する。

PMSM および SynRM の電流制御は、一般に d-q 座標上で行われる。制御対象としての d-q 座標系で表した基本モータモデルは 3-5 節に示した。式 (3-38) および図 3-14 に示したように電気系の d-q 軸モデルでは、d, q 軸が相互に干渉している。d, q 軸電流を安定かつ高速に制御するために、高性能な電流制御では、誘導起電力による d, q 軸間の干渉項の影響を排除する非干渉制御を行う。具体的には、次式のように d, q 軸電圧

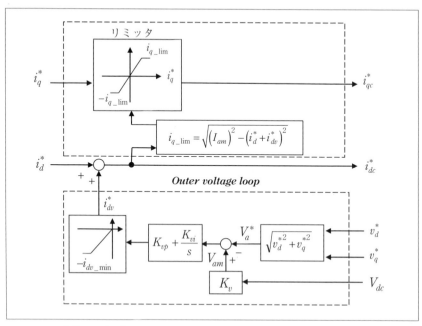

〔図4-27〕電圧フィードバックによる FW 電流指令値作成

を補正する。

$$\left.\begin{array}{l}v_d = v'_d + v_{od} = v'_d - \omega L_q i_q \\ v_q = v'_q + v_{oq} = v'_q + \omega(\Psi_a + L_d i_d)\end{array}\right\} \quad \cdots\cdots\cdots\cdots\cdots\cdots (4\text{-}52)$$

上式を式 (3-38) に代入して整理すると $v'_a(=[v'_d\ v'_q]^{\mathrm{T}})$ を新たな入力として

$$p\begin{bmatrix}i_d\\i_q\end{bmatrix} = \begin{bmatrix}-\dfrac{R_a}{L_d} & 0 \\ 0 & -\dfrac{R_a}{L_q}\end{bmatrix}\begin{bmatrix}i_d\\i_q\end{bmatrix} + \begin{bmatrix}\dfrac{1}{L_d} & 0 \\ 0 & \dfrac{1}{L_q}\end{bmatrix}\begin{bmatrix}v'_d\\v'_q\end{bmatrix} \quad \cdots\cdots\cdots (4\text{-}53)$$

$$p\boldsymbol{i}_a = \boldsymbol{A}'_e \boldsymbol{i}_a + \boldsymbol{B}_e \boldsymbol{v}'_a \quad \cdots\cdots\cdots\cdots\cdots\cdots\cdots\cdots\cdots\cdots\cdots (4\text{-}53')$$

となり、d 軸および q 軸は非干渉化でき、外乱項 $\boldsymbol{d}_e$ もキャンセルできる。

　非干渉制御と非干渉化を行ったあとの PMSM の電気系のブロック線図を図 4-28 に示す。d 軸と q 軸は完全に分離され、電気系は非常に簡単

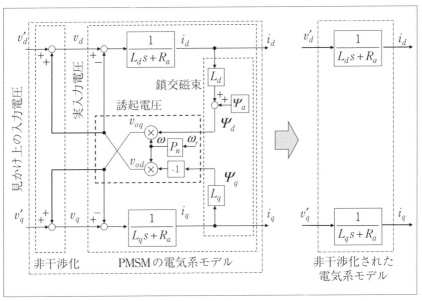

〔図 4-28〕非干渉化と非干渉化された PMSM の電気系モデル

4. 電流ベクトル制御法

な一次遅れ系（抵抗とインダクタンスの直列回路に相当）となり、線形制御理論に基づく設計手法を用いて電流制御系の設計ができる。

非干渉化後の電流フィードバック制御系のブロック線図を図4-29に示す。同図で、i_d^*, i_q^* は d, q 軸電流の指令値であり、電流制御器 $G_{cd}(s)$、$G_{cq}(s)$ は一般に式 (4-54) に示すような比例・積分 (PI：Proportional-Integral) 制御器が用いられる。

$$\left.\begin{array}{l} G_{cd}(s) = K_{cpd}\left(1+\dfrac{1}{T_{cid}s}\right) = K_{cpd} + \dfrac{K_{cid}}{s} \\ G_{cq}(s) = K_{cpq}\left(1+\dfrac{1}{T_{ciq}s}\right) = K_{cpq} + \dfrac{K_{ciq}}{s} \end{array}\right\} \quad \cdots\cdots\cdots\cdots\cdots (4\text{-}54)$$

ただし、K_{cpd}, K_{cpq}：d, q 軸電流制御系の比例ゲイン、
T_{cid}, T_{ciq}：d, q 軸電流制御系の積分時定数、
K_{cid}, K_{ciq}：d, q 軸電流制御系の積分ゲイン

つぎにゲインの設計法について説明する。d 軸電流制御系と q 軸電流制御系は同様に設計できるため、以下では d 軸電流制御系について説明する。d 軸電流制御系の開ループ伝達関数 $G_{cd\_open}(s)$ および閉ループ伝達関数 $G_{cd\_closed}(s)$ は

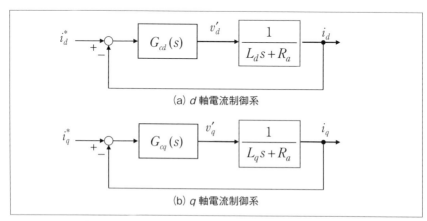

〔図4-29〕非干渉化後の電流制御系のブロック線図

$$G_{cd\_open}(s) = \left(K_{cpd} + \frac{K_{cid}}{s}\right) \cdot \frac{1}{L_d s + R_a} = \frac{K_{cpd} s + K_{cid}}{(L_d s + R_a)s} \quad \cdots\cdots\cdots\cdots (4\text{-}55)$$

$$G_{cd\_closed}(s) = \frac{K_{cpd} s + K_{cid}}{L_d s^2 + (R_a + K_{cpd})s + K_{cid}} \quad \cdots\cdots\cdots\cdots\cdots\cdots\cdots (4\text{-}56)$$

となる。PI ゲイン（K_{cpd}, K_{cid}）は、ボード線図（ゲイン線図、位相線図）を用いた設計や極配置等で決定できる。

設計法の一例として、積分時定数を電気系時定数に選ぶ（$T_{cid} = L_d / R_a$）と開ループ伝達関数 $G_{cd\_open}(s)$ は

$$G_{cd\_open}(s) = K_{cpd}\left(1 + \frac{R_a}{L_d s}\right) \cdot \frac{1}{L_d s + R_a} = \frac{K_{cpd}}{L_d s} = \frac{1}{\dfrac{L_d}{K_{cpd}} s} \quad \cdots\cdots (4\text{-}57)$$

となる。このボード線図は図 4-30（a）となり、交差角周波数（カットオフ角周波数）は

$$\omega_{cd} = \frac{K_{cpd}}{L_d} \quad \cdots\cdots\cdots\cdots\cdots\cdots\cdots\cdots\cdots\cdots\cdots\cdots\cdots\cdots (4\text{-}58)$$

となる。電流制御系の交差角周波数 ω_{cd} は比例ゲイン K_{cpd} のみで調整できることがわかる。また、閉ループ伝達関数は次式となり、ボード線図は図 4-30（b）となる。

$$G_{id\_closed}(s) = \frac{1}{\dfrac{s}{\omega_{cd}} + 1} \quad \cdots\cdots\cdots\cdots\cdots\cdots\cdots\cdots\cdots\cdots (4\text{-}59)$$

これは、時定数 $1/\omega_{cd}$ の 1 次遅れ系でありオーバーシュートが生じない応答特性が得られる。このように制御ゲインを設計するとき、d, q 軸電流制御系の交差角周波数（カットオフ角周波数）をそれぞれ ω_{cd}, ω_{cq} と決めると各制御ゲインは次式で決定できる。一般的には、$\omega_{cd} = \omega_{cq}$ に設定する。

⊗4. 電流ベクトル制御法

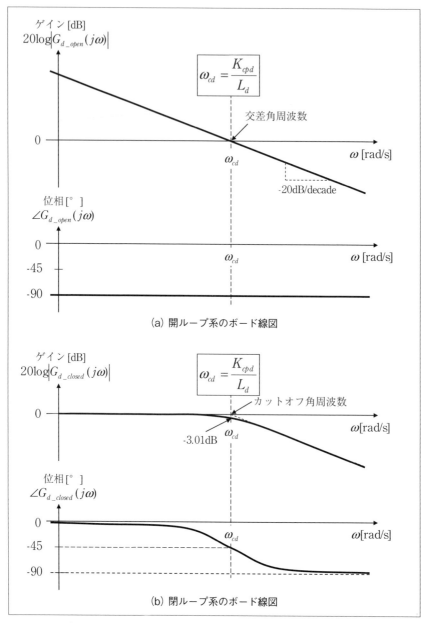

〔図4-30〕電流制御系のボード線図（$T_{cid}=L_d/R_a$ の場合）

$$\left. \begin{array}{l} K_{cpd} = L_d \omega_{cd}, \quad T_{cid} = \dfrac{L_d}{R_a}, \quad K_{cid} = R_a \omega_{cd} \\ K_{cpq} = L_q \omega_{cq}, \quad T_{ciq} = \dfrac{L_q}{R_a}, \quad K_{ciq} = R_a \omega_{cq} \end{array} \right\} \quad \cdots\cdots (4\text{-}60)$$

4-6-3 電流制御システム

上記の電流制御は、d-q 座標上で行われているが、実際のモータでは三相座標上で制御することになる。ここでは、実際の制御システムで必要となる座標変換等を含む電流制御システムについて説明する。

(1) 電流検出と座標変換

実際に検出できる電流は、三相の相電流 (i_u, i_v, i_w) であり、これを電流検出器で検出し、位置センサで検出した回転子位置 θ を用いて座標変換（式(3-12)）を行う。d-q 座標上の電流 i_d, i_q は

$$\begin{bmatrix} i_d \\ i_q \end{bmatrix} = \sqrt{\dfrac{2}{3}} \begin{bmatrix} \cos\theta & \cos\left(\theta - \dfrac{2}{3}\pi\right) & \cos\left(\theta + \dfrac{2}{3}\pi\right) \\ -\sin\theta & -\sin\left(\theta - \dfrac{2}{3}\pi\right) & -\sin\left(\theta + \dfrac{2}{3}\pi\right) \end{bmatrix} \begin{bmatrix} i_u \\ i_v \\ i_w \end{bmatrix} \cdots (4\text{-}61)$$

で得られる。一般には、電流検出器の数を減らすために二相分の電流のみ検出する。例えば、i_u, i_v を検出すると

$$i_w = -(i_u + i_v) \quad \cdots\cdots\cdots\cdots\cdots\cdots\cdots\cdots\cdots\cdots\cdots (4\text{-}62)$$

の関係を用いて式(4-61)を整理した次式により i_d, i_q が得られ、d-q 変換の計算量も削減できる。

$$\begin{bmatrix} i_d \\ i_q \end{bmatrix} = \sqrt{2} \begin{bmatrix} \sin\left(\theta + \dfrac{\pi}{3}\right) & \sin\theta \\ \cos\left(\theta + \dfrac{\pi}{3}\right) & \cos\theta \end{bmatrix} \begin{bmatrix} i_u \\ i_v \end{bmatrix} \quad \cdots\cdots\cdots (4\text{-}63)$$

(2) 電圧指令値の作成

非干渉電流制御器の出力は d-q 座標系での電圧指令値 (v_d^*, v_q^*) であるため、次式により実際に制御する三相の電圧指令値 (v_u^*, v_v^*, v_w^*) に変換する。

⊗ 4. 電流ベクトル制御法

$$\begin{bmatrix} v_u^* \\ v_v^* \\ v_w^* \end{bmatrix} = \sqrt{\frac{2}{3}} \begin{bmatrix} \cos\theta & -\sin\theta \\ \cos\left(\theta - \frac{2}{3}\pi\right) & -\sin\left(\theta - \frac{2}{3}\pi\right) \\ \cos\left(\theta + \frac{2}{3}\pi\right) & -\sin\left(\theta + \frac{2}{3}\pi\right) \end{bmatrix} \begin{bmatrix} v_d^* \\ v_q^* \end{bmatrix} \quad \cdots\cdots\cdots (4\text{-}64)$$

計算量を削減するために上式で v_u^*, v_v^* を計算し、

$$v_w^* = -\left(v_u^* + v_v^*\right) \quad \cdots\cdots\cdots\cdots\cdots\cdots\cdots\cdots\cdots\cdots\cdots\cdots\cdots\cdots (4\text{-}65)$$

の関係から v_w^* を求めることもできる。

(3) 全体構成

電流制御系全体のブロック線図を図4-31に示す。d, q 軸電流指令値は、これまで説明したように運転状態や制御目的および電圧・電流制限などに応じて各種電流ベクトル制御法に基づいて決定される。電流センサからの相電流を d-q 座標変換して d, q 軸電流を求め、d, q 軸電流指令値と

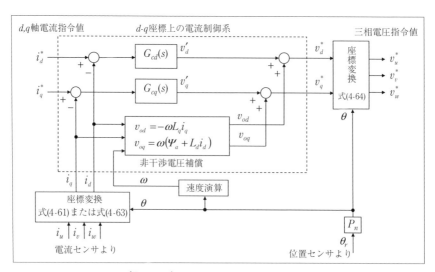

〔図4-31〕電流制御システムの構成

の偏差を比例積分補償して d, q 軸電圧指令値 (v'_d, v'_q) を得る。さらに非干渉電圧補償を行って最終的な d, q 軸電圧指令値 (v^*_d, v^*_q) を求め、三相静止座標系に座標変換して三相の電圧指令値を得る。座標変換には位置センサで検出した回転子位置 $\theta(=P_n\theta_r)$ を使用し、角速度 ω は位置 θ より $\omega = d\theta/dt$ の関係を利用して算出することが多い。

これまで説明した電流ベクトル制御システムは、IPMSM に限らず SPMSM、SynRM でも全く同じである。図 4-32 に同期モータ（SPMSM、IPMSM、SynRM）の電流ベクトル制御システムの全体構成を示す。図 4-33 に 4-6-2 項および 4-6-3 項で説明した非干渉電流制御システムで IPM_D1 を制御したときの d, q 軸電流のステップ応答特性を示す。ここで、電流制御系の PI ゲインは、式（4-60）で決定し、電流指令値 (i^*_d, i^*_q) は MTPA 条件で与えている。同図（a）は電流制御系の交差角周波数 $\omega_{cc}(=\omega_{cd}=\omega_{cq})$ の影響を示しており、ω_{cc} で決まる一次遅れ系の応答特性（時定数：$1/\omega_{cc}$）が確認できる。同図（b）は非干渉化の効果を示している。非干渉化を行うと速度に関係なく同じ一次遅れ系の応答特性となっているが、非干渉化を行わない場合は、干渉電圧の影響で応答特性が悪化している。干渉電圧が大きい高速域で影響が大きく、特に d 軸への

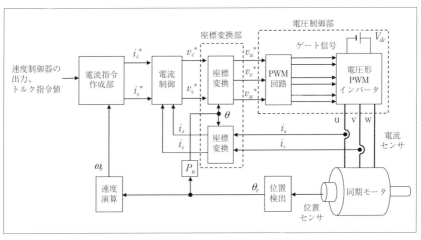

〔図 4-32〕電流ベクトル制御システムの全体構成

⊗ 4. 電流ベクトル制御法

干渉電圧が大きいため d 軸電流の特性悪化が顕著である。定常的には、非干渉化を行わなくても制御器の積分動作により d, q 軸電流は指令値に収束するが、応答特性改善のためには非干渉化が有効であることが確認できる。

4－6－4　電流ベクトル制御システムの特性例

これまで説明した電流ベクトル制御システムを実際の IPMSM に適用

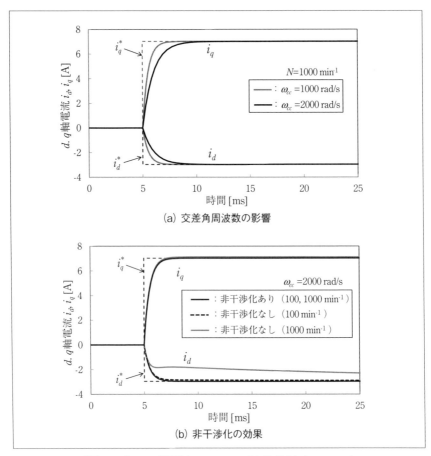

〔図 4-33〕d, q 軸電流のステップ応答特性（IPM_D1）

した際の特性例と考慮すべき事項について説明する。ここでは、表3-4、図3-15(a)にモータパラメータおよびインダクタンス特性を示した実験機Ⅰ（分布巻IPMSM）に対して図4-26に基づき電流指令を作成し、図4-32の制御システムで制御している。

図4-34に実験機Ⅰの速度－トルク特性を示す。MTPA制御によりリラクタンストルクを有効利用することで$i_d=0$制御に比べて大幅にトルクが増加している。また、基底速度以上で弱め磁束制御を適用することで高速域でのトルク低下が抑制され、高出力化が実現できている。この特性は、図4-20相当である。

図4-35に無負荷状態において2200min^{-1}から2730min^{-1}（弱め磁束制御領域）へのステップ応答特性を示す。同図(a)はq軸インダクタンスL_qを定格電流における値で固定した場合、同図(b)は、図3-15(a)中に示したようにL_qをi_qの関数として変化させた場合である。L_qが一定の場合は、高速の弱め磁束領域においてi_q減少時にV_{o_cal}（図4-26参照）が実際の値より小さく計算される結果、電圧飽和（電流制御系の飽和）が発生して電流応答が振動的となっている。一方、L_qをi_qの関数として変

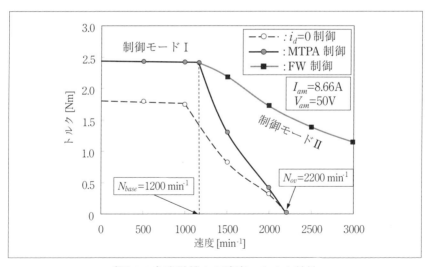

〔図4-34〕実験機Ⅰの速度－トルク特性

- 135 -

※4. 電流ベクトル制御法

化させると i_q 減少時に L_q が増加することが考慮されるため、電圧飽和が生じずに安定した電流制御が実現できている。

　高速域では電圧余裕が少ないため電流指令値が急激に変化する過渡状態において電圧指令値が電圧制限値を超えることが多い。このときインバータでモータに印加される実際の電圧は電圧指令値と異なる。その結果、弱め磁束制御領域において電流制御が不安定になることがある。そこで、例えば図4-36に示すように電圧飽和時に電圧指令値の補償を行う。図3-36(a)に電圧補償のフローを示す。非干渉電流制御器から得られる d, q 軸電圧指令値 (v_d^*, v_q^*) より、電圧指令値ベクトルの大きさ

$$V_a^* = \sqrt{\left(v_d^*\right)^2 + \left(v_q^*\right)^2}$$

が制限値 V_{am} より小さければ電圧補償の必要はない（図中の AY）。$V_a^* > V_{am}$ の場合（図中の AN）には、q 軸電圧指令値 v_q^* を q 軸誘導起電力 v_{qo} にしたときの電圧と制限値 V_{am} を比較し、V_{am} より小さければ（図中の BY）、d 軸電圧指令値 v_d^* は変えずに残りの電圧成分を補正 q 軸電圧指令値 v_{qc}^* とする。一方、V_{am} より大きければ（図中の BN）、q 軸電圧指令

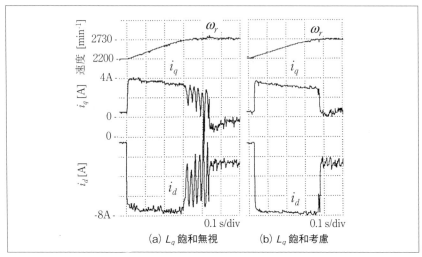

〔図4-35〕速度ステップ応答における磁気飽和の影響と対策

値は q 軸誘導起電力 v_{qo} に設定し、d 軸電圧指令値は残る電圧成分に補正して補正 d 軸電圧指令値 v_{dc}^* とする。この処理の例を図 4-36 (b) の電圧ベクトル図に示す。非干渉電流制御器から電圧指令ベクトルが $\boldsymbol{v}_1^*$ の場合は、図 4-36 (a) における AN → BY の処理で電圧指令ベクトル $\boldsymbol{v}_{1c}^*$ に

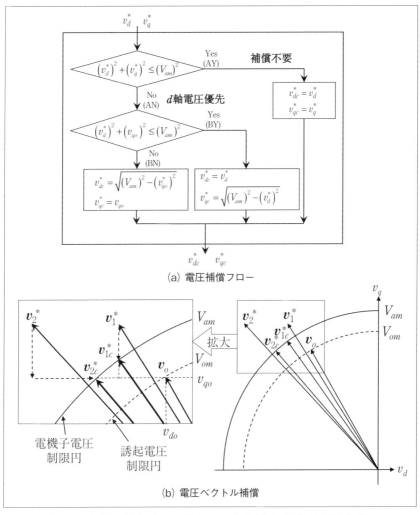

〔図 4-36〕電圧飽和時の d 軸電圧優先補償（d 軸電流優先制御）

- 137 -

⊗4. 電流ベクトル制御法

補償される。電圧指令ベクトルが v_2^* の場合は、AN → BN の処理で電圧指令ベクトル v_{2c}^* に補償される。この補償法は、電圧飽和時に弱め磁束制御で重要な d 軸電流の制御を優先するために電圧補正を行う d 軸電圧優先補償（d 軸電流優先制御）である。図4-37 に電圧ベクトル補償の効果を示す。同図 (a) の補償が無い場合は、d 軸電流が指令値通りに制御できない結果、電圧飽和により電流制御が適切に行われていない。一方、電圧補償を行うことで安定した電流制御が実現でき、速度の応答特性も良好である。

図4-38 に停止時から 3000min^{-1} までの速度ステップ応答特性を示す。基底速度の 1200min^{-1} までは MTPA 制御による最大出力制御（モードⅠ）により同図 (b) の点 A に電流ベクトルが制御されている。1200min^{-1} を超えて指令速度の 3000min^{-1} 付近までは FW 制御による最大出力制御（モードⅡ）で、電流制限円と電圧制限楕円の交点（同図 (b) 参照）に電流ベクトルが制御されていることがわかる。指令速度到達後は、電圧制限楕円に沿って電流ベクトルが制御され、トルクが減少する（図中のⅡ'）。

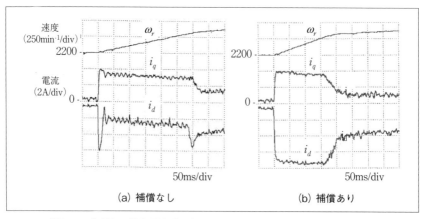

〔図4-37〕弱め磁束運転領域での電圧ベクトル補償（実験機Ⅰ）

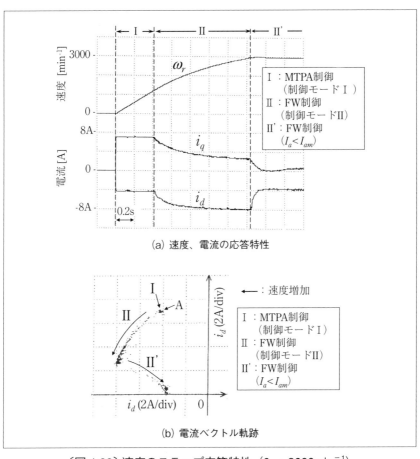

〔図4-38〕速度のステップ応答特性（0 → 3000min^{-1}）

4-7 モータパラメータ変動の影響

これまで説明してきた各種電流ベクトル制御法では、基本的にモータパラメータは一定であると仮定していた。しかし、実際には3-6節で述べたように変化することも多い。本節ではIPMSMにおいて一般に生じる q 軸方向の磁気飽和の影響（q 軸インダクタンスの変化）について検討する。

最も簡単な例として、実験機I, IIの場合（図3-15参照）と同様に図4-39に示すように q 軸インダクタンス L_q が q 軸電流 i_q の一次関数で変化する場合を考える。ここで、定格電流付近の L_q を磁気飽和が無い場合の L_q の値に設定している。図4-40に磁気飽和がない場合とある場合の最大電流時における電流位相ートルク特性を示す。磁石磁束は一定としているので、マグネットトルクに変化はない。一方、リラクタンストルクは L_q が i_q で変化するため、i_q が大きい電流位相 β が小さい領域で減少し、逆に i_q が小さくなる β が大きい領域で大きくなる。その結果、リラクタンストルクが最大となる電流位相は、45°よりも大きくなり、

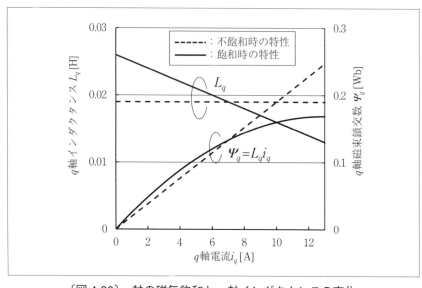

〔図 4-39〕q 軸の磁気飽和と q 軸インダクタンスの変化

全トルクが最大となる電流位相も不飽和時に比べて大きくなっている。

図4-41、図4-42に磁気飽和がない場合とある場合の定トルク曲線と定鎖交磁束楕円（定電圧楕円）を示す。図4-41に示すように、磁気飽和の有無で定トルク曲線は異なり、高トルクで電流が大きい場合は磁気飽和の影響でL_qが減少し、リラクタンストルクも減少するためより大きな電流を必要とする。一方、低トルクで電流が小さい領域では、図4-39に示したようにL_qが増加し、リラクタンストルクが大きくなるため電流値が減少する傾向になっている。図4-42より、定鎖交磁束楕円（定誘起電圧楕円）は、i_qが大きい領域で広がり、i_qが小さい領域で狭くなっていることがわかる。これは、i_qによりL_qが変化する結果、q軸磁束（$L_q i_q$）に違いが生じるためである。このような、定トルク曲線や定電圧楕円の変化は、電流ベクトル制御法における電流ベクトルの選択に影響を及ぼし、前節で導出したd,q軸電流の関係式を直接使用できない場合もある。図4-35に示したように弱め磁束制御で誘導起電力を計算する際のL_qをi_qにより変化させることで安定した弱め磁束制御が実現できた。また、非干渉電流制御における誘導起電力の補償項（$\omega L_q i_q$）や電流制御ゲイン

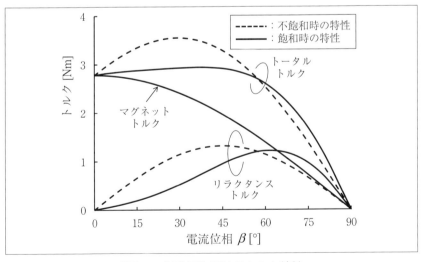

〔図4-40〕磁気飽和時のトルク特性

⊗4. 電流ベクトル制御法

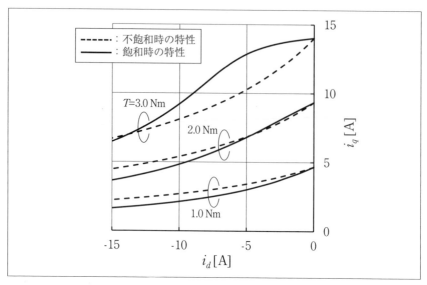

〔図 4-41〕飽和時の定トルク曲線

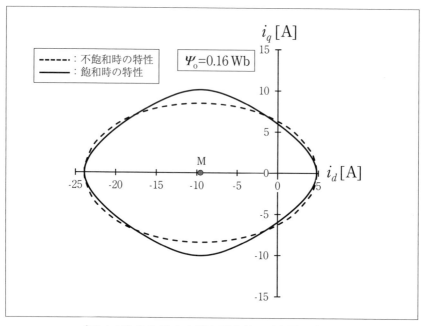

〔図 4-42〕飽和時の定鎖交磁束楕円（定電圧楕円）

も L_q を i_q に応じて変化させて求めれば良い。しかし、MTPA 条件の導出では 4-4-1 項で述べたように偏微分を用いているため注意が必要である。

　MTPA 制御について、磁気飽和の影響を具体的に説明する。図 4-43 に①磁気飽和を考慮せずに q 軸インダクタンスを一定値（＝19mH）として式 (4-18) で求めた MTPA 曲線、②式 (4-18) 中の L_q を i_q の関数として求めた MTPA 曲線、③図 4-7 のように各電流値における電流位相－トルク特性より MTPA 条件を求めて描いた MTPA 曲線（真の MTPA 曲線）を示す。①、②の場合は真の MTPA 曲線と異なり、特に②の場合は、高トルク（大電流）時に大きく異なっているため注意が必要である。

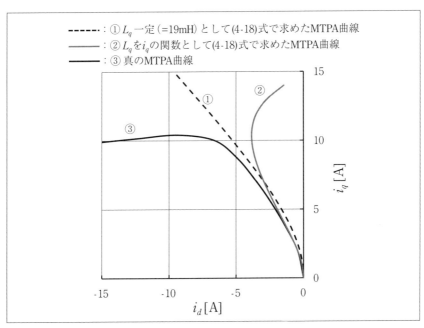

〔図 4-43〕飽和時の MTPA 曲線

センサレス制御

5-1　はじめに

　PMSMやSynRMは同期モータであるため、モータ回転速度と駆動電源周波数は同期する必要があり、さらに第4章で述べたような d-q 座標上で高性能な電流ベクトル制御を実現するためにはロータの位置情報が必要である。そのため一般に位置・速度検出器として7-4-1項で述べるレゾルバやエンコーダなどが用いられるが、設置スペースやコストの問題、使用環境の雰囲気やセンサ信号へのノイズ混入の問題などがあるため、位置検出器を用いない位置センサレス制御が望まれる。本章では、各種位置センサレス制御手法の基本的な考え方を説明した後、代表的な手法について具体的なシステムと特性について紹介する。

⊗5. センサレス制御

5-2 センサレス制御の概要

位置センサレス制御手法として多数の方式が提案されているが、表5-1に示すように大きく4種類に分類することができる。

(1) V/f一定制御に基づく方法

位置・速度を推定せず、V/f一定制御をもとにしたフィードフォワードによる速度制御を基本とし、脱調しないように安定化を図るために検出電流の位相情報（電流ゼロクロス検出や力率検出等）を用いて印加電圧の大きさや位相および周波数を制御する手法である。モータパラメータを直接用いないため他の方式に比べて簡便なセンサレス制御手法である。本手法は中速以上で適用でき、急激な加減速運転を必要としない用途で用いることができる。

(2) 電機子鎖交磁束に基づく方法

静止座標系である α, β 軸上においてモータ印加電圧から抵抗による電圧降下を減じた電圧（誘導起電力）を積分することで得られる電機子鎖交磁束ベクトルの方向（位置）を推定する。このときインダクタンスなどのモータパラメータは必要なく、電機子抵抗の値と電機子鎖交磁束の初期値が既知であれば良い。また、磁気飽和の影響も受けにくく、モータの種類に関係なく適用できる。ただし、回転子位置は直接推定できず、誘起電圧が小さくなる極低速領域や停止時では適用できない。本手法は第6章で説明する。

〔表5-1〕位置センサレス制御の分類と特徴

	基本原理	停止時	極低速・低速駆動	中速・高速駆動	回転子位置推定	推定用信号	パラメータ不感度
(1) V/f一定制御に基づく方法	V/f制御を基にして検出電流（電流ゼロクロス検出、力率検出等）で安定化	×	×	○	×	不要	○
(2) 電機子鎖交磁束に基づく方法	モータ印加電圧から抵抗による電圧降下を減じた誘起電圧より電機子鎖交磁束ベクトルを推定	×	極低速：× 低速：△	○	△	不要	△
(3) 誘起電圧に基づく方法	誘起電圧または磁束鎖交数をオブザーバ等で推定し、位置・速度を推定	×	極低速：× 低速：△	○	○	不要	×
(4) 突極性に基づく方法	インダクタンスの位置依存性を利用して、高周波の電圧・電流の関係より位置を推定	○	○	中速：○ 高速：△	○	高周波印加	○

(3) 誘起電圧に基づく方法

モータモデル（電圧方程式とモータパラメータ）をもとに電圧と電流より誘起電圧を推定し、永久磁石による誘起電圧（またはその積分である永久磁石による磁束鎖交数）に含まれる位置・速度情報、または推定位置誤差情報を利用して、位置・速度を推定する方法である。本手法は誘起電圧に基づいているため、停止時や極低速領域では位置推定ができない。しかし、中高速域においてはモータモデルが正確であれば精度の高い位置・速度推定が可能であり、特別な信号の印加やハードウェアの追加の必要がなく、センサ付きの場合と同等の高性能運転が可能である。本手法の例は5-3節で紹介する。

(4) 突極性に基づく方法

回転子位置によってインダクタンスが変化する磁気突極性のあるモータ（IPMSMやSynRM）の特徴を利用する方法であり、インダクタンスの位置依存性を検出するために高周波の電圧（または電流）を印加して、高周波の電流（または電圧）を信号処理して位置を推定する。インダクタンスの位置による変化が正弦波状であれば精度の高い位置推定が可能であるが、大電流駆動時など磁気飽和が顕著な場合やモータ構造上インダクタンス分布が歪んでいる場合は、位置推定誤差が大きくなる場合がある。本手法は高周波を印加するため騒音が問題となる場合もあるが、停止時の初期位置推定や極低速時における位置推定が可能である。本手法の例は5-4節で紹介する。

上記の各種センサレス制御手法の特徴は、対象となるモータや応用との結び付きが強く、用途に応じた適切なセンサレス制御法の選択や高精度化・安定化のための工夫が重要である。

5. センサレス制御

5-3 誘起電圧に基づくセンサレス制御

PMSMの誘起電圧や磁束鎖交数には位置や速度の情報が含まれている。IPMSMの電圧と電流の情報からPMSMの数学モデルに基づいてオブザーバ等により誘起電圧や磁束鎖交数を推定し、ロータ位置を推定する手法が種々提案さている。

5-3-1 誘起電圧に基づく位置推定の基本

誘起電圧に基づくセンサレス制御で用いる代表的な座標系を図 5-1 に示し、各座標系における数学モデルとそのモデルに基づく位置・速度推定の考え方を説明する。

(1) α-β 座標系（静止座標系）

一般的な α-β 座標上の電圧方程式は 3-3-2 項で導出したが、次式に再掲する。

$$\begin{bmatrix} v_\alpha \\ v_\beta \end{bmatrix} = \begin{bmatrix} R_a + p(L_0 + L_1 \cos 2\theta) & pL_1 \sin 2\theta \\ pL_1 \sin 2\theta & R_a + p(L_0 - L_1 \cos 2\theta) \end{bmatrix} \begin{bmatrix} i_\alpha \\ i_\beta \end{bmatrix} + \omega \Psi_a \begin{bmatrix} -\sin \theta \\ \cos \theta \end{bmatrix} \quad \cdots (5\text{-}1)$$

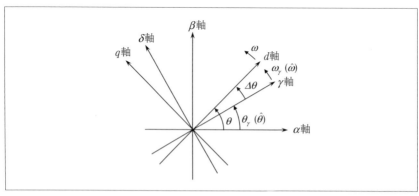

〔図 5-1〕位置センサレス制御における座標系

ただし、 $L_0 = \dfrac{L_d + L_q}{2},\ L_1 = \dfrac{L_d - L_q}{2}$ .... (5-2)

永久磁石による誘起電圧（式(5-1)の右辺第2項）に位置情報 θ が含まれており、さらにインピーダンス行列のインダクタンスの項には位置情報が 2θ の形で含まれている。SPMSMでは磁気突極性がない（$L_1=0$）ので、位置情報 θ は誘起電圧のみに表れるため誘起電圧を推定することで位置が推定できる。しかし、磁気突極性を有するIPMSMでは位置情報が誘起電圧だけでなくインピーダンス行列にも含まれているため誘起電圧を推定するためのモデルとして式(5-1)は好ましくない。さらに、磁石磁束のないSynRMでは、式(5-1)の右辺第2項は生じない。

インピーダンス行列に 2θ に関する項が現れないように式(5-1)を変形して次式を得る[3],[4]。

$$\begin{bmatrix} v_\alpha \\ v_\beta \end{bmatrix} = \begin{bmatrix} R_a + pL_d & \omega(L_d - L_q) \\ -\omega(L_d - L_q) & R_a + pL_d \end{bmatrix} \begin{bmatrix} i_\alpha \\ i_\beta \end{bmatrix} + \begin{bmatrix} e_\alpha \\ e_\beta \end{bmatrix} \quad \cdots\cdots\cdots\cdots\cdots (5\text{-}3)$$

ただし、

$$\begin{bmatrix} e_\alpha \\ e_\beta \end{bmatrix} = E_{ex} \begin{bmatrix} -\sin\theta \\ \cos\theta \end{bmatrix} \quad \cdots\cdots\cdots\cdots\cdots\cdots\cdots\cdots\cdots\cdots\cdots\cdots (5\text{-}4)$$

$$E_{ex} = \omega\{(L_d - L_q)i_d + \Psi_a\} - (L_d - L_q)(pi_q) = (L_d - L_q)(\omega i_d - pi_q) + \omega\Psi_a \quad \cdots (5\text{-}5)$$

式(5-4)の電圧は拡張誘起電圧と呼ばれており、式(5-3)を拡張誘起電圧モデルと呼ぶ。

拡張誘起電圧モデルでは、位置情報が式(5-3)の右辺第2項の拡張誘起電圧のみに含まれていること、さらに、磁石磁束のないSynRMでも d 軸電流を流しておけば、式(5-5)中にある $(L_d - L_q)i_d$ の項による誘起電圧成分が生じることが特徴である。従って、拡張誘起電圧モデルはSPMSM、IPMSMおよびSynRMで使用できる位置推定用のモデルとなる。

式(5-3)をもとに $\alpha\text{-}\beta$ 座標系の電圧、電流よりオブザーバ等で拡張誘起電圧を推定すると、推定拡張誘起電圧 $\hat{e}_\alpha, \hat{e}_\beta$ を用いて式(5-4)の関係

より次式で位置推定値 $\hat{\theta}$ を得ることができる。

$$\hat{\theta} = \tan^{-1}\left(-\frac{\hat{e}_\alpha}{\hat{e}_\beta}\right) \quad \cdots \quad (5\text{-}6)$$

このとき、回転角速度は推定位置 $\hat{\theta}$ の微分として得られるが、一般的にローパスフィルタ (LPF) を通す疑似微分などを用いる。

(2) $d\text{-}q$ 座標系（同期回転座標系）

$d\text{-}q$ 座標系の一般的なモデルは、式 (3-24) であるが、上述のように PMSM および SynRM で使用できる拡張誘起電圧モデルは、式 (5-3) を変換行列 $\boldsymbol{C}_3$（式 (3-11)）により $d\text{-}q$ 座標系に変換することで次式となる。

$$\begin{bmatrix} v_d \\ v_q \end{bmatrix} = \begin{bmatrix} R_a + pL_d & -\omega L_q \\ \omega L_q & R_a + pL_d \end{bmatrix} \begin{bmatrix} i_d \\ i_q \end{bmatrix} + \begin{bmatrix} 0 \\ E_{ex} \end{bmatrix} \quad \cdots \quad (5\text{-}7)$$

しかし、センサレス制御においてはロータ位置（d 軸）が不明であるため、$d\text{-}q$ 座標系のモデルを直接用いることはできない。

(3) $\gamma\text{-}\delta$ 座標系（任意の直交座標系）

図 3-12（図 5-1）に示したように、$\alpha\text{-}\beta$ 座標から角度 θ_γ 進み、$\omega_\gamma (= d\theta_\gamma/dt)$ で回転する $\gamma\text{-}\delta$ 座標系の電圧方程式は、式 (3-37) であった。これを拡張誘起電圧モデルで表すと、式 (5-7) を $\Delta\theta$ で回転座標変換することで次式となる。

$$\begin{bmatrix} v_\gamma \\ v_\delta \end{bmatrix} = \begin{bmatrix} R_a + pL_d & -\omega L_q \\ \omega L_q & R_a + pL_d \end{bmatrix} \begin{bmatrix} i_\gamma \\ i_\delta \end{bmatrix} + p\Delta\theta L_d \begin{bmatrix} 0 & 1 \\ -1 & 0 \end{bmatrix} \begin{bmatrix} i_\gamma \\ i_\delta \end{bmatrix} + \begin{bmatrix} e_\gamma \\ e_\delta \end{bmatrix} \quad (5\text{-}8)$$

ただし、

$$\begin{bmatrix} e_\gamma \\ e_\delta \end{bmatrix} = E_{ex} \begin{bmatrix} -\sin\Delta\theta \\ \cos\Delta\theta \end{bmatrix} \quad \cdots \quad (5\text{-}9)$$

$\gamma\text{-}\delta$ 座標系は任意の直交座標系であり、$\Delta\theta = \theta$ とすれば式 (5-8) は式 (5-3) となるが、センサレス制御においては推定 $d\text{-}q$ 座標系として扱うことが多い。このとき、$\theta_\gamma, \omega_\gamma$ が推定したロータ位置と速度に相当する

ため、本章ではこれらを推定位置 $\hat{\theta}$、推定速度 $\hat{\omega}$ と表すことにする。また、$\Delta\theta$ は位置推定誤差 ($\theta-\hat{\theta}$) となる。

5－3－2　推定 d-q 座標系の拡張誘起電圧モデルに基づく位置・速度推定

　拡張誘起電圧モデルに基づく具体的な位置、速度の推定システムを説明する。図 5-2 に $\gamma\text{-}\delta$ 座標系 (推定 d-q 座標系) において、拡張誘起電圧モデルをもとに構成した位置センサレス制御システムの基本構成を示す。推定位置 $\hat{\theta}$ を用いて座標変換を行うため図 4-32 と比較して分かるように回転座標系の電流、電圧は、$\gamma\text{-}\delta$ 座標系の値となる。位置・速度推定部では、$\gamma\text{-}\delta$ 座標系の電流および電圧指令値を用いて、位置・速度を推定する。$\gamma\text{-}\delta$ 座標系の拡張誘起電圧モデル (式 (5-8)) をもとにした位置・速度推定部の構成例を図 5-3 に示す。$\Delta\theta$ を推定する位置誤差推定部と $\Delta\hat{\theta}$ が 0 になるように補正して速度と位置を推定する位相同期部から構成される。

　$\gamma\text{-}\delta$ 座標系の電圧、電流よりオブザーバ等で拡張誘起電圧を推定すると、推定拡張誘起電圧 $\hat{e}_\gamma$, $\hat{e}_\delta$ より式 (5-9) の関係をもとに次式で位置誤

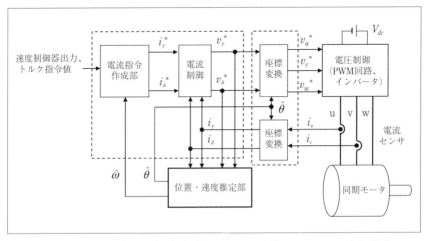

〔図 5-2〕拡張誘起電圧推定方式センサレス制御システムの基本構成

差の推定値 $\Delta\hat{\theta}$ を得る。

$$\Delta\hat{\theta} = \theta - \hat{\theta} = \tan^{-1}\left(-\frac{\hat{e}_\gamma}{\hat{e}_\delta}\right) \quad\cdots\cdots\cdots\cdots\cdots\cdots\cdots\cdots\cdots\cdots\cdots\cdots\cdots (5\text{-}10)$$

この推定位置誤差 $\Delta\hat{\theta}$ が0になるように推定した位置、速度を修正することで位置、速度を推定することができる。

位相制御器 $G_{PLL}(s)$ には PI 補償器などが用いられて、$\Delta\hat{\theta}$ が0に収束するように働き、推定速度 $\hat{\omega}$ と推定位置 $\hat{\theta}$ を得る。このシステムは位相同期ループ（PLL）系となっている。なお、モータ制御部では速度情報として、ノイズの影響が表れる推定速度 $\hat{\omega}$ を直接使用せずローパスフィルタを通して用いることが多い。

オブザーバで用いるモータパラメータのノミナル値が実際の値と異なる、電圧指令値が実電圧と一致しない、$p\Delta\theta = \omega - \hat{\omega}$ の項が無視できないなど、上記で述べた理想条件が成り立たない場合は、拡張誘起電圧の推定値が実際の値と異なる。このとき式 (5-10) で求めた推定位置誤差 $\Delta\hat{\theta}$ も真値と異なる結果、$\Delta\hat{\theta}=0$ となるように位置推定を行っても位置推定誤差が残ることになる。

５－３－３　拡張誘起電圧モデルに基づく位置・速度推定部の構成例 [9]

図5-4 に拡張誘起電圧 e_γ, e_δ を推定するためのオブザーバの一例として、拡張誘起電圧を外乱と見なして外乱オブザーバで推定する構成を示

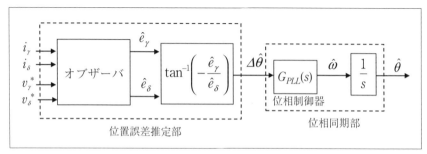

〔図 5-3〕位置・速度推定部の構成例

す。式 (5-8) より γ 軸の電圧方程式は次式となる（図 5-4 中の γ 軸の拡張誘起電圧モデルに相当）。

$$v_\gamma = (R_a + pL_d)i_\gamma - \omega L_q i_\delta + p\Delta\theta L_d i_\delta + e_\gamma \quad \cdots\cdots\cdots\cdots (5\text{-}11)$$

上式において、$p\Delta\theta = \omega - \hat{\omega} \cong 0$ と仮定したオブザーバのモデルは次式となる。

$$v_\gamma = (\hat{R}_a + p\hat{L}_d)i_\gamma - \omega\hat{L}_q i_\delta + \hat{e}_\gamma \quad \cdots\cdots\cdots\cdots (5\text{-}12)$$

ここで、^ はモータパラメータのノミナル値または状態変数の推定値を表す。γ 軸電圧、δ 軸電流およびモータパラメータ（ノミナル値）を用いて図 5-4 の外乱オブザーバで推定拡張誘起電圧 $\hat{e}_\gamma$ が得られる。同様の構成で δ 軸の推定拡張誘起電圧 $\hat{e}_\delta$ も得られる。ここで、オブザーバで用いる電圧は一般に電圧指令値 (v_γ^*, v_δ^*) である。

拡張誘起電圧の推定特性は、オブザーバ中のフィルタ $Q(s)$ の設計で決まる。$Q(s)$ の設計は任意であるが、最も簡単な構成は次式の一次ローパスフィルタである。

$$Q(s) = \frac{\omega_{obs}}{s + \omega_{obs}} \quad \cdots\cdots\cdots\cdots (5\text{-}13)$$

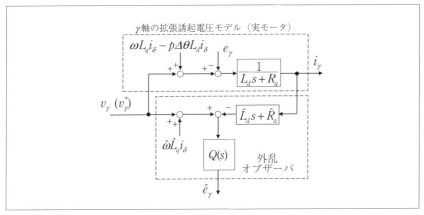

〔図 5-4〕拡張誘起電圧を推定する外乱オブザーバの構成（e_γ の推定）

設計パラメータである ω_{obs} は、大きいほど拡張誘起電圧の推定速度が速くなるが、観測ノイズや量子化誤差の影響も大きくなるため、適切な値に調整することが必要である。

図5-5に図5-3の位置・速度推定系の等価ブロック線図を示す。位置・速度の推定特性は、位相制御器 $G_{PLL}(s)$ の設計に依存する。オブザーバの推定遅れを無視し（$Q(s)=1$）、位相制御器を式 (5-14) とすると、回転子位置 θ から位置推定誤差 $\Delta\theta (=\theta - \hat{\theta})$ までの伝達特性は式 (5-15) となる。

$$G_{PLL}(s) = G_{PLL\_A}(s) = K_1 + \frac{K_2}{s} \quad \cdots (5\text{-}14)$$

$$\Delta\theta = \frac{s^2}{s^2 + K_1 s + K_2}\theta \quad \cdots (5\text{-}15)$$

上式の分母多項式を式 (5-16) に対応させることで各ゲインは式 (5-17) で決定できる。

$$G_{\phi\_A}(s) = s^2 + 2\zeta_{PLL}\omega_{PLL}s + \omega_{PLL}^2 \quad \cdots (5\text{-}16)$$

$$K_1 = 2\zeta_{PLL}\omega_{PLL}, \quad K_2 = \omega_{PLL}^2 \quad \cdots (5\text{-}17)$$

このとき、速度 ω が一定であれば推定位置は実位置と一致する。しかし、加減速時など速度が変化している場合は定常的な位置推定誤差が生じる。速度がランプ状に変化する際に位置推定誤差を無くすためには、内部モデル原理より位相制御器を式 (5-18) とすればよい。

$$G_{PLL}(s) = G_{PLL\_B}(s) = K_1 + \frac{K_2}{s} + \frac{K_3}{s^2} \quad \cdots (5\text{-}18)$$

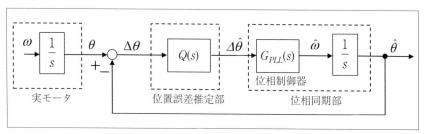

〔図5-5〕位置・速度推定系の等価ブロック線図

このときの位置推定誤差への伝達特性は式 (5-19) となり、分母多項式を式 (5-20) になるようにすれば各ゲインは式 (5-21) で決定できる。

$$\Delta\theta = \frac{s^3}{s^3 + K_1 s^2 + K_2 s + K_3}\theta \quad \cdots\cdots (5\text{-}19)$$

$$G_{cp\_B}(s) = (s + \omega_{PLL})(s^2 + 2\zeta_{PLL}\omega_{PLL}s + \omega_{PLL}^2) \quad \cdots\cdots (5\text{-}20)$$

$$K_1 = (1 + 2\zeta_{PLL})\omega_{PLL}, \quad K_2 = (1 + 2\zeta_{PLL})\omega_{PLL}^2, \quad K_3 = \omega_{PLL}^3 \quad \cdots (5\text{-}21)$$

ここで、位置・速度推定特性を確認するため、IPM_D1 について行ったシミュレーション結果を示す。図 5-4 のオブザーバで拡張誘起電圧を推定し、上述の位相制御器 ($G_{PLL\_A}(s)$ または $G_{PLL\_B}(s)$) を用いている。図 5-6 に位置推定誤差 $\Delta\theta$ の初期値が 30°の状態からの $\Delta\theta$ の収束特性を示す。式 (5-14) の位相制御器 $G_{PLL\_A}(s)$ の設計パラメータ ω_{PLL}, ζ_{PLL} を変えることで式 (5-15) に従った特性が得られている。ただし、ω_{PLL} =90rad/s の場合は、オブザーバの応答特性 (ω_{obs}=600rad/s に設定) の影響を若干受けている。図 5-7 に定格トルクで一定加速 (1000min^{-1} から 2000min^{-1} まで約 0.5s で加速) した際の位置推定誤差 $\Delta\theta$ を示す。上述のように位相制御器が $G_{PLL\_A}(s)$ の時は定常的な位置推定誤差が生じているが、$G_{PLL\_B}(s)$ とすることでほぼ 0 にできている。

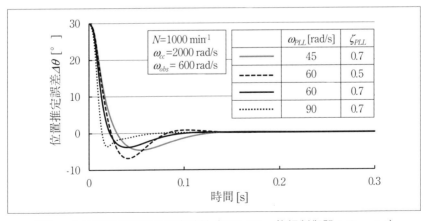

〔図 5-6〕位置推定誤差の収束特性 (IPM_D1、位相制御器：$G_{PLL\_A}(s)$)

⊗5. センサレス制御

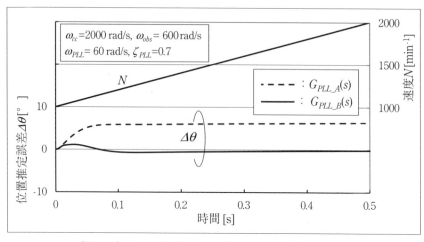

〔図5-7〕一定加速時の位置推定誤差特性（IPM_D1）

5−3−4　拡張誘起電圧推定方式によるセンサレス制御 [9]

図5-2のセンサレス制御システムにおいて、5-3-3項で説明したように推定 d-q 座標系の拡張誘起電圧モデルに基づき位置・速度推定を行った場合の特性を確認する。図5-8にセンサレス速度制御のシミュレーション結果を示す。0.1sに速度指令値を 1000min^{-1} から 1200min^{-1} にステップ変化させ、1.5sに定格負荷トルクをステップ的に印加している。過渡時に位置推定誤差および速度推定誤差が生じているものの安定な速度制御が実現できている。

実験機IIの（表3-4、図3-15(b)参照）を上記システムでセンサレス制御したときの実験結果を以下に示す。各種設計パラメータは、図中に示した値であり、制御部で用いるモータパラメータの調整およびデッドタイム等による電圧誤差の補正等を行っている。図5-9に定格運転時における位置推定誤差の収束特性を示す。図5-6と同様の収束特性が確認できる。図5-10に定常時の特性を示す。同図(a)の $N^* = 2000\text{min}^{-1}$（定格速度）では推定誤差が殆どない良好なセンサレス制御が実現できているが、同図(b)の $N^* = 100\text{min}^{-1}$（定格速度の5%）では、推定誤差が大きくなり振動的になっており、本手法の低速での適用が困難であることを示して

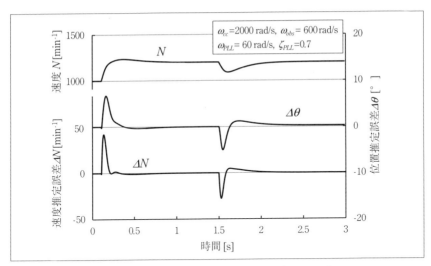

〔図 5-8〕センサレス速度制御特性（IPM_D1）

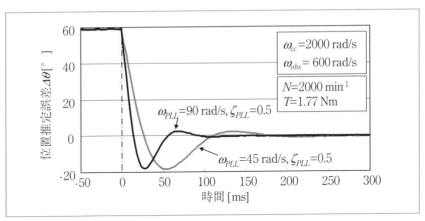

〔図 5-9〕位置推定誤差の収束特性（実験機II、位相制御器：$G_{PLL\_A}(s)$）

いる。図 5-11 に過渡特性を示す。速度指令のステップ変化および負荷外乱 T_L のステップ変化に対して、過渡時初期に速度推定誤差および位置推定誤差が生じているもののセンサレスで良好な速度制御が実現できている。

⊗5. センサレス制御

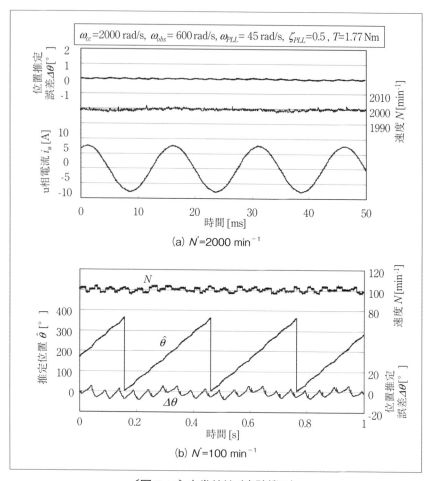

〔図5-10〕定常特性（実験機II）

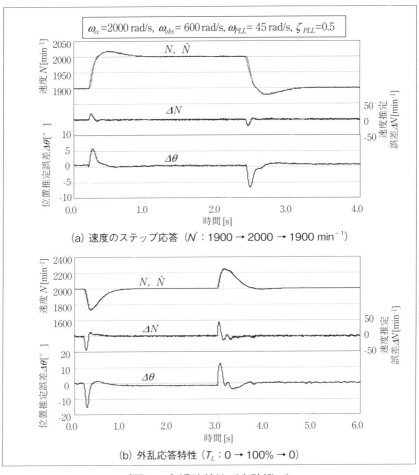

〔図 5-11〕過渡特性（実験機Ⅱ）

5-3-5 拡張誘起電圧推定方式におけるパラメータ誤差の影響

モータモデルに基づく位置・速度推定では、モータパラメータの誤差が推定精度の劣化を招く。ここで、上述の拡張誘起電圧推定法におけるモータパラメータ誤差と定常時の位置推定誤差の関係式を導出する。位置・速度推定が収束すれば、式 (5-10) で与えられる推定位置誤差 $\Delta\hat{\theta}$ が 0 となるので、γ 軸の推定拡張誘起電圧 $\hat{e}_\gamma$ は 0 である。それゆえ定常状態においては式 (5-12) から次式が導出できる。

$$\hat{e}_\gamma = v_\gamma - \hat{R}_a i_\gamma + \omega \hat{L}_q i_\delta = 0 \quad \cdots\cdots\cdots\cdots (5\text{-}22)$$

一方、定常状態において実際のモータでは、式 (5-8) に式 (5-9) と式 (5-5) を代入し微分項を無視することによって次式が成立する。

$$\begin{aligned}
v_\gamma &= R_a i_\gamma - \omega L_q i_\delta - \omega\{(L_d - L_q)i_d + \Psi_a\}\sin\Delta\theta \\
&= R_a i_\gamma - \omega L_q i_\delta - \omega\{(L_d - L_q)(i_\gamma\cos\Delta\theta + i_\delta\sin\Delta\theta) + \Psi_a\}\sin\Delta\theta
\end{aligned}$$
$$\cdots (5\text{-}23)$$

式 (5-22)、式 (5-23) から v_γ を消去することで、次式の関係が得られる。

$$\frac{R_a - \hat{R}_a}{\omega}i_\gamma - (L_q - \hat{L}_q)i_\delta = \{(L_d - L_q)(i_\gamma\cos\Delta\theta + i_\delta\sin\Delta\theta) + \Psi_a\}\sin\Delta\theta$$
$$\cdots (5\text{-}24)$$

上式は R_a と L_q のパラメータ誤差が定常的な位置推定誤差 $\Delta\theta$ を生じさせることを示している。一方、他のパラメータである L_d は定常時には位置推定誤差に影響はなく、Ψ_a は位置推定部で使用しないため位置推定特性に影響しない。式 (5-24) を用いて、パラメータ誤差の位置推定精度への影響を計算した結果を図 5-12 に示す。横軸のパラメータ誤差率は、パラメータ誤差 ($R_a - \hat{R}_a$ や $L_q - \hat{L}_q$) をノミナル値に対する百分率で表している。式 (5-24) より、R_a の誤差の影響は i_γ が大きく、ω が小さい低速時ほど大きくなること、L_q の誤差の影響は i_δ が大きい高トルク発生時ほど大きくなることが予想されるが、図 5-12 より、R_a の誤差の影響は低速時ほど大きく、L_q の誤差の影響は大電流時ほど大きいことが確認できる。

式 (5-22) において、γ軸電圧は実電圧 v_γ としたが実際は指令電圧 v_γ^* を用いるのが一般的である。そのためインバータのデッドタイムやデバイスの電圧降下等によって生じる電圧誤差 ($v_\gamma - v_\gamma^*$) も位置推定誤差を生じさせる要因となる。さらに電流検出誤差なども推定誤差要因となるので適切な調整が必要である。

　インダクタンス L_d, L_q は 3-6 節で述べたように電流によって変化するので、L_d, L_q を電流の関数としてモデリングして制御器内で考慮する事ができる。一方、永久磁石による電機子鎖交磁束 Ψ_a や電機子巻線抵抗 R_a は温度によって変化する。モータの温度は周囲の環境や運転状態によって変化するが、温度センサは通常設置しないので、Ψ_a, R_a の変化に対応することは困難である。そこで、運転中にモータパラメータを逐次同定して、ベクトル制御やセンサレス制御に反映させることが有効である[11]。

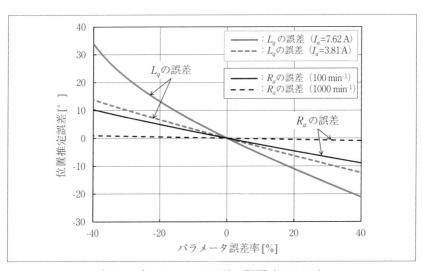

〔図 5-12〕パラメータ誤差の影響（IPM_D1）

5−4 突極性に基づくセンサレス制御
5−4−1 突極性に基づく位置推定の基本

α-β 座標系や d-q 座標系を含む任意の直交座標系である γ-δ 座標系の電圧方程式を 3-4 節で次式のように導出した。

$$\begin{bmatrix} v_\gamma \\ v_\delta \end{bmatrix} = \begin{bmatrix} R_a + pL_\gamma - \omega_\gamma L_{\gamma\delta} & -\omega_\gamma L_\delta + pL_{\gamma\delta} \\ \omega_\gamma L_\gamma + pL_{\gamma\delta} & R_a + pL_\delta + \omega_\gamma L_{\gamma\delta} \end{bmatrix} \begin{bmatrix} i_\gamma \\ i_\delta \end{bmatrix} + \omega \Psi_a \begin{bmatrix} -\sin \Delta\theta \\ \cos \Delta\theta \end{bmatrix}$$
$$\cdots (5\text{-}25)$$

ただし、

$\Delta\theta = \theta - \theta_\gamma,\ L_\gamma = L_0 + L_1 \cos 2\Delta\theta,\ L_\delta = L_0 - L_1 \cos 2\Delta\theta,\ L_{\gamma\delta} = L_1 \sin 2\Delta\theta,$

$L_0 = \dfrac{L_d + L_q}{2},\ L_1 = \dfrac{L_d - L_q}{2}$

5-3 節で述べた誘起電圧に基づく位置推定手法では、基本的に上式の右辺第 2 項に含まれる位置情報 $\Delta\theta$ を利用していた。すなわち、$\Delta\theta = \theta (\hat{\theta} = 0)$ とすれば α-β 座標系のモデルとして θ を推定し、γ-δ 座標系を推定 d-q 座標系として扱うと $\theta_\gamma, \omega_\gamma$ が推定したロータ位置 $\hat{\theta}$ と速度 $\hat{\omega}$ となり、$\Delta\theta$ は位置推定誤差となる。いずれの場合も右辺第 2 項は回転角速度 ω が掛かっており、停止時は 0 となり低速時もその電圧成分は小さいので位置推定に利用することは困難となる。そこで、右辺第 1 項のインピーダンス行列にあるインダクタンス ($L_\gamma, L_\delta, L_{\gamma\delta}$) に含まれている位置情報 $\Delta\theta$ を利用する。この情報は $L_1 = 0$ の非突極機では得られないため、IPMSM や SynRM など突極性のあるモータで利用できる手法である。

位置情報 $\Delta\theta$ を含む成分のみを抽出するために高周波の電圧(または電流)を印加(電流制御器の出力である電圧指令値に重畳)して、高周波の電流(または電圧)を信号処理して位置情報 $\Delta\theta$ を得る。式 (5-25) において、高周波成分に関する成分のみに注目すると次式を得る。

$$\begin{bmatrix} v_{\gamma h} \\ v_{\delta h} \end{bmatrix} = \begin{bmatrix} pL_\gamma & pL_{\gamma\delta} \\ pL_{\gamma\delta} & pL_\delta \end{bmatrix} \begin{bmatrix} i_{\gamma h} \\ i_{\delta h} \end{bmatrix} = p \begin{bmatrix} L_\gamma & L_{\gamma\delta} \\ L_{\gamma\delta} & L_\delta \end{bmatrix} \begin{bmatrix} i_{\gamma h} \\ i_{\delta h} \end{bmatrix} \quad \cdots\cdots\cdots\cdots (5\text{-}26)$$

ただし、$v_{\gamma h}, v_{\delta h}$:高周波電圧の γ, δ 軸成分、$i_{\gamma h}, i_{\delta h}$:高周波電流の γ-δ 軸成分

ここで、磁気飽和を考慮すると3-6-1項で述べたように式中のインダクタンスは動的インダクタンス（局所インダクタンス）となる。上式を整理すると次式を得る。

$$p\begin{bmatrix} i_{\gamma h} \\ i_{\delta h} \end{bmatrix} = \frac{1}{L_d L_q} \begin{bmatrix} L_\delta & -L_{\gamma\delta} \\ -L_{\gamma\delta} & L_\gamma \end{bmatrix} \begin{bmatrix} v_{\gamma h} \\ v_{\delta h} \end{bmatrix} \quad \cdots\cdots\cdots\cdots\cdots\cdots\cdots (5\text{-}27)$$

$L_\gamma, L_\delta, L_{\gamma\delta}$ には $2\Delta\theta$ の情報が含まれているので、高周波電圧 $v_{\gamma h}, v_{\delta h}$ と高周波電流 $i_{\gamma h}, i_{\delta h}$ の関係より $\Delta\theta$ の情報を抽出することができる。ここで、$\gamma\text{-}\delta$ 座標系を $\alpha\text{-}\beta$ 座標系とすると $\Delta\theta=\theta$ となり、ロータ位置情報を直接得ることができる。一方、$\gamma\text{-}\delta$ 座標系を推定 $d\text{-}q$ 座標系とすると位置推定誤差 $\Delta\theta(\theta=\hat{\theta})$ が得られる。位置推定誤差 $\Delta\theta$ が得られた場合は5-3-2項で説明した手法を用いて位置、速度を推定することができる。

5－4－2　推定 $d\text{-}q$ 座標系における高周波電圧印加方式

磁気突極性を利用した位置推定手法の一例として、$\gamma\text{-}\delta$ 座標系を推定 $d\text{-}q$ 座標系とし、γ 軸に次式の高周波電圧を印加した場合を考える[10]。

$$\begin{bmatrix} v_{\gamma h} \\ v_{\delta h} \end{bmatrix} = V_h \begin{bmatrix} \cos\omega_h t \\ -\dfrac{\hat{\omega}}{\omega_h}\sin\omega_h t \end{bmatrix} \quad \cdots\cdots\cdots\cdots\cdots\cdots\cdots (5\text{-}28)$$

ただし、$V_h, \omega_h(=2\pi f_h)$：印加する高周波電圧の振幅と角周波数
上式を式 (5-27) に代入して変形すると次式を得る。

$$\begin{bmatrix} i_{\gamma h} \\ i_{\delta h} \end{bmatrix} = \frac{V_h}{\omega_h}\frac{1}{L_d L_q} \begin{bmatrix} L_0 - L_1\cos 2\Delta\theta \\ -L_1\sin 2\Delta\theta \end{bmatrix} \sin\omega_h t \quad \cdots\cdots\cdots (5\text{-}29)$$

上式より、位置推定誤差 $\Delta\theta$ が0であれば、δ 軸電流 $i_{\delta h}$ は流れないが、位置推定誤差があると $i_{\delta h}$ が流れることが分かる。そこで、δ 軸高周波電流 $i_{\delta h}$ に式 (5-30) の処理を施してローパスフィルタ（LPF）で直流成分のみ取り出すと式 (5-31a) となり、$\Delta\theta$ が十分小さいと仮定すると式 (5-31b) を得る。これらの信号処理は、ヘテロダイン処理と呼ばれる。

$$i_{\delta h\_\sin} = i_{\delta h} \times \sin\omega_h t = -\frac{V_h}{\omega_h}\frac{L_1}{L_d L_q}\sin 2\Delta\theta \sin\omega_h t \sin\omega_h t$$

$$= -\frac{V_h}{\omega_h}\frac{L_1}{L_d L_q}\sin 2\Delta\theta \frac{1-\cos 2\omega_h t}{2} \quad \cdots\cdots (5\text{-}30)$$

$$i_{\delta h\_\Delta\theta} = -\frac{V_h}{2\omega_h}\frac{L_1}{L_d L_q}\sin 2\Delta\theta = \frac{V_h}{4\omega_h}\frac{L_q - L_d}{L_d L_q}\sin 2\Delta\theta \quad \cdots\cdots (5\text{-}31\text{a})$$

$$\cong \frac{V_h}{2\omega_h}\frac{L_q - L_d}{L_d L_q}\Delta\theta = K_h \Delta\theta \quad \cdots\cdots (5\text{-}31\text{b})$$

ただし、 $K_h = \dfrac{V_h}{2\omega_h}\dfrac{L_q - L_d}{L_d L_q}$

上記の信号処理による位置・速度推定部の構成を図5-13に示す。このとき、図5-2中の電流制御器の出力である電圧指令値 v_γ^*, v_δ^* に式(5-28)の高周波電圧を加えている。また、図5-14に位置推定誤差 $\Delta\theta$ と $i_{\delta h\_\Delta\theta}$ の関係を示す。検出した δ 軸電流から中心角周波数 ω_h のバンドパスフィルタ(BPF)で印加高周波と同じ周波数の高周波成分 $i_{\delta h}$ を抽出し、式(5-30)、式(5-31)の処理を行う。$\Delta\theta$ と $i_{\delta h\_\Delta\theta}$ の関係は、式(5-31a)に示すように $\sin 2\Delta\theta$ で変化する(図5-14)が、$\Delta\theta$ が 0 に近い範囲では、式(5-31b)の関係より位置誤差推定値 $\Delta\hat\theta$ が得られるので、前述の位相同期ループ(PLL)系(図5-5参照)を構成して推定速度 $\hat\omega$ と推定位置 $\hat\theta$ が得られる。

図5-15に位置推定誤差 $\Delta\theta$ が30°の時の図5-13の処理における各部の

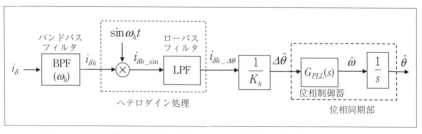

〔図5-13〕高周波電圧注入方式における位置・速度推定部の構成例

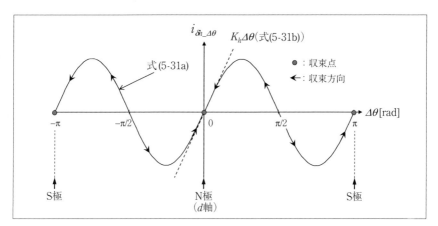

〔図 5-14〕位置推定誤差情報

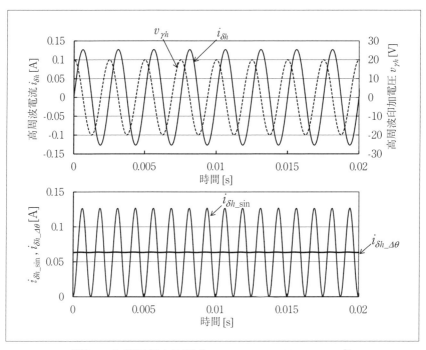

〔図 5-15〕処理部の波形（V_h=20V, f_h=400Hz, $\Delta\theta$=30°）

⊗5. センサレス制御

波形を示す。$V_h=20\text{V}, f_h=400\text{Hz}$ の高周波電圧を印加しており、信号処理を行うことで $i_{\delta h\_\Delta\theta}$ は約 0.063 となっている。シミュレーション条件より

$$K_h = \frac{V_h}{2\omega_h}\frac{L_q-L_d}{L_d L_q} = \frac{20}{2\cdot 2\pi\cdot 400}\frac{(19-11.2)\times 10^{-3}}{11.2\times 10^{-3}\times 19\times 10^{-3}} = 0.146$$

であり、式 (5-31b) より位置誤差推定値 $\Delta\hat{\theta}$ を求めると約 25°となる。式 (5-31b) の関係より $\Delta\hat{\theta}$ を求めると、$\Delta\theta$ が大きいほど $\Delta\theta$ と $\Delta\hat{\theta}$ の差は大きくなり、$\Delta\hat{\theta}$ が小さく推定されるため等価的に位置推定の PLL ループのゲインが低下するが、$\Delta\theta$ が 30°程度までであれば大きな問題はないと思われる。

図 5-16 に上記の高周波電圧印加方式で極低速域でセンサレス速度制

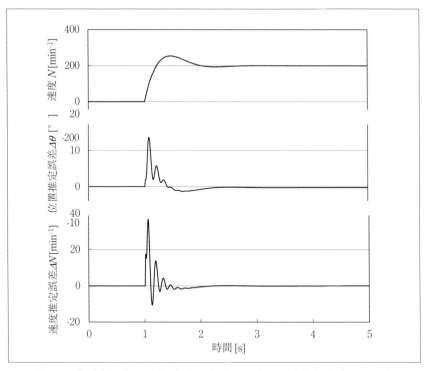

〔図 5-16〕高周波電圧印加方式によるセンサレス速度制御（IPM_D1）

御を行ったときのシミュレーション結果を示す。ただし、位置推定誤差および速度推定誤差の初期値は0としている。停止時から1.0sに速度指令値を200min^{-1}にステップ変化させた時、過渡時に比較的大きな推定誤差が生じているが安定な速度制御が実現できている。ここで、電流制御系において高周波電圧印加方式により印加した高周波電圧の影響を受けないように、電流制御で用いる電流からは角周波数 ω_h の高周波電流をカットしておく。

　電源投入時のロータ初期位置は $\Delta\theta=0$ 付近とは限らないので、式(5-31b) の近似は成立しない。しかし、$i_{\delta h\_\Delta\theta}=0$ となるように位置推定は実行されるので図5-14中の丸印に収束する。このとき、初期位置によっては $\Delta\theta=180°$（S極）に収束する可能性もある。図5-17にモータの初期位置が $\theta=0°$ で、推定位置の初期値が異なる場合の初期位置推定特性を示す。これは、電源投入時の推定位置の初期値が0°で、実際のモータ位置が0°でない場合と等価である。0.1s程度で位置推定が収束しており、推定位置の初期値によっては $\hat{\theta}$ が180°に収束することが分かる。そこで初期位置を推定した後に、推定した位置が d 軸の正方向（N極）であるのか、負方向（S極）であるのかを判別する極性判別が必要となる。なお、SynRMでは極性はないので極性判別は不要である。

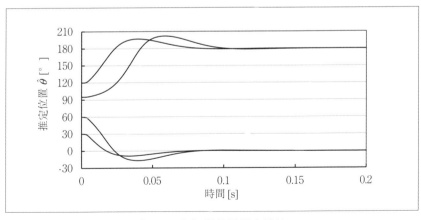

〔図5-17〕初期位置推定特性

5−4−3 極性判別法

 極性判別は一般に d 軸磁路の磁化特性を利用する。図 5-18 に d 軸電流と d 軸鎖交磁束の関係の概形を示す。d 軸方向には永久磁石による磁束 Ψ_a があるため正の d 軸電流を流すと増磁になり磁気飽和が生じる。その結果インダクタンス L_d は減少する。一方、負の d 軸電流を流した場合は減磁となり磁気飽和は生じないので、インダクタンス L_d に変化が無いか、磁気飽和が緩和されて増加する。このような磁気飽和によるインダクタンスの変化を利用してN極とS極の極性判別を行う。

 具体的には、初期位置推定を行った推定 d-q 座標 (γ-δ 座標) において図 5-19 に示すように γ 軸 (推定 d 軸) に正および負の一定電圧 (ΔV_γ) を十分短い一定時間 (ΔT) 印加して γ 軸電流の最大値 ΔI_γ (ΔV_γ が正のとき $\Delta I_{\gamma+}$、ΔV_γ が負のとき $\Delta I_{\gamma-}$ とする) を計測する。磁気飽和の影響が表れる程度の電流が流れれば、$\Delta I_{\gamma+}$ と $\Delta I_{\gamma-}$ に差異が生じる。図 5-19 は $\Delta\theta = 0°$ の場合 (初期推定位置がN極の場合) を表しているので、正の電圧を印加したときは、正の γ 軸 (推定 d 軸) 電流が流れ、増磁によって磁気飽和が生じてインダクタンスが減少する。逆に負の電圧を印加したときは、インダクタンスに変化は生じない (または増加する)。従って、

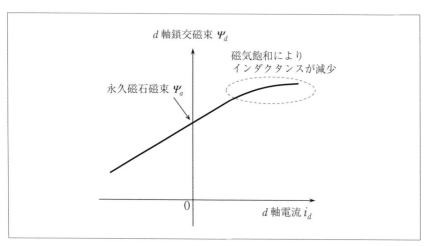

〔図 5-18〕d 軸電流と d 軸鎖交磁束の関係

正および負の電圧を印加したときの最大電流値 $\Delta I_{\gamma+}$ および $\Delta I_{\gamma-}$ の大小関係は、図5-19に示すように $\Delta I_{\gamma+} > \Delta I_{\gamma-}$ となる。逆に、$\Delta I_{\gamma+} < \Delta I_{\gamma-}$ であれば、初期推定位置がS極（$\Delta\theta = 180°$）であるため初期推定位置を180°分修正する。

図5-20に実験機Ⅱで行った初期位置推定の結果を示す。位置推定誤差が250°程度の状態で高周波印加方式による位置推定を行った結果、推定d軸はS極に収束している（$\Delta\theta = 180°$）。その後、図5-19に示した極性判別を行い、最終的に $\Delta\theta = 0°$ となり初期位置推定を完了している。

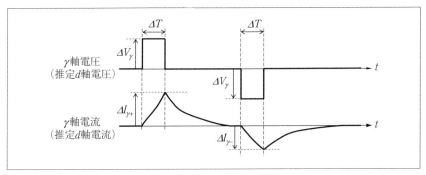

〔図5-19〕極性判別方法

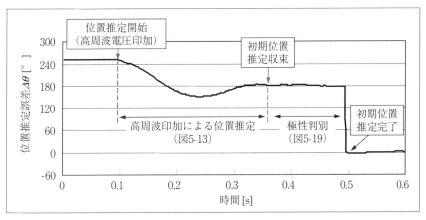

〔図5-20〕初期位置推定特性（実験機Ⅱ）

5－5 高周波印加方式と拡張誘起電圧推定方式による全速度域センサレス制御

　全速度域でセンサレス制御を実現するためには、複数の位置・速度推定方式を組合せ、速度に応じて切り換えるのが一般的である。本節では、電源投入時に突極性を利用した高周波印加方式および磁気飽和を利用した極性判別によってで初期位置（推定 d 軸）を推定したあと、始動、低速域では高周波印加方式を、中高速域では拡張誘起電圧推定方式を用いる全速度域でのセンサレス制御について説明する。両方式の切り換えは、適当な速度で両手法で推定した位置と速度を切り換える、または適当な速度範囲において両手法の推定結果に速度に応じた重み付けをするなどの方法を用いる。

　重み関数を用いて2つの位置誤差推定方式を切り換える全速度域でセンサレス制御システムの構成例を図5-21に示す。推定 d-q 座標系における高周波印加方式で推定した推定位置誤差 $\Delta\hat{\theta}_{HF}$ と推定 d-q 座標系の拡張誘起電圧モデルに基づく推定方式で推定した推定位置誤差 $\Delta\hat{\theta}_{EEMF}$ を

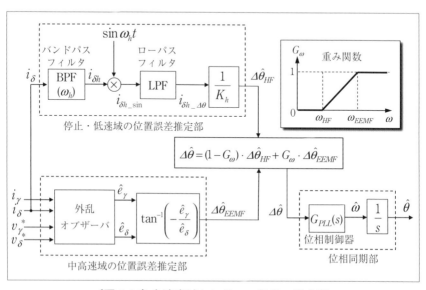

〔図5-21〕全速度域センサレス制御の構成例

速度に応じた重み関数 G_ω（同図では一次関数）を用いて推定位置誤差 $\Delta\hat{\theta}$ を得る。$\Delta\hat{\theta}$ が 0 になるように位相同期ループ（PLL）系を構成して推定速度 $\hat{\omega}$ と推定位置 $\hat{\theta}$ を得る。同図では $0 \leqq \omega < \omega_{HF}$ の速度範囲で式 (5-28) の高周波電圧を印加する高周波電圧印加方式で得た推定位置誤差 $\Delta\hat{\theta}_{HF}$ を用い、$\omega_{EEMF} \leqq \omega$ の速度範囲では拡張誘起電圧推定方式で得た推定位置誤差 $\Delta\hat{\theta}_{EEMF}$ を用いて位置・速度推定を行う。$\omega_{HF} \leqq \omega < \omega_{EEMF}$ の範囲では、両方の推定方式で得た推定位置誤差を用いている。なお、高周波電圧印加方式は ω_{EEMF} よりも少し高速域まで、拡張誘起電圧推定方式は ω_{HF} よりも少し低速域まで動作させる。

　図 5-22 に図 5-21 のセンサレス制御システムで IPM_D1 について行ったシミュレーション結果を示す。停止時から 1000min^{-1} までの速度ステップ応答特性であり、始動・低速域では高周波印加方式で、中高速域では拡張誘起電圧推定方式を用いて制御している。加速中は推定誤差が生じており、特に加速初期の位置推定誤差の影響でトルクが低下し、加速特性が若干悪化しているが、速度制御は実現できている。図 5-23 は図 5-22 で 2 つの位置誤差推定方式を切り換える付近の特性である。高周波印加方式は、0 ～ 650min^{-1} で動作し、拡張誘起電圧推定方式は 350min^{-1} 以上で動作している。400min^{-1} ～ 600min^{-1} の範囲で図 5-21 に示した重み関数 G_ω（一次関数）により推定位置誤差 $\Delta\hat{\theta}$ を得ている。両位置誤差推定方式の切り換えが滑らかに行われていることが確認できる。

　図 5-24 に実験機 II で行った全速度域センサレス制御の速度ステップ応答特性を示す。停止・低速域は高周波印加方式で、中・高速域は拡張誘起電圧推定方式を用いており、両方式は 500min^{-1} で重み付けをせずに切り換えている。両方式の切り換え時に、位置推定誤差および速度推定誤差に大きな変化が確認でき、また始動時に大きな位置推定誤差、速度推定誤差が生じているが、安定な制御が行われている。また、電流ベクトル制御は、基底速度の 2000min^{-1} までは MTPA 制御を、それ以上の速度では弱め磁束制御を適用しており、速度に応じて γ, δ 軸電流が適切に制御されていることが分かる。位置誤差推定方式を切り換える場合

⊗ 5. センサレス制御

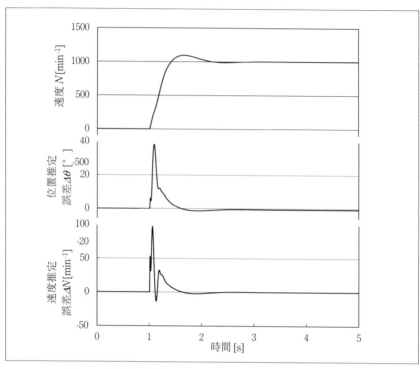

〔図 5-22〕全速度域センサレス制御の応答特性（IPM_D1）

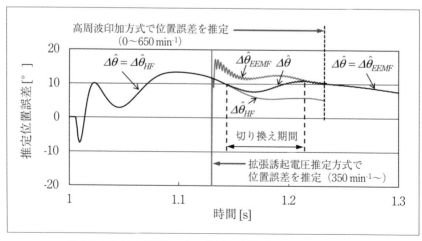

〔図 5-23〕重み関数による位置誤差推定方式の切り換え

は、切り換え時の各方式での推定値が異なるため、滑らかな切り換えを行うには重み関数を用いるのが有効であるといえる。

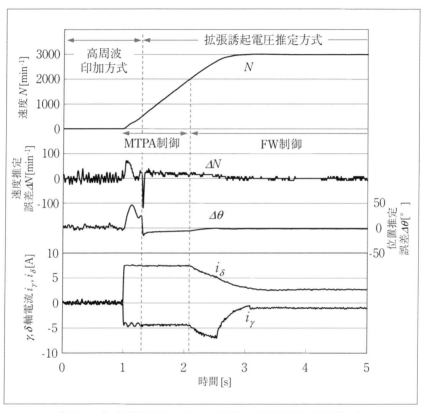

〔図5-24〕全速度域センサレス制御の応答特性（実験機Ⅱ）

直接トルク制御

６－１　はじめに

　直接トルク制御（DTC: Direct Torque Control）は誘導モータの制御のために提案された方式であるが、モータの種類を問わず適用できるため、交流モータ駆動のために利用されている。永久磁石同期モータのDTCによる駆動に関する研究も数多く行われており、様々な手法が報告されている。特徴を挙げると、(1) 静止座標系である α, β 軸上で電機子鎖交磁束を推定し制御を行うため、磁極位置の情報を必要とせず、位置センサの設置は不要である。(2) 電機子鎖交磁束の推定には、インダクタンスなどのモータパラメータは必要なく、容易に測定できる電機子抵抗の値と電機子鎖交磁束の初期値が既知であれば良い。(3) DTC は電流を介さずに制御できるため、電流制御方式でトルク制御を実現する場合に必要となるトルクと電流との変換は不要である。一般に、トルクと電流の関係は非線形である。DTC では電機子鎖交磁束の推定値と電流を用いてトルク推定を行うため、モータパラメータは不要である。

　本章では、DTC を用いた同期モータ駆動システムについて、原理と基本特性を示した後、広範囲可変速運転のための指令値計算法と DTC の構成について説明する。

⊗6. 直接トルク制御

6−2 トルクと磁束を制御する原理

DTCの一般的な構成を図6-1に示す。トルクと電機子鎖交磁束の組み合わせによってモータを所望の運転状態に制御するため、指令磁束 Ψ_o^* と指令トルク T^* が制御器へ与えられる。制御器の詳細は6-5節にて後述する。

6−2−1 トルク制御

同期モータにおいて、電機子鎖交磁束 Ψ_o が一定であればトルクはトルク角（負荷角）δ_o によって決まるため、d軸に対する電機子鎖交磁束ベクトル ψ_o の位置を制御することによりトルク制御を実現できる。したがって、その位置の変化に注目してトルク制御法を説明する。

まず、電気角速度 ω とトルク T が一定となる定速定トルク運転時を想定し、制御一周期に限定したベクトル図の一例を図6-2（a）に示す。3-4-3節で説明の通り、電機子鎖交磁束ベクトル ψ_o の方向がM軸である。ここでは、電機子鎖交磁束の指令値 Ψ_o^* は一定値で変化しないと仮定する。現在のd軸（1）とM軸（1）の成す角であるトルク角 δ_o で運転中であるとする。なお、M軸がd軸と一致する（$\delta_o=0$）場合にはトルクが $0(T=0)$ である。

DTCでは、トルクと磁束の指令値に応じたモータ印加電圧を決めるために電機子鎖交磁束ベクトルの指令値を求める必要があり、次の制御

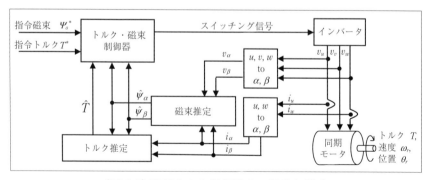

〔図6-1〕直接トルク制御器の一般的な構成

− 180 −

周期における電機子鎖交磁束ベクトルを指令ベクトル ψ_o^* とする。制御周期 T_s が経過した後のベクトル図は図 6-2 (a) の d 軸 (2) と M 軸 (2) のようになる。一定の電気角速度であることから、制御周期 T_s の間に角度 ωT_s だけ d 軸が回転する。トルクが一定であるという条件より、トルク角 δ_o は変化しない。したがって、現在の電機子鎖交磁束ベクトル ψ_o から、指令ベクトル ψ_o^* への位置（角度）変化 $\Delta\theta_o^*$ は、式 (6-1) のように表すことができる。

$$\Delta\theta_o^* = \omega T_s \quad\cdots\cdots\cdots\cdots\cdots\cdots\cdots\cdots\cdots\cdots\cdots\cdots (6\text{-}1)$$

トルク制御器として考えると図 6-2 (b) のようになる。指令値 T^* と推定値 $\hat{T}$ は等しく、トルク誤差は 0、すなわち $\Delta T = 0$ である。よって、電気角速度による制御一周期の角度変化 ωT_s のみから、定常運転時の

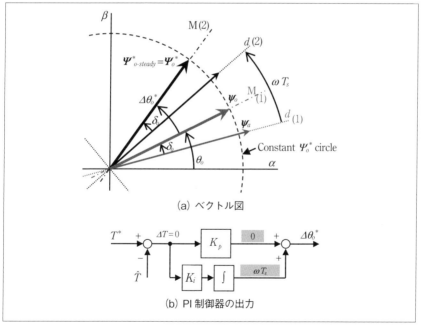

(a) ベクトル図

(b) PI 制御器の出力

〔図 6-2〕定速定トルク運転時におけるベクトル図と電機子鎖交磁束ベクトルの角度変化量

⊗6. 直接トルク制御

ベクトル回転量 $\Delta\theta_o^*$ を得ることができる。

異なる視点として、d 軸と M 軸の速度差に注目し、電機子鎖交磁束ベクトルの回転角速度が ω_o であるとする。速度が一致 ($\omega_o = \omega$) し、相対速度が 0 であればトルク角は変化しないことから、トルクは変化しないことが説明できる。

次に、トルクを増加させる場合について説明する。電気角速度はトルク変化の影響を受けず一定であるとする。この場合におけるベクトル図を図 6-3 (a) に示す。d 軸 (1) と M 軸 (1) の位置関係は図 6-2 (a) と同様であり、1 回の制御周期における d 軸の回転量も ωT_s である。定常運転時の図 6-2 (a) から異なる点は、トルク増加のためトルク角を $\Delta\delta_o$ だけ増加させることである。このため、ベクトル回転量 $\Delta\theta_o^*$ は式 (6-2) で表される。

$$\Delta\theta_o^* = \omega T_s + \Delta\delta_o \quad \cdots\cdots\cdots\cdots\cdots\cdots\cdots\cdots\cdots\cdots\cdots\cdots\cdots (6\text{-}2)$$

図 6-3 (b) に示すように、回転子の位置変化量は定常的な成分である ωT_s に加えて、トルク角の変化に必要な角度変化 $\Delta\delta_o$ から与えられる。なお、トルク誤差が $\Delta T > 0$ の関係であることから、ΔT の定数倍で $\Delta\delta_o$ を決めることができる。回転角速度に注目すると、$\omega_o > \omega$ であればトルク角が増加することから、電機子鎖交磁束ベクトルの回転角速度 ω_o を増減させることでも、トルク制御が可能である。

DTC において、トルク角 δ_o とトルク T の関係が重要であるため、トルク式を導出しておく。d-q 座標系での電機子鎖交磁束を表す式 (3-27) に対して式 (3-10) の座標変換 ($\theta_\gamma = \delta_o$ とする) を用いると、M-T 座標系での電機子鎖交磁束は次式で与えられる。

$$\begin{bmatrix} \psi_M \\ \psi_T \end{bmatrix} = \begin{bmatrix} L_0 + L_1 \cos 2\delta_o & -L_1 \sin 2\delta_o \\ -L_1 \sin 2\delta_o & L_0 - L_1 \cos 2\delta_o \end{bmatrix} \begin{bmatrix} i_M \\ i_T \end{bmatrix} + \Psi_a \begin{bmatrix} \cos \delta_o \\ -\sin \delta_o \end{bmatrix} \quad (6\text{-}3)$$

M-T 座標系において、$\psi_M = \Psi_o$, $\psi_T = 0$ であることを利用して、式 (6-3) を i_T について解き、次式を得る。

$$i_T = \frac{1}{2L_d L_q}\{2\Psi_a L_q \sin\delta_o - \Psi_o(L_q - L_d)\sin 2\delta_o\} \quad\cdots\cdots\cdots\cdots\cdots (6\text{-}4)$$

式 (3-36) に式 (6-4) を代入すると、トルク角の関数としてのトルク式が次式で得られる。

$$T = \frac{P_n \Psi_o}{2L_d L_q}\{2\Psi_a L_q \sin\delta_o - \Psi_o(L_q - L_d)\sin 2\delta_o\} \quad\cdots\cdots\cdots (6\text{-}5)$$

6-2-2 磁束制御

電機子鎖交磁束は誘起電圧の時間積分で決まることから、磁束と電圧の関係は次式のように関係づけられる。

$$\boldsymbol{\psi}_o = \int \boldsymbol{v}_o dt + \boldsymbol{\psi}_a = \int (\boldsymbol{v}_a - R_a \boldsymbol{i}_a)\, dt + \boldsymbol{\psi}_a \quad\cdots\cdots\cdots\cdots\cdots (6\text{-}6)$$

$$\boldsymbol{v}_o = \frac{d\boldsymbol{\psi}_o}{dt} \quad\cdots\cdots\cdots\cdots\cdots\cdots\cdots\cdots\cdots\cdots\cdots\cdots\cdots\cdots\cdots\cdots (6\text{-}7)$$

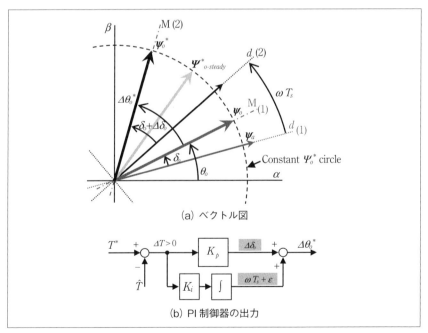

〔図 6-3〕トルク増加時におけるベクトル図と電機子鎖交磁束ベクトルの角度変化量

⊗6. 直接トルク制御

式 (6-6) より、電圧の大きさと印加時間で磁束の大きさを制御でき、電圧ベクトルの方向で磁束の方向を制御できる。式 (6-7) より、電機子鎖交磁束の変化量で誘起電圧が決まることが分かる。

一制御周期の離散時間におけるベクトル図として、電機子鎖交磁束ベクトルと誘起電圧ベクトルの関係を図 6-4 に示す。印加される電圧ベクトル $v_o[k+1]$ と制御周期 T_s の積により、電機子鎖交磁束ベクトル $\psi_o[k]$ から $\psi_o[k+1]$ への変化が生じる。

6−2−3　制御できる条件

DTC では、モータの特性としてトルク角 δ_o に対してトルク T が単調増加であることを前提としている。この条件を満たさない場合にはトルク制御が正しく行われない。トルク式 (6-5) は Ψ_o, $\sin\delta_o$, $\sin 2\delta_o$ の関数であることから、電機子鎖交磁束 Ψ_o とトルク角 δ_o のとる値によっては上記条件を満たさない。したがって、本項では DTC を安定に動作させるための条件について、SPMSM、IPMSM と SynRM の場合に分けて説明する。

(1) SPMSM

$L_d = L_q$ であることから、式 (6-5) の第 2 項が消去され、トルクが式 (6-8) で表される。

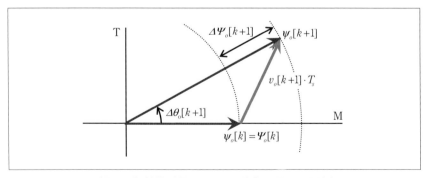

〔図 6-4〕離散時間における磁束と電圧の関係

− 184 −

$$T = \frac{P_n \Psi_a}{2L_q} \Psi_o \sin \delta_o \quad \cdots\cdots\cdots\cdots\cdots\cdots\cdots\cdots\cdots\cdots\cdots\cdots\cdots \quad (6\text{-}8)$$

式 (6-8) において Ψ_o を定数と仮定すると、トルク角に関するトルクの微分係数が次式で与えられる。

$$\frac{dT}{d\delta} = \frac{P_n \Psi_a}{2L_q} \Psi_o \cos \delta_o \quad \cdots\cdots\cdots\cdots\cdots\cdots\cdots\cdots\cdots\cdots \quad (6\text{-}9)$$

したがって、トルク角 δ_o が $-90 \sim 90°$ の範囲において、トルク曲線の勾配は正であり、トルク T は単調増加することが分かる。

以上より、SPMSM の場合には以下の条件を満たす必要がある。

- トルク角は、$-90 \sim 90°$ の範囲とする。

- トルク条件式（最大トルク）： $|T| \leq \dfrac{P_n \Psi_a}{2L_q} \Psi_o$

(2) IPMSM

リラクタンストルクが利用できる IPMSM の場合には、d, q 軸インダクタンスは $L_q > L_d$ である。式 (6-5) の第 2 項はインダクタンス差によって生じるトルク成分であり、$0 < \delta_o \leq 90°$ の範囲で第 1 項の磁石磁束によって生じるトルク成分に対して負のトルクを発生させることが分かる。図 6-5 は IPM_D1 におけるトルクートルク角曲線であり、電機子鎖交磁束 Ψ_o を $0.5\Psi_a, \Psi_a, 2\Psi_a, 3\Psi_a$ と変化させた場合のトルク曲線を示す。この図において、$\delta_o = 0$ 付近に注目する。$\Psi_o = 3\Psi_a$ の場合には、δ_o の増加に対してトルクが減少している。このような場合は DTC で制御できない。したがって、所望の運転状態で $dT/d\delta_o$ が正になるように、電機子鎖交磁束を与える必要がある。

式 (6-5) において、Ψ_o がトルク角 δ_o によって変化しないと仮定し、δ_o で微分すると、式 (6-10) が得られる。

$$\frac{dT}{d\delta_o} = \frac{P_n \Psi_o}{L_d L_q} \{\Psi_a L_q \cos \delta_o - \Psi_o (L_q - L_d) \cos 2\delta_o \} \quad \cdots\cdots\cdots\cdots \quad (6\text{-}10)$$

図 6-5 より、IPMSM の場合には $\delta_o = 0$ 近傍で正の微分係数が求められ、

⊗6. 直接トルク制御

$$\left.\frac{dT}{d\delta_o}\right|_{\delta_o=0} > 0 \quad \cdots\cdots\cdots (6\text{-}11)$$

が必要条件である。式 (6-10)、(6-11) より、式 (6-12) を得る。

$$\Psi_a L_q - \Psi_o (L_q - L_d) > 0 \quad \cdots\cdots\cdots (6\text{-}12)$$

$L_q > L_d$ であることに注意して式を整理すると、電機子鎖交磁束 Ψ_o に関する条件式 (6-13) が得られる。

$$\Psi_o < \Psi_{oc} \quad \text{ただし} \quad \Psi_{oc} = \frac{L_q}{L_q - L_d}\Psi_a \quad \cdots\cdots\cdots (6\text{-}13)$$

式 (6-13) を満足できれば、$\delta_o=0$ 付近では δ_o に対してトルク T が単調増加になり、DTC で制御が可能である。なお、Ψ_{oc} は $\delta_o=0$ におけるトルク勾配が 0 となる電機子鎖交磁束であり、6-3 節で詳しく説明する。

次に、トルク角の範囲について説明する。トルク角に関するトルク曲線において、トルクが最大となる点のトルク角を δ_{om} とする。図6-5では、電機子鎖交磁束 Ψ_o が $0.5\Psi_a, \Psi_a, 2\Psi_a, 3\Psi_a$ の場合で、それぞれ $\delta_{om1}, \delta_{om2},$

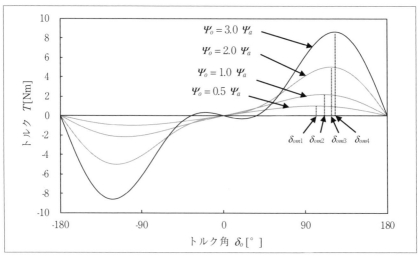

〔図 6-5〕電機子鎖交磁束を変化させた場合のトルク-トルク角曲線 (IPM_D1)

− 186 −

δ_{om3}, δ_{om4} である。電機子鎖交磁束 Ψ_o が増加すると、δ_{om} も大きくなることが分かる。また、トルク角が δ_{om} を超えると、トルクの勾配が負になる。したがって、制御可能な限界点である最大トルク角 δ_{om} を知る必要がある。ここでは、式 (6-13) を満たすことを前提とし、$90° < \delta_o < 180°$ の範囲におけるトルク T の極大点を求める。

式 (6-10) において

$$\left.\frac{dT}{d\delta_o}\right|_{\delta_o=\delta_{om}} = 0$$

とし、$\cos\delta_{om}$ について整理して次式を得る。

$$2\cos^2\delta_{om} - \frac{\Psi_{oc}}{\Psi_o}\cos\delta_{om} - 1 = 0 \quad \cdots\cdots (6\text{-}14)$$

$90° < \delta_{om} < 180°$ すなわち $-1 < \cos\delta_{om} < 0$ より、式 (6-14) の解は、

$$\cos\delta_{om} = \frac{\Psi_{oc} - \sqrt{\Psi_{oc}^2 + 8\Psi_o^2}}{4\Psi_o} \quad \cdots\cdots (6\text{-}15)$$

となり、最大トルク角 δ_{om} は式 (6-16) で表される。

$$\delta_{om} = \cos^{-1}\left(\frac{\Psi_{oc} - \sqrt{\Psi_{oc}^2 + 8\Psi_o^2}}{4\Psi_o}\right) \quad \cdots\cdots (6\text{-}16)$$

トルク角が δ_{om} を越えなければ、$dT/d\delta_o > 0$ を満足する。

以上より、IPMSM の場合には以下の条件を満たす必要がある。
- 電機子鎖交磁束 Ψ_o は、式 (6-13) を満たすように制御する。
- トルク角 δ_o が、式 (6-16) で示される最大トルク角 δ_{om} を越えない。

(3) SynRM

$\Psi_a = 0$ であることから、式 (6-5) よりトルク式は次式で与えられる。

$$T = P_n \frac{L_d - L_q}{2L_d L_q}\Psi_o^2 \sin 2\delta_o \quad \cdots\cdots (6\text{-}17)$$

式 (6-17) において、Ψ_o を定数と仮定すると、トルク角に対するトルクの微分係数が次式で与えられる。

※6. 直接トルク制御

$$\frac{dT}{d\delta_o} = P_n \frac{L_d - L_q}{L_d L_q} \Psi_o^2 \cos 2\delta_o \quad \cdots\cdots\cdots\cdots\cdots\cdots\cdots\cdots\cdots\cdots \text{(6-18)}$$

ここで、式 (6-18) を用いて DTC で制御できる条件 ($dT/d\delta_o > 0$) について考えると、次に示す2通りの条件が得られる。

$L_d - L_q > 0$ すなわち $L_d > L_q$ の場合：

　$\cos 2\delta_o > 0$ より、$-45° < \delta_o < 45°$ もしくは $135° < \delta_o < 225°$

$L_d - L_q < 0$ すなわち $L_q > L_d$ の場合：

　$\cos 2\delta_o < 0$ より、$45° < \delta_o < 135°$ もしくは $225° < \delta_o < 315° (= -45°)$

前者は3-4-1項の表3-1と表3-2で説明のあったSynRM基準のd, q軸定義におけるd, q軸インダクタンスの関係と一致する。これは、M軸が電機子鎖交磁束ベクトルの方向で定義されるため、磁気抵抗が小さく磁束が通りやすい方向にM軸が指向することに対応する。また、$-45° < \delta_o < 45°$と$135° < \delta_o < 225°$の2つの範囲が与えられる。これは、電気角一周期（$\theta = 0 \sim 360°$）でN極とS極の区別がある永久磁石による電機子鎖交磁束とは異なり、インダクタンスによって生じる電機子鎖交磁束は180°周期で現れるためである。

後者は3-4-1項におけるPMSM基準のd, q軸インダクタンスの関係と一致する。この場合、トルク角$\delta_o = 90°$で$T = 0$となり、$45° < \delta_o < 135°$の範囲でトルク制御が行われる。言い換えると、$T = 0$でq軸とM軸が一致している状態である。$L_q > L_d$でありq軸方向の磁束が支配的（主磁束）であることからM軸が自動的に決まった結果である。図6-2と図6-3の説明ではPMSMであったためd軸（永久磁石のN極方向）を基準にして説明したが、SynRMでq軸（インダクタンスが大きい方向）を基準に考えても、M-T座標系の定義には矛盾しない。

なお、6-5-1項で後述するようにDTCでは電機子鎖交磁束を電圧の時間積分で得ることが多く、d, q軸とは独立してM, T軸が決まることからトルク角δ_oを制御で直接用いることはない。したがって、制御ではd軸とq軸のどちらを基準にM軸が決まっているかについて意識する必要は無い。

以上より、SynRMの場合には以下の条件が与えられる。

- 188 -

- トルク角は $\cos 2\delta_o > 0$ ($L_d > L_q$ の場合) もしくは $\cos 2\delta_o < 0$ ($L_q > L_d$ の場合) を満たす範囲とする。
- トルク条件式 (最大トルク)： $|T| \leq P_n \dfrac{|L_d - L_q|}{2 L_d L_q} \Psi_o^2$

6－3 基本特性曲線

DTCで制御可能な条件（電機子鎖交磁束に関する式 (6-13)、最大トルク角に関する式 (6-16)）について説明するために、電機子鎖交磁束に対するトルク角の関係を図6-6に示す。まず、式 (6-16) より得られる最大トルク角曲線に注目する。最大トルク角を超えるとトルク勾配が負となるためDTCによるトルク制御が不可能となる。したがって、最大トルク角曲線より上の領域（領域X_1）は使用できない。さらに、電機子鎖交磁束に対する条件式 (6-13) より、電機子鎖交磁束がΨ_{oc}よりも大きい場合、トルク角が0となる付近でトルク勾配が負となる。

ここで、$\Psi_o > \Psi_{oc}$における、トルク角に対するトルク曲線を図6-7に示す。トルク勾配が負となる範囲に注目するために、トルク角が0〜90°の範囲での拡大図を示した。$\Psi_o = 1.1\Psi_{oc}$や$1.3\Psi_{oc}$の場合、$\delta_o = 0$付近でトルク勾配が負となっており、DTCによるトルク制御が不可能な状態である。加えて、トルク角が正にもかかわらずトルクが負となる。トルクが負となるトルク角の範囲は計算で求めることができる。トルク角で表されたトルク式 (6-5) より、$T<0$となる場合、

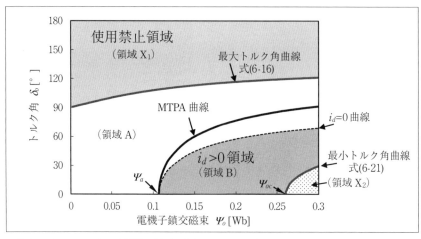

〔図6-6〕トルク角と電機子鎖交磁束との関係（IPM_D1, V_{om}=160V, I_{am}=13A）

$$2\Psi_a L_q \sin\delta_o - \Psi_o(L_q - L_d)\sin 2\delta_o < 0 \quad \cdots\cdots\cdots\cdots\cdots\cdots\cdots (6\text{-}19)$$

が成り立つ。式 (6-19) は式 (6-20) に変形できる。

$$\sin\delta_o\{\Psi_a L_q - \Psi_o(L_q - L_d)\cos\delta_o\} < 0 \quad \cdots\cdots\cdots\cdots\cdots (6\text{-}20)$$

$0 < \delta_o < 90°$ の範囲では $\sin\delta_o > 0$ であることから、$T < 0$ となる条件式 (6-21) を得る。

$$0 \leq \delta_o \leq \delta_{o\text{-}min}, \quad \delta_{o\text{-}min} = \cos^{-1}\left(\frac{\Psi_{oc}}{\Psi_o}\right) \quad \cdots\cdots\cdots\cdots (6\text{-}21)$$

したがって、$\Psi_o > \Psi_{oc}$ の場合には式 (6-21) で示されるトルク角の範囲では DTC によるトルク制御を行うことができない。この領域は、図 6-6 における領域 X_2 である。

一般に、IPMSM は d 軸電流が負となる領域で使用される。先ほど述べた領域 X_2 は d 軸電流が正となる領域（図 6-6 での領域 B）の一部である。したがって、負の d 軸電流となる電流ベクトル制御法を適用する場合には、領域 X_2 は使用されない。

電機子鎖交磁束に対するトルク角の特性を図 6-8 に示す。電流制限を

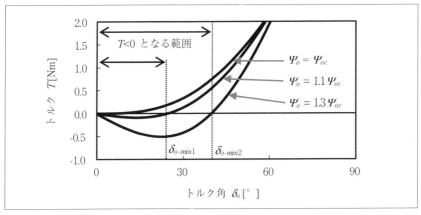

〔図 6-7〕電機子鎖交磁束が大きい場合のトルクートルク角曲線（IPM_D1）

⊗6. 直接トルク制御

適用する場合、図6-6で説明したDTCで制御可能な領域（領域A）の一部が運転可能領域となる。図6-8には、電流一定（$I_a = I_{am}$）曲線が追加され、その曲線よりも小さいトルク角であれば電流制限を満足する。MTPA制御ではMTPA曲線上で運転が行われ、$\Psi_o = \Psi_a$となる$\delta_o = 0$の点でトルクが0であり、電機子鎖交磁束の増加にしたがってトルク角も増加し、トルクが増加する。電流一定（$I_a = I_{am}$）曲線とMTPA曲線の交点Aが電流制限値を満足する最大トルク点である。なお、図6-8に示した運転点A, Dは第4章に示された図（例えば図4-19）とも対応する。よって、電流制限が存在し、MTPA制御を行う場合には、塗りつぶされた領域（領域C）で運転が行われる。

電流制限に加えて電圧制限が存在する場合、運転可能な領域が領域Cよりさらに小さくなる。基底速度である$N_{base} = 3505 \text{min}^{-1}$では、運転点Aで誘起電圧が160Vの制限値となる。同一速度であれば、電機子鎖交磁束が小さくなるほど誘起電圧は小さくなる。したがって、図6-8に示

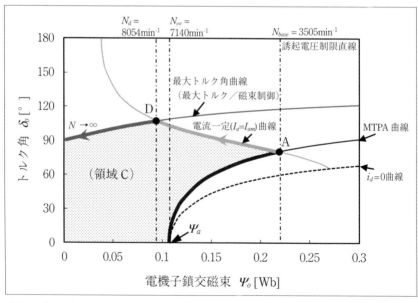

〔図6-8〕電機子鎖交磁束に対するトルク角の特性（IPM_D1, V_{om}=160V, I_{am}=13A）

した誘起電圧制限直線（一点鎖線）の左側であれば、電圧制限値以下で運転される。$N_{base}=3505\text{min}^{-1}$ の誘起電圧制限直線の左側には領域Cの全てが存在しており、MTPA曲線上の動作点で運転が可能である。速度が上昇し $N_{ov}=7140\text{min}^{-1}$ の場合には、誘起電圧制限直線の左側にはMTPA曲線が存在しないため、MTPA制御は適用できない。この場合、弱め磁束制御を適用すべきである。

最大出力運転を行う場合における運転点の移動を図6-8で説明する。定トルク運転が行われるモードⅠでの運転点は、MTPA曲線と電流一定（$I_a=I_{am}$）曲線との交点である点Aとなる。点Aには誘起電圧制限（$V_o=V_{om}$）直線が通っており、基底速度の 3505min^{-1} 以下では点Aでの運転が可能である。基底速度以上になる運転領域（モードⅡ）では、電流一定（$I_a=I_{am}$）曲線上を点Aから点Dまで移動する。点Dは電流一定（$I_a=I_{am}$）曲線と最大トルク角曲線の交点である。

速度が N_d 以上となる運転点D以降の領域（モードⅢ）では、電流一定（$I_a=I_{am}$）曲線上を移動すると最大トルク角の制限を超えるため、DTCによる制御ができない。したがって、最大トルク角曲線上を移動し、最大トルク／磁束制御が適用される。モードⅢでは理論上の速度限界は存在せず、速度の上昇に従いトルク角が90°に近づく。

図6-9に電機子鎖交磁束に対するトルク特性を示す。図6-9に示した動作点と領域は図6-8と対応する。図6-9より、領域Cにおける最大トルク点は運転点Aであり、トルク3.55Nmである。図6-8の場合と同様に、モードⅠでは運転点Aに留まる。モードⅡになると電圧制限のため、速度上昇にしたがって電流一定（$I_a=I_{am}$）曲線上を左方向へ移動し、トルクは減少する。更なる速度上昇の結果、運転点Dで制御法が切り替わり、最大トルク角曲線上を移動するため、理論的には $T=0$ まで運転が可能である。速度 N_d を超えると、電流一定（$I_a=I_{am}$）曲線は最大トルク角の制限を満たさないため、DTCによる制御が不可能である。図6-9には点Dより電機子鎖交磁束が小さい場合において電流一定（$I_a=I_{am}$）曲線が描かれていない。

図6-10は、電機子鎖交磁束ベクトルの d, q 軸成分の軌跡である。基

⊗ 6. 直接トルク制御

底速度 N_{base} 以下の速度では点 A での運転が行われる。速度の上昇に従って、誘起電圧制限円の半径が次第に小さくなるため、電機子鎖交磁束ベクトルの d, q 軸成分が共に 0 へ近づく。ところで、電流一定 $(I_a = I_{am})$ 曲線の一部と最大トルク角曲線には電機子鎖交磁束ベクトルの d 軸成分が負となる場合が存在している。この状態では永久磁石による電機子鎖交磁束が完全に打ち消された状態であり、実際のモータ駆動システムでは永久磁石に不可逆減磁が生じ、永久磁石による電機子鎖交磁束が減少する恐れがある。そのため、これまで説明を行った運転可能範囲（領域 C）で必ずしも運転が可能ということはなく、永久磁石の特性なども考慮に入れる必要がある。

d, q 軸電流の軌跡を図 6-11 に示す。図 4-19 と同様の図であるが DTC で運転可否となる領域を説明するため再度示した。d, q 軸電流においても、運転可能範囲（領域 C）の存在が確認できる。電流ベクトル制御であれば、電流一定 $(I_a = I_{am})$ 円上とその円内であれば運転が可能とされ

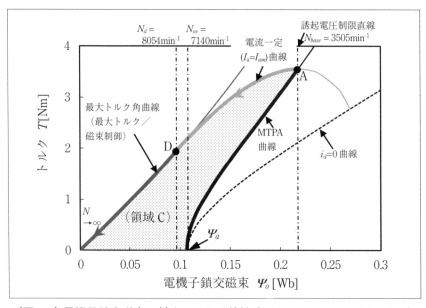

〔図 6-9〕電機子鎖交磁束に対するトルク特性（IPM_D1, V_{om}=160V, I_{am}=13A）

ているが、DTC の場合には最大トルク角制限が存在するため運転できない領域（領域 X_3）が存在する。

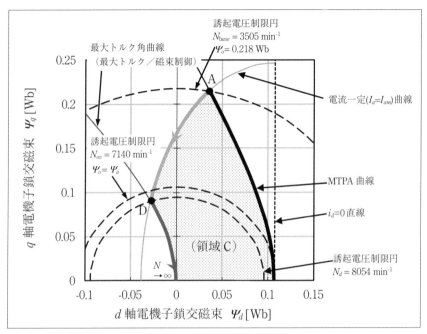

〔図6-10〕電機子鎖交磁束ベクトルの d, q 軸成分の軌跡
（IPM_D1, V_{om}=160V, I_{am}=13A）

⊗6. 直接トルク制御

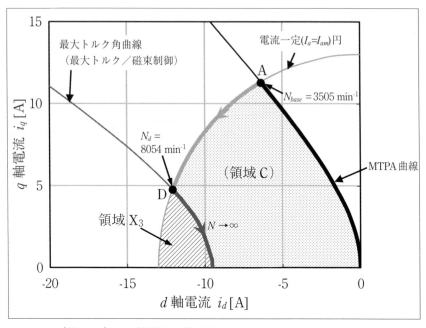

〔図 6-11〕d, q 軸電流の軌跡（IPM_D1, V_{om}=160V, I_{am}=13A）

6-4 トルクと磁束の指令値

広範囲可変速運転のため、トルクと磁束の指令値を運転状態に応じて適切に与える必要がある。図6-12に指令値計算器のブロック図を示す。運転状態によって適用される式は異なるがリミッタとして構成されるため、切替の速度・トルク条件を予め決めておく必要は無い。次の項より制御ごとに適用される式について説明する。

6-4-1 最大トルク／電流制御
(1) 参照テーブルを用いる方法

d-q座標系での関係式（式(4-3)、(4-10)、(4-18)）を用いて、電機子鎖交磁束とトルクの関係を得る。解析的な式導出は困難であることから、参照テーブルとして用意し、トルクの値から電機子鎖交磁束の値を得る。

参照テーブルを用いることから、実測によりトルクと電機子鎖交磁束の関係を得て制御に用いることもできる。

(2) M-T座標上での数式モデルを用いる方法

任意の関数gを用いて電機子鎖交磁束とT軸電流が

$$\Psi_o = g(i_T) \cdot i_T + \Psi_a \quad \cdots\cdots\cdots\cdots\cdots\cdots\cdots\cdots\cdots\cdots (6\text{-}22)$$

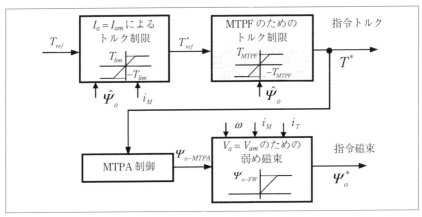

〔図6-12〕指令値計算

の関係となるようモデル化されたM-T座標上でのMTPA数式モデルを適用することができる[8]。一例を次式に示す。

$$\Psi_o = \frac{2}{\pi}(L_T - b_T i_T)i_T \tan^{-1}\left(\frac{L_k}{\Psi_a}i_T\right) + \Psi_a \quad \cdots\cdots\cdots\cdots (6\text{-}23)$$

ただし、L_T, L_k はインダクタンスに相当する定数であり、b_T は磁気飽和による電機子鎖交磁束を表す定数である。

式 (6-23) を用いる場合も、トルクから電機子鎖交磁束の値を直接求めることが困難であるため、図6-13に示すように式 (3-36) のトルク式も用いて間接的に値を求める。

(3) SynRM で d-q 座標系の関係式を用いる方法

SynRMでは、磁気飽和を無視しインダクタンスを定数として取り扱った場合に式 (4-3)、(4-10) を用いて、トルクや磁束の指令値を簡潔な式で得ることができる。

MTPA制御では磁気飽和による影響を無視した $i_d = i_q$ の関係を用いて導出した次式より、電機子鎖交磁束の指令値を求めることができる[9]。

$$\Psi_{o-MTPA} = \sqrt{L_{T-MTPA}\frac{T^*}{P_n}}, \quad L_{T-MTPA} = \frac{L_d^2 + L_q^2}{L_d - L_q} \quad \cdots\cdots\cdots (6\text{-}24)$$

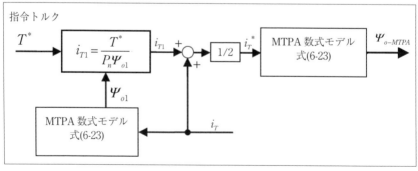

〔図6-13〕M-T座標上での数式モデルを用いたMTPA制御

6－4－2　弱め磁束制御

電圧制限式 $V_a = \sqrt{v_M^2 + v_T^2} \leq V_{am}$ に M-T 座標系の電圧方程式 (3-35) を代入し、電機子鎖交磁束について解くことで、弱め磁束制御のための指令磁束を次式で得ることができる。

$$\Psi_{o-FW} = \frac{1}{\omega}\left\{-R_a i_T + \sqrt{V_{am}^2 - (R_a i_M)^2}\right\} \quad \cdots\cdots\cdots (6\text{-}25)$$

この式はモータの種類を問わず適用できる。

6－4－3　電流制限のためのトルク制限

電流制限式 $I_a = \sqrt{i_M^2 + i_T^2} \leq I_{am}$ について解き、トルク式 (3-36) に代入することで、$I_a = I_{am}$ のための制限トルクを次式で求めることができる。

$$T_{lim} = P_n \hat{\Psi}_o \sqrt{I_{am}^2 - i_M^2} \quad \cdots\cdots\cdots\cdots\cdots\cdots\cdots (6\text{-}26)$$

ただし、$\hat{\Psi}_o$ は電機子鎖交磁束の推定値である。

6－4－4　最大トルク／磁束制御

6-3 節で説明したように DTC では最大トルク角の条件が MTPF 制御に対応する。しかし、トルク角を直接制御することは困難であるため、トルク制限を与えることにより間接的に MTPF 制御を実現する。

(1) IPMSM の場合

式 (6-5)、(6-16) を用いることにより、MTPF 制御のための制限トルクを次式で得る。

$$T_{MTPF} = k\frac{P_n \hat{\Psi}_o}{2L_d L_q}\left\{2\Psi_a L_q \sin\delta_{om} - \hat{\Psi}_o (L_q - L_d)\sin 2\delta_{om}\right\} \quad \cdots\cdots (6\text{-}27)$$

ただし、k は定数 (0<k<1) である。

理論的には $k=1$ が望ましいが、図 6-5 に示したように $\delta_o = \delta_{om}$ はトルク曲線の頂点であり不安定化しやすい。$k<1$ とし、最大値よりも少し小さい値を与えることにより安定平衡点で運転させる。

(2) SynRM の場合

MTPF 制御では、$L_d i_d = L_q i_q$ すなわちトルク角 $\delta_o = 45°$ の条件を式 (6-17)

※6. 直接トルク制御

に与えて得られる次式より、トルク制限値を求める。

$$T_{MTPF} = \frac{P_n}{L_{T-MTPF}}\hat{\Psi}_o^2, \quad L_{T-MTPF} = \frac{2L_d L_q}{L_d - L_q} \quad \cdots\cdots\cdots\cdots\cdots\cdots (6\text{-}28)$$

6−5 DTC の構成

　基本的な DTC では、ヒステリシスコンパレータによって得られたトルク誤差と磁束誤差をスイッチングテーブルに与えることにより、インバータのスイッチング素子へ与えるゲート信号が決定される。この場合、非常にシンプルな構成でモータ駆動システムを構築できることが特徴である。しかし、大きさが一定である電圧ベクトルを用いてトルクと磁束の制御が行われるため、トルクリプルが生じやすい。また、スイッチング周波数も一定ではなく運転状態によって変化する。この問題を解決するために、コンパレータとスイッチングテーブルの代わりに、PI 制御器を用いることによりトルク誤差と磁束誤差に応じた制御を実現する方法がある。この方式では、指令電圧を作成でき、d, q 軸上の電流制御方式と同様に PWM 方式のインバータを使用することから、一定のスイッチング周波数となる。指令磁束ベクトル計算器（RFVC: Reference Flux Vector Calculator）によって作成された磁束ベクトルの指令値から電圧ベクトルの指令値を得る方式がある。

6−5−1 電機子鎖交磁束の推定

　ピックアップコイルを固定子に設置して電機子鎖交磁束の測定値を得ることはできるが、リアルタイムに制御で用いることは困難であるため、推定した電機子鎖交磁束を制御に用いることが多い。式 (6-6) より、静止座標系の α-β 座標では次式で電機子鎖交磁束を得る。

$$\hat{\psi}_\alpha = \int (v_\alpha - R_a i_\alpha) dt, \quad \hat{\psi}_\beta = \int (v_\beta - R_a i_\beta) dt \quad \cdots\cdots\cdots\cdots (6\text{-}29)$$

　式 (6-29) は一般式であり、PMSM の磁束推定に用いる場合には積分の初期値を与える必要がある。PMSM では永久磁石による電機子鎖交磁束が磁束の初期値となり、回転子位置を用いて α, β 軸成分を与える。

　なお、推定磁束の α, β 軸成分により位置情報を得ることも可能であるため、DTC だけでなく、位置や速度推定に用いられることもある。

　式 (6-29) は電圧を時間積分するため、抵抗値の誤差や電圧・電流にオフセットが生じている場合、推定磁束が発散する恐れがあり、純粋積

分（積分要素のみ）ではなく、1次遅れ要素で近似することがある。連続系での伝達関数を式(6-30)に示し、ブロック図を図 6-14 に示す。

$$y = \frac{1}{s+\omega_c}u \quad \cdots\cdots\cdots\cdots\cdots\cdots\cdots\cdots\cdots\cdots\cdots\cdots\cdots\cdots\cdots\cdots\cdots\cdots (6\text{-}30)$$

ただし、ω_c はカットオフ角周波数である。

　ω_c は 0 に近いほど純粋積分の特性に近づくが、オフセットによる磁束発散が生じやすいので、適切な値を設定する必要がある。ω_c=20rad/s とした場合の周波数特性を図 6-15 に示す。同図には純粋積分（ω_c=0）の特性も示した。高い周波数（高速回転）では近似の影響を無視できる

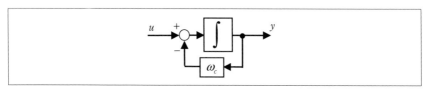

〔図 6-14〕一次遅れ要素

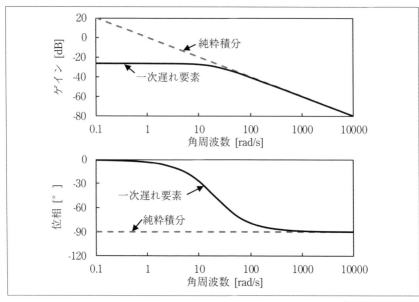

〔図 6-15〕一次遅れ要素の周波数特性（ω_c=20rad/s）

が、低い周波数では影響を無視できない。特に、位相変化の影響が大きいことから、電気角周波数と比べて十分に低いカットオフ角周波数（少なくとも1/10を目安に）を設定する。

なお、低速領域での磁束推定法として、回転子位置 θ に加えて L_d, L_q, Ψ_a といったモータパラメータを利用できる環境においては d-q 座標上での式 (3-27) を用いることが多い。電機子鎖交磁束の d, q 軸成分を座標変換して α, β 軸成分を得る。電機子電圧が十分な大きさになる回転速度で式 (6-29)、(6-30) による磁束推定に切り替える。式 (3-27) は回転速度に依存しない式であるため、全速度領域において式 (3-27) を用いた磁束推定で運転することもできる。

6－5－2　スイッチングテーブル方式

本項では、ヒステリシスコンパレータとスイッチングテーブルを用いた方式について説明する。6つの電圧ベクトルを用いて電機子鎖交磁束ベクトルを制御する。トルク指令値と推定値との比較にはヒステリシスコンパレータが用いられ、トルクを増加させるか、減少させるかの情報のみを制御に使用する。電機子鎖交磁束の制御も同様である。そのため、本方式は非常にシンプルな構成である。

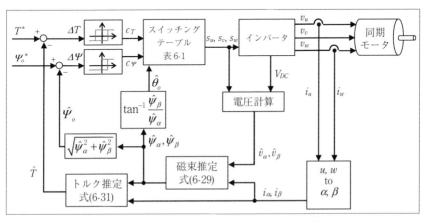

〔図6-16〕スイッチングテーブルを用いた構成

6. 直接トルク制御

ブロック図を図6-16に示す。α, β軸成分の電圧と電流値より、式(6-29)で電機子鎖交磁束ベクトルを推定する。トルク推定には次式を用いる。

$$\hat{T} = P_n(\hat{\psi}_\alpha i_\beta - \hat{\psi}_\beta i_\alpha) \quad \cdots\cdots\cdots\cdots\cdots\cdots\cdots\cdots\cdots\cdots\cdots\cdots (6\text{-}31)$$

三相インバータでは、半導体スイッチの状態によってモータへの印加電圧が決定される。ここで、三相インバータにより出力可能な電圧ベクトルを以下のように分類する。

(A) 線間電圧がゼロでない電圧ベクトル

　　$V_1(100), V_2(110), V_3(010), V_4(011), V_5(001), V_6(101)$

(B) 線間電圧が全てゼロとなる電圧ベクトル

　　$V_0(000), V_7(111)$

なお、括弧内の数字はそれぞれu, v, w相のスイッチング状態を示す。$V_1(100)$の場合では、u相スイッチの上側が導通状態となり、インバータに接続された直流電源の正側とモータのu相端子とが導通する。v, w相スイッチは下側が導通状態となり、直流電源の負側とv, w相端子が導通する。

スイッチングテーブルでは上記(A)のベクトルを使用することでトルクと磁束を制御できる。(B)のベクトルはリプル低減などの目的で使用される。

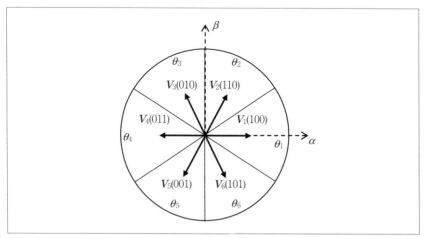

〔図6-17〕電機子鎖交磁束の領域と電圧ベクトルの定義

ここで、図 6-17 に電圧ベクトルと電機子鎖交磁束領域の定義を示す。各電圧ベクトルの角度差は $\pi/3\mathrm{rad}$ (60°) であり、ベクトル V_1 は静止座標系の α 軸と u 軸の方向と一致する。また、DTC では電圧ベクトルの選択のために電機子鎖交磁束ベクトルの位置情報が必要であり、図 6-17 のように $\theta_1 \sim \theta_6$ の 6 領域に分割する。これらの領域も $\pi/3\mathrm{rad}$ ごとに区切られており、例えば領域 θ_2 であれば $\pi/6 \sim \pi/2\mathrm{rad}$ (30 ~ 90°) が割り当てられる。

ここで、電圧ベクトル選択に用いるスイッチングテーブルを表 6-1 に示す。トルク・磁束の比較結果 c_T, c_Ψ と電機子鎖交磁束ベクトルの存在領域から電圧ベクトルを選択する。電機子鎖交磁束ベクトルを変化させる一例を図 6-18 に示す。図 6-18 (a) では、$\psi_{o|t=0}$ の状態から電圧ベクト

[表 6-1] DTC のスイッチングテーブル

コンパレータ出力		電機子鎖交磁束ベクトル存在領域					
トルク	磁束	θ_1	θ_2	θ_3	θ_4	θ_5	θ_6
$C_T=1$	$C_\Psi=1$	V_2	V_3	V_4	V_5	V_6	V_1
	$C_\Psi=-1$	V_3	V_4	V_5	V_6	V_1	V_2
$C_T=-1$	$C_\Psi=1$	V_6	V_1	V_2	V_3	V_4	V_5
	$C_\Psi=-1$	V_5	V_6	V_1	V_2	V_3	V_4

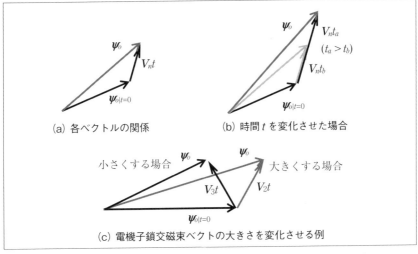

[図 6-18] 電圧ベクトルによる電機子鎖交磁束ベクトルの変化

⊗6. 直接トルク制御

ル V_n を時間 t だけ印加して磁束ベクトルが ψ_o になる様子を示している。図6-18 (b) では、同じ電圧ベクトルで時間 t を変化させた場合の結果を示しており、t_b より印加時間が長い t_a の場合の方が磁束ベクトルの変化を大きくできる。図6-18 (c) では、印加時間は等しい状態で電圧ベクトル V_2 もしくは V_3 を印加した結果を示した。電圧ベクトルの違いによっても磁束ベクトルの大きさを変化させることができる。

表6-1に示したスイッチングテーブルから電圧ベクトルを選択する一例を図6-19に示す。図6-19では電機子鎖交磁束ベクトルの存在領域が θ_1 の場合に限定した。残りの領域 $\theta_2 \sim \theta_6$ についても選択される電圧ベクトルが異なるだけであり、同様に説明できる。ヒステリシスバンドに

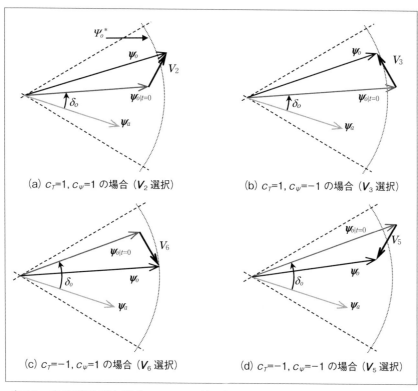

〔図6-19〕電機子鎖交磁束ベクトルが領域 θ_1 にある場合の電圧ベクトル選択

よる影響も無視した。

まず、図6-19 (a) はトルクを増加させ (すなわち $c_T=1$)、電機子鎖交磁束を増加させる (すなわち $c_\psi=1$) 場合である。トルク角 δ_o が大きくなる方向、かつ磁束ベクトル ψ_o の大きさを増加させる方向の電圧ベクトル V_2 が選択される。

図6-19 (b) はトルクを増加させ ($c_T=1$)、電機子鎖交磁束を減少させる ($c_\psi=-1$) 場合である。トルク角を大きくし、電機子鎖交磁束が小さくなる方向の電圧ベクトル V_3 が選択される。

図6-19 (c) はトルクを減少させ ($c_T=-1$)、電機子鎖交磁束を増加させる ($c_\psi=1$) 場合である。図6-19 (a)、(b) と異なり、トルクを減少させるためにトルク角が小さくなる方向の電圧ベクトル V_6 が選択される。

図6-19 (d) はトルクを減少させ ($c_T=-1$)、電機子鎖交磁束を減少させる ($c_\psi=-1$) 場合である。トルク角を減少させ、電機子鎖交磁束ベクトルの大きさを小さくする方向の電圧ベクトル V_5 が選択される。

電機子鎖交磁束ベクトルを一回転させる一例を図6-20に示す。表6-1のスイッチングテーブルにしたがって電圧ベクトルを決めることで電機子鎖交磁束ベクトルを制御できることが分かる。なお、回生運転のようにトルクが負となる場合や回転子が逆方向回転の場合にもスイッチングテーブルを変更する必要はなく、同様に使用できる。

表6-1ではゼロ電圧ベクトル ($V_0(000), V_7(111)$) を使用しない。これは、次のような理由がある。6-2節で述べたように、トルク角は、永久磁石による電機子鎖交磁束ベクトル ψ_a に対して電機子鎖交磁束ベクトル ψ_o の位置を変化させることにより制御される。ゼロ電圧ベクトルを使用すると、電機子鎖交磁束ベクトルの変化が止まるため、永久磁石による電機子鎖交磁束ベクトルとの位置関係が変化する。これは、永久磁石による電機子鎖交磁束ベクトルが電気角速度で絶えず回転することを利用している。しかし、この方法でトルク角制御を行った場合、トルク角変化の速さが回転子の回転速度に依存する。回転子の回転は機械系であることから電気系と比べて低速であり、トルク角の素早い変化が期待できない。トルク応答を速くするために、電機子鎖交磁束ベクトルを、永久磁

⊗6. 直接トルク制御

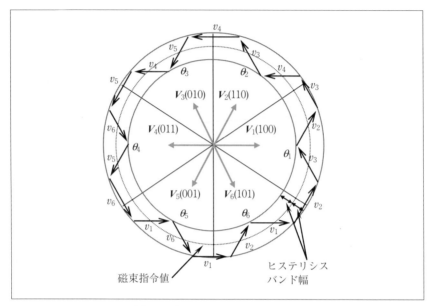

〔図 6-20〕電圧ベクトルの選択例

石による電機子鎖交磁束ベクトルの変化に追従させる必要がある。よって、電圧ベクトル $V_1 \sim V_6$ を与えて、電機子鎖交磁束ベクトルを常に変化させる。なお、トルク制御と磁束制御の応答性よりリプル低減を重視する場合にはゼロ電圧ベクトルが用いられる。

　スイッチングテーブル方式では、電圧ベクトルだけでなく制御周期もトルク制御特性に大きな影響を与える。電圧の印加時間が制御周期の倍数で決まるためである。ここで、シミュレーションによる瞬時トルク特性の比較を図 6-21 に示す。回転速度 600min^{-1}、指令トルク 1.5Nm とし、DC リンク電圧 150V のインバータで IPM_D1 モータを駆動した場合の結果である。スイッチングテーブル方式ではトルク誤差のヒステリシスバンドを $-0.001 \sim 0.001$Nm とし、磁束誤差のヒステリシスバンドを $0 \sim 0.001$Wb とした。比較のため、次項で説明する指令磁束ベクトル計算による方式についても特性を示した。トルク制御器のゲインは $K_p=0.09$, $K_i=35$ であり、制御周期に同期した PWM（キャリア周波数

10kHz）によりスイッチング信号を得た。図 6-21（a）より、スイッチングテーブル方式で $T_s=100\mu s$ の場合にはインバータでのスイッチングによる大きなトルクリプルが生じる。制御周期を短くし $T_s=10\mu s$ とした図 6-21（b）ではトルクリプルが低減される。図 6-21（c）に示した PWM を用いる指令磁束ベクトル計算による方式では制御周期 $T_s=100\mu s$ であるが、スイッチングテーブル方式で $T_s=10\mu s$ の場合と同等のトルクリプルである。スイッチングテーブル方式においても、回転速度が高く電機子電圧が大きくなり、インバータで出力可能最大電圧に近づくとトルクリプルは小さくなる。したがって、運転状態と DC リンク電圧に依存する。しかし、一般にはスイッチングテーブル方式を PMSM 駆動に用いる場合には短い制御周期が必要となることに注意が必要である。

6－5－3　指令磁束ベクトルを得る方式

DTC の一手法として、トルク制御に PI 制御器を使用する手法があり、その手法を本書では RFVC DTC（Reference Flux Vector Calculation Direct Torque Control）と呼ぶ。図 6-22 に RFVC DTC のブロック図を示す。トルクと磁束の制御は、指令磁束ベクトル計算器（RFVC: Reference Flux

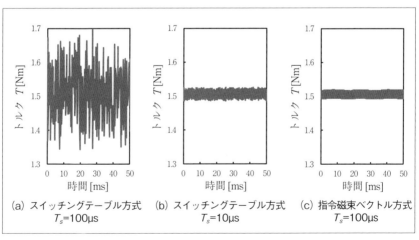

〔図 6-21〕トルクリプルの比較（IPM_D1, 600min^{-1}, 1.5Nm, V_{DC}=150V）

⊗6. 直接トルク制御

Vector Calculator）と指令電圧計算器で行われる。なお、インバータのスイッチング素子に与えるゲート信号はPWMインバータで作成されるものとし、図6-22のブロック図には示していない。RFVCでは、トルク誤差 ΔT、指令磁束 Ψ_o^*、電機子鎖交磁束の推定位置 $\hat{\theta}_o$ からPI制御器を用いて電機子鎖交磁束ベクトルの指令値 $\psi_\alpha^*, \psi_\beta^*$ を得る。電機子鎖交磁束の推定位置は、式(6-32)を用いて計算できる。

$$\hat{\theta}_o = \tan^{-1}\frac{\hat{\psi}_\beta}{\hat{\psi}_\alpha} \quad \cdots\cdots\cdots\cdots\cdots\cdots\cdots\cdots\cdots\cdots\cdots\cdots (6\text{-}32)$$

指令電圧計算器では、式(6-7)に基づき磁束の時間微分が誘起電圧に相当することを利用して、指令電圧が作成される。指令電圧の α, β 軸成分 v_α^*, v_β^* は、式(6-33)で計算される。

$$v_\alpha^* = \frac{\psi_\alpha^* - \hat{\psi}_\alpha}{T_s} + R_a i_\alpha, \quad v_\beta^* = \frac{\psi_\beta^* - \hat{\psi}_\beta}{T_s} + R_a i_\beta \quad \cdots\cdots\cdots\cdots (6\text{-}33)$$

M-T座標系でも同様にRFVC DTCを構成でき、ブロック図を図6-23に示す。図6-4に示した磁束と電圧の関係より、指令電圧は式(6-34)で得ることができる。

$$\begin{bmatrix} v_{oM}^* \\ v_{oT}^* \end{bmatrix} = \frac{1}{T_s}\begin{bmatrix} (\hat{\Psi}_o + \Delta\Psi_o)\cos\Delta\theta_o^* - \hat{\Psi}_o \\ (\hat{\Psi}_o + \Delta\Psi_o)\sin\Delta\theta_o^* \end{bmatrix} \quad \cdots\cdots\cdots\cdots\cdots\cdots (6\text{-}34)$$

推定磁束は磁束誤差の時間積分によって得ることができる。電機子鎖

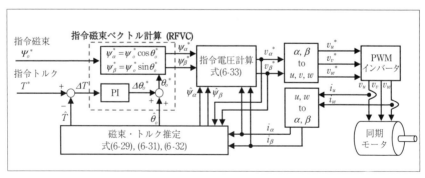

〔図6-22〕RFVC DTCのブロック図

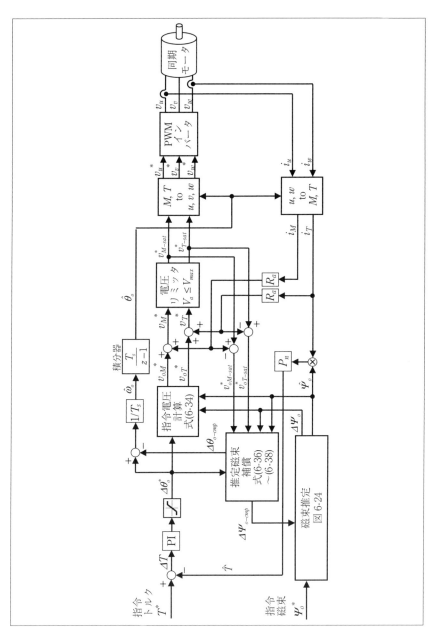

〔図 6-23〕M-T 座標上での DTC

⊗6. 直接トルク制御

交磁束の制御器と推定器を図 6-24 に示す。式 (6-30) に基づく不完全積分が適用されている。

インバータで電圧飽和が生じる場合には、次式を用いて指令電圧に対してリミッタ処理を適用する。

$$\begin{bmatrix} v_{M-sat}^* \\ v_{T-sat}^* \end{bmatrix} = \frac{V_{max}}{\sqrt{(v_M^*)^2 + (v_T^*)^2}} \begin{bmatrix} v_M^* \\ v_T^* \end{bmatrix} \quad \cdots\cdots\cdots (6\text{-}35)$$

ただし、V_{max} は指令電圧ベクトルの大きさの最大値である。

実用的には、電圧や電流の高調波に対応できるように V_{max} はインバータ出力可能最大電圧とし、弱め磁束に用いる V_{am} には V_{max} より小さい値を与える場合がある。シミュレーションのようにインバータでの電圧誤差や電圧飽和の影響が無視できる場合には $V_{max} = V_{am}$ と与える場合もある。

さらに、電圧飽和による磁束推定誤差を次式で補償する[10]。

$$\Delta\Psi_{o-cmp} = \hat{\Psi}_o + \Delta\Psi_o - \sqrt{\psi_M^2 + \psi_T^2} \quad \cdots\cdots\cdots (6\text{-}36)$$

$$\Delta\theta_{o-cmp} = \Delta\theta_o^* - \tan^{-1}\frac{\psi_T}{\psi_M} \quad \cdots\cdots\cdots (6\text{-}37)$$

$$\begin{bmatrix} \psi_M \\ \psi_T \end{bmatrix} = \begin{bmatrix} \hat{\Psi}_o + v_{oM-sat}^* \cdot T_s \\ v_{oT-sat}^* \cdot T_s \end{bmatrix} \quad \cdots\cdots\cdots (6\text{-}38)$$

RFVC DTC では、トルク制御にのみ PI 制御器を使用するため、磁束制御にも PI 制御器が必要な方式と比較してゲイン設定の手間は少なく

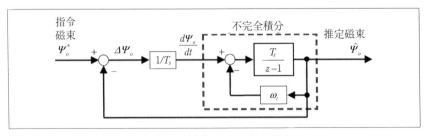

〔図 6-24〕電機子鎖交磁束の制御器と推定器

済むが、依然としてモータに応じたゲイン調整は必要である。これまで、シミュレーションや実験による試行錯誤的な方法で制御器ゲインが設定されており、ゲインとトルク応答特性の関係は明らかにされていなかった。DTC システムには非線形な要素が多いため、ゲイン設計や解析的な検討が困難であったためである。さらに、制御対象であるモータはインバータで駆動されることが一般的であるため、インバータで生じる電圧飽和現象は避けられず、安定した制御を実現するために PI 制御器のアンチワインドアップ機構が実用上必要となる。

6-2-1 項のトルク制御原理で説明したように、トルク制御の PI 制御器は一般的な動作と異なり、比例要素はトルク角の制御を主に担い、積分要素は回転子に追従するための制御を担う。そのため、ゲイン設計の一般的な手法を適用することが難しかった。

RFVC DTC のトルク制御系に注目した等価モデルを図 6-25 に示す。システムの入力は指令トルク T^*、出力は発生トルク T とし、フィードバック制御が行われている。定数 J, D, T_L は機械系の定数であり、それぞれ、慣性モーメント、粘性摩擦係数、負荷トルクである。トルク制御の PI 制御器から得られる $\Delta\theta_o^*$ は離散系での値であるが、連続系である電機子鎖交磁束の回転角速度 ω_o に対応させるために、制御周期 T_s の逆数を乗じている。

ここで、図 6-25 に示したシステムで必要となる、トルク角 δ_o によるトルク式は式 (6-5) に示した。三角関数が含まれていることに加えて、

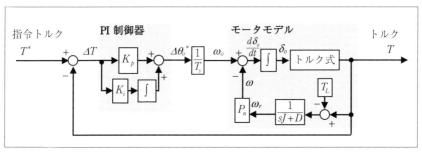

〔図 6-25〕トルク制御系の等価モデル

6. 直接トルク制御

MTPA制御のために運転状態に応じて電機子鎖交磁束 Ψ_o を変化させるため、トルク角とトルクの関係は非線形である。式 (6-5) を用いた場合、トルク制御系の伝達関数を導出することが困難であるため、ある動作点（トルク角 δ_{o0} とトルク T_0）で線形近似を行う。1次式で表したトルク式を式 (6-39) に示す。

$$T = k_T(\delta_o - \delta_{o0}) + T_0 \quad \cdots \cdots (6\text{-}39)$$

ただし、 $\quad k_T = \dfrac{dT(\delta_o)}{d\delta_o}\bigg|_{\delta_o = \delta_{o0}}$, $\quad T_0 = T(\delta_o)|_{\delta_o = \delta_{o0}}$

トルク式として式 (6-39) を用いると、トルク制御系の伝達関数が次式で与えられる。

$$G_3(s) = \dfrac{N_2 s^2 + N_1 s + N_0}{s^3 + D_2 s^2 + D_1 s + D_0} \quad \cdots \cdots (6\text{-}40)$$

ただし、

$$T = G_3(s) \cdot T^*, \quad N_2 = \dfrac{k_T K_p}{T_s}, \quad N_1 = \dfrac{k_T(K_p D + K_i J)}{T_s J}, \quad N_0 = \dfrac{k_T K_i D}{T_s J}$$

$$D_2 = \dfrac{D}{J} + \dfrac{k_T K_p}{T_s}, \quad D_1 = \dfrac{k_T(K_p D + K_i J + T_s P_n)}{T_s J}, \quad D_0 = \dfrac{k_T K_i D}{T_s J}$$

式 (6-40) は3次系の伝達関数であるため、制御器のゲイン設計などでの利用を考えると扱いにくい。したがって、伝達関数の次数を下げるために、零点と極の関係に注目する。式 (6-40) において式 (6-41) の関係が成り立つと仮定すると、係数 D_1 は式 (6-42) のように変形できる。

$$K_p D + K_i J \gg T_s P_n \quad \cdots \cdots (6\text{-}41)$$

$$D_1' = \dfrac{k_T(K_p D + K_i J)}{T_s J} \quad \cdots \cdots (6\text{-}42)$$

式 (6-42) を用いた場合、式 (6-40) は $s = -D/J$ の零点と極を持ち、これを約分した伝達関数を式 (6-43) のように得ることができる。式 (6-41)

の妥当性については後述する。

$$G_2(s) = \frac{(k_T K_p / T_s)s + k_T K_i / T_s}{s^2 + (k_T K_p / T_s)s + k_T K_i / T_s} \quad \cdots\cdots\cdots\cdots\cdots\cdots\cdots\cdots (6\text{-}43)$$

ここで、式 (6-43) の特性方程式を式 (6-44) のように定義する。

$$D_n(s) = s^2 + 2\zeta\omega_n s + \omega_n^2 \quad \cdots\cdots\cdots\cdots\cdots\cdots\cdots\cdots\cdots\cdots (6\text{-}44)$$

ただし、ζ：減衰係数、ω_n：固有角周波数

式 (6-43) と (6-44) より、ゲイン K_p, K_i を次式で算出できる。

$$K_p = 2\frac{T_s}{k_T}\zeta\omega_n \quad \cdots\cdots\cdots\cdots\cdots\cdots\cdots\cdots\cdots\cdots\cdots\cdots\cdots (6\text{-}45)$$

$$K_i = \frac{T_s}{k_T}\omega_n^2 \quad \cdots\cdots\cdots\cdots\cdots\cdots\cdots\cdots\cdots\cdots\cdots\cdots\cdots\cdots (6\text{-}46)$$

2次系の伝達関数が得られたため、制御器のゲインは式 (6-45)、(6-46) を用いて決定できる。一方で、トルク制御系の伝達関数をさらに簡略化することもできる。PI 制御器の積分要素の変化がトルク制御系の応答と比較して無視できる場合、$K_i = 0$ とし、積分要素を無視できる。このことは、6-2-1 項で述べたように比例要素がトルク制御特性に大きな影響を与えることからも説明できる。$K_i = 0$ であれば、式 (6-43) は次式に変形できる。

$$G_1(s) = \frac{1}{T_T s + 1} \quad \cdots\cdots\cdots\cdots\cdots\cdots\cdots\cdots\cdots\cdots\cdots\cdots (6\text{-}47)$$

ただし、T_T はトルク制御系の時定数であり、

$$\tau = \frac{T_s}{k_T K_p} \quad \cdots\cdots\cdots\cdots\cdots\cdots\cdots\cdots\cdots\cdots\cdots\cdots\cdots\cdots (6\text{-}48)$$

である。

なお、式 (6-39) の線形近似で k_T を定数と仮定したが、モータによってはトルク応答特性が運転トルクに依存して変化し、k_T が大きく変わる場合がある。トルク特性の一例を図 6-26 に示す。3-5-2 項の表 3-4 で示された実験機Ⅱにおいて、本章では計算を簡略化するために q 軸イン

※6. 直接トルク制御

ダクタンスを一定値（$L_q=20.8\text{mH}$）としたモータパラメータを IPM_2 とする。IPM_D1 と IPM_2 のモータはパラメータと定格電流が異なるが、定格トルクはともに約 1.8Nm である。図 6-26 (a) のトルク角に対するトルク特性より、IPM_D1 よりも IPM_2 の方が曲線の傾きが大きく変化する。したがって、図 6-26 (b) に示したように IPM_2 の k_T は変化が大きい。

　設計時の固有角周波数は 800rad/s で一定とし、減衰係数を変化させた。機械系定数を $J=6.6\times 10^{-3}\,\text{kg m}^2$, $D=0.13\times 10^{-3}\,\text{Nm/(rad/s)}$ とした。制御器ゲインを表 6-2 に示す。

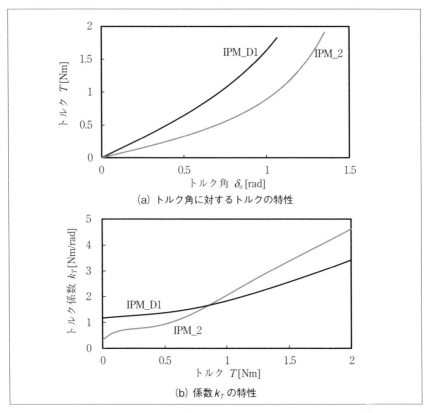

〔図 6-26〕トルク式の計算結果（MTPA 制御を適用する場合）

回転速度の初期値を 1800min^{-1} とし、指令トルク T^* に対するトルク T の応答特性を評価する。IPM_D1 のモータを制御した場合の特性を図 6-27 に示す。図 6-27 (a) は、指令トルクを 1.0Nm から 1.3Nm へステップ状に変化させた場合の応答特性であり、約 1ms の応答速度が得られた。固有角周波数に関係が深い積分ゲインは一定である。減衰係数の減少にしたがい比例ゲインが減少するため、積分要素の影響が大きくなり、ト

〔表 6-2〕PI 制御器のゲイン設計値（ω_n=800rad/s, トルク 1Nm における設計値）

(a) 比例ゲイン

減衰係数 ζ	比例ゲイン K_p	
	IPM_D1	IPM_2
0.5	0.04	0.04
1.0	0.09	0.08
2.0	0.18	0.16

(b) 積分ゲイン

積分ゲイン K_i	
IPM_D1	IPM_2
35	31

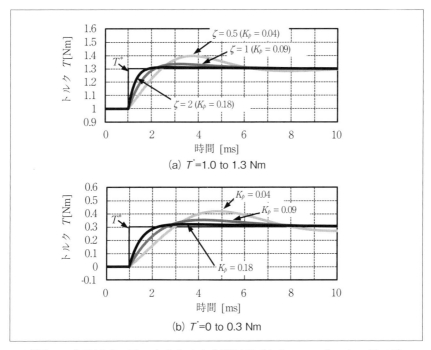

〔図 6-27〕IPM_D1 モータのトルク応答特性（シミュレーション, K_i=35）

◎6. 直接トルク制御

ルク応答が振動的になる。図6-27 (b) は指令トルクを0から0.3Nmに変化させた場合の特性である。IPM_D1の場合には、係数k_Tの変化がトルク応答特性に与える影響を無視できるため、図6-27 (a) と (b) でトルク応答の差は小さい。

次に、IPM_2モータにおけるトルク制御特性を図6-28に示す。指令トルクを1から1.3Nmに変化させた場合である図6-28 (a) の応答特性は図6-27 (a) に示したIPM_D1モータの結果とよく一致しており、モータパラメータが異なる場合でも同等のトルク応答特性を得るためのゲイン設計が可能であるといえる。一方で、図6-28 (b) は指令トルクを0から0.3Nmに変化させた場合の特性であるが、図6-28 (a) と比較すると、応答速度が遅くなっており、応答特性が異なる。これは、図6-26に示したように係数k_Tが大きく変化することに起因する。表6-2のゲイン

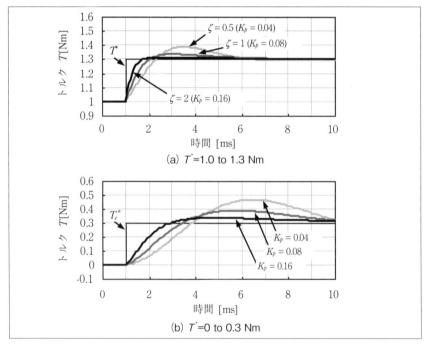

〔図6-28〕IPM_2モータのトルク応答特性（シミュレーション, K_i=31）

はトルク1Nmにおけるk_Tの値を用いて算出したため、異なるトルクで運転した場合には所望の応答特性が得られない。したがって、IPM_2のようにk_Tが大きく変化するモータの場合には、トルク応答特性がトルクに応じて変化することに注意する必要がある。なお、6-5-4項で説明する応答改善法を適用することにより、IPM_2のモータであっても設計通りの応答特性を得ることは可能である。

ここで、トルク制御系の伝達関数を導出する際に仮定した式(6-41)の妥当性について検証する。表6-2に示したゲインを用いる場合について、$(K_p D + K_i J) : (T_s P_n)$を求めるとおおよそ1500:1〜1200:1になり、式(6-41)の仮定は妥当であると言える。しかし、慣性モーメントJが小さいモータにおいて、積分ゲインを小さく設定した場合には、式(6-41)の関係が成立しない恐れがある。目安として$(K_p D + K_i J) : (T_s P_n)$が100:1程度になるようにゲイン設計する必要がある。

以上より、式(6-45)、(6-46)を用いて、任意のパラメータでゲインを算出することは可能であるが、良好な特性の制御系を実現するためには式(6-41)の仮定を考慮する必要がある。

6−5−4　DTCの制御特性を改善する方法

図6-28で示したように、無負荷時にトルク応答速度が低下する場合がある。この問題への対策として、トルク制御のPI制御器のゲインを運転状態に応じて変化させるゲインスケジューリングにより、トルク応答特性を改善する方法がある。これにより、無負荷時においても設計通りのトルク応答特性を実現する。

トルク$T=T_0$の場合における係数k_Tをk_{T0}と定義すると、任意のトルクでの係数k_Tは変数γを用いてγk_{T0}と表すことができる。一方、トルク制御器の比例ゲインK_pと積分ゲインK_iを次式のように与える。

$$K_p = \gamma K_{p0}, \quad K_i = \gamma K_{i0} \quad\cdots\cdots\cdots\cdots\cdots\cdots (6\text{-}49)$$

ただし、K_{p0}, K_{i0}は定数とする。ゲイン変化率γは、$T=T_0$の時に$\gamma=1$とする。したがって、ゲインK_pとK_iが変数となる。

⊗6. 直接トルク制御

ゲイン変化率 γ として、トルクに対するトルク角特性の微分係数を利用する。すなわち、

$$\gamma = \frac{\dfrac{d\delta_o(T)}{dT}}{\dfrac{d\delta_o(T)}{dT}\bigg|_{T=T_0}} \qquad\qquad\qquad (6\text{-}50)$$

の関数で与える。$T=T_0$ で $\gamma=1$ を満足するために、トルク角特性の微分係数を T_0 における値で正規化している。この場合、トルク変化率 γ はトルクの関数となり、DTCで利用できる推定トルク $\hat{T}$ を用いる。具体的な制御器の構成を図6-29に示す。

係数 k_T の値がトルクに依存して変化するIPM_2モータを用いて、トルク応答改善法の効果を検証する。減衰係数 $\zeta=2$、固有角周波数 $\omega_n=800\text{rad/s}$ となる制御器ゲインを表6-2より得て、$K_{p0}=0.16$, $K_{i0}=31$ とした。このゲインはトルク1Nmにおける設計値であるので、$T_0=1\text{Nm}$ としてトルク制御系の線形化を行う。図6-30にゲイン変化率の特性を示す。ゲイン変化率はトルクの関数となり、変化は緩やかである。そのため、実際のシステムでは式 (6-51) に示す近似式として与えた。

$$\gamma(\hat{T}) = C_3\hat{T}^3 + C_2\hat{T}^2 + C_1\hat{T} + C_0 \qquad\qquad\qquad (6\text{-}51)$$

ただし、$C_3=-0.2562, C_2=1.829, C_1=-4.243, C_0=3.670$ である。

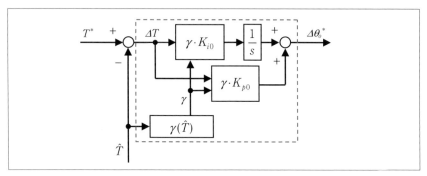

〔図6-29〕トルク制御系線形化のためのPI制御器（トルクに応じた可変ゲイン）

- 220 -

シミュレーションにより改善効果を確認した。回転速度 1800min^{-1} におけるトルク制御系のステップ応答特性を図 6-31 に示す。トルク応答特性に加えて、ゲイン K_p, K_i の様子も同時に示した。図 6-31 (a) より、従来法であるゲイン一定（$K_p = K_{p0}$, $K_i = K_{i0}$）の場合にはトルクによって応答特性が異なる。これは、既に 6-5-3 項で示した通りである。一方、提案法のゲインスケジューリングを適用した図 6-31 (b) の場合、トルクが小さい領域でゲインを増加させることにより、固有角周波数や減衰係数が一定値となるように制御される。その結果、運転中のトルクに関係なく応答特性を同等にできる。

さらなる制御特性改善として、インバータの電圧飽和時にトルク制御系の安定化のために必要となる PI 制御器のアンチワインドアップ機構について説明する。

指令トルクをステップ状に変化させた場合のトルク応答特性を図 6-32 に示す。同時にモータの電機子電圧も示した。トルクを変化させる場合には、一定のトルクで運転を行う場合よりも大きな電圧が必要となる。特に、トルクを大きく変化させる場合には、インバータで出力できる電圧を超える指令電圧が作成される。これにより、インバータで電圧飽和が生じる。RFVC DTC ではトルク制御のために PI 制御器を使用しているため、電圧飽和により制御系の線形性が失われると、積分器のワイン

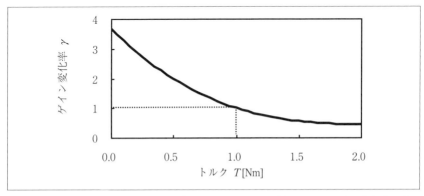

〔図 6-30〕ゲイン変化率の特性（IPM_2, T_0=1Nm, 最大トルク／電流制御下）

- 221 -

⊗ 6. 直接トルク制御

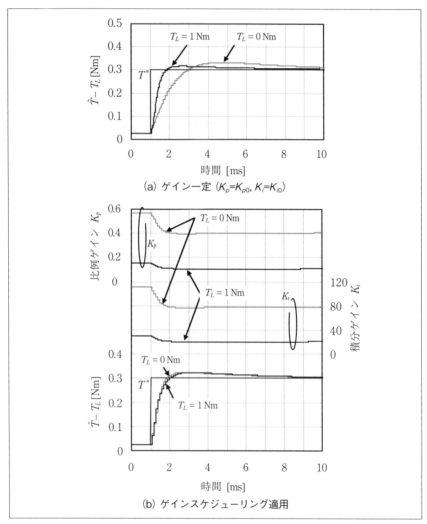

〔図 6-31〕トルク応答特性の比較（シミュレーション, IPM_2, K_{p0}=0.16, K_{i0}=31）

ドアップが起こる。その結果、トルク応答にオーバーシュートが生じる。なお、図 6-32 はインバータの直流リンク電圧を 85V にした場合の結果である。前項での検討では、直流リンク電圧を 150V とし、トルクステップ変化量を 0.3Nm として特性の検討を行ってきたため、電圧飽和に

- 222 -

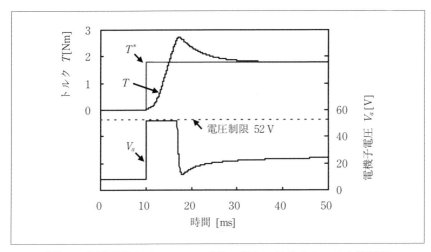

〔図6-32〕電圧飽和時のステップ状の指令に対するトルク応答特性
（シミュレーション結果, IPM_2, 回転速度500min^{-1}、無負荷）

よる影響は無視することができた。しかし、一般には、電圧飽和は避けられないため、ワインドアップ対策が必要である。

トルク制御器のアンチワインドアップを行うために、電圧飽和による影響が推定磁束に現れることを利用する。電圧飽和が生じた場合、磁束位置の指令値 θ_o^* と推定値 $\hat{\theta}_o$ が異なる。ここで、磁束位置の指令値と推定値の差 θ_ε を次のように定義する。

$$\theta_\varepsilon = \theta_o^*[k-1] - \hat{\theta}_o[k] \quad \cdots\cdots\cdots\cdots\cdots\cdots\cdots\cdots (6\text{-}52)$$

電圧飽和の程度が θ_ε に現れることを利用したアンチワインドアップ機構を図6-33に示す。本手法では、変数 γ_i によってPI制御器の積分要素ゲインを等価的に変化させることで積分器への入力量を抑制する。変数 γ_i に与える値は角度差 θ_ε が0であれば1とし、θ_ε が増加するほど γ_i が0に近づくようにすればよい。この条件を満たす関数として、

$$\gamma_i = \frac{1}{1 + K_a |\theta_\varepsilon|} \quad \cdots\cdots\cdots\cdots\cdots\cdots\cdots\cdots (6\text{-}53)$$

を適用した。ただし、K_a はアンチワインドアップのゲインである（ただ

※6. 直接トルク制御

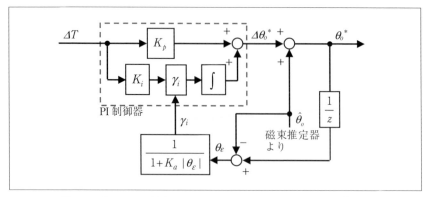

〔図6-33〕トルク制御器のためのアンチワインドアップ機構

し、$K_a > 0$）。

　なお、式（6-52）の代わりに電圧超過量（例えば $V_a^* - V_{am}$）を用いる方法もある。

　アンチワインドアップ機構の有効性を実験機IIを用いた実験により検証した。PI制御器のゲインは $K_p = 0.16$, $K_i = 31$ とした。回転速度 500min^{-1} におけるトルク制御系のステップ応答特性を図6-34に示す。図6-34（a）には式（6-52）によって得られる角度差 θ_ε を示した。指令トルクがステップ状に変化した直後に、指令磁束と推定磁束の間に角度差が生じており、インバータでの電圧飽和が推定磁束に現れることを確認できた。図6-34（b）は制御器ゲインの変化率 γ_i とトルク応答特性である。アンチワインドアップ機構がない場合には、トルク応答に大きなオーバーシュートが生じているが、アンチワインドアップ機構がある場合にはオーバーシュートが抑えられる。図中に示した変数 γ_i の結果より、指令トルクが変化した直後に γ_i が減少し、積分器への入力が抑えられていることが分かる。また、アンチワインドアップのゲイン K_a を大きくするほどオーバーシュードが減少する。以上より、PI制御器のアンチワインドアップが良好に動作し、トルク応答特性の改善により、指令トルクへの追従性を向上できた。

- 224 -

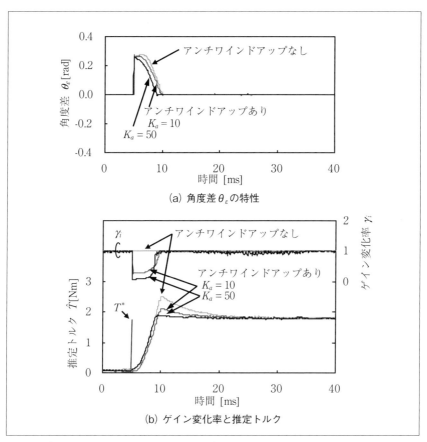

〔図6-34〕アンチワインドアップ有無でのトルク応答特性の比較
（実験結果、実験機II、回転子速度 500min^{-1}、無負荷）

6-5-5 DTCによるモータ駆動システムの運転特性

　DTCによるPMSM駆動システムの運転特性として、図6-12と図6-23を組み合わせた構成で実験機Iのモータを運転した場合の実験結果を示す。指令速度を500min^{-1}から3500min^{-1}に変化させた場合の結果を図6-35に示す。図6-35（a）より、加速した後に指令速度に達する。図6-35（b）より、時刻0.5sからMTPA制御かつ電流制限のため一定トルクで運転

⊗6. 直接トルク制御

した後、弱め磁束が適用されトルクが減少する。指令速度に達したことによりトルクが減少すると再び MTPA 制御に戻る。図 6-35 (c) より、弱め磁束制御によって速度増加に対して反比例で磁束の減少が確認できる。参考のため、d, q 軸電流の軌跡を図 6-35 (d) に示した。電流軌跡は MTPA 制御曲線と電流制限円の交点付近で運転した後、弱め磁束制御のため電流制限円に沿って電流位相が大きくなる方向に進む。トルクが減少すれば再び MTPA 制御曲線に戻ることが図 6-35 (d) からも確認できる。直接トルク制御であっても d, q 軸電流は第 4 章の電流ベクトル制御と同等の特性が得られる。

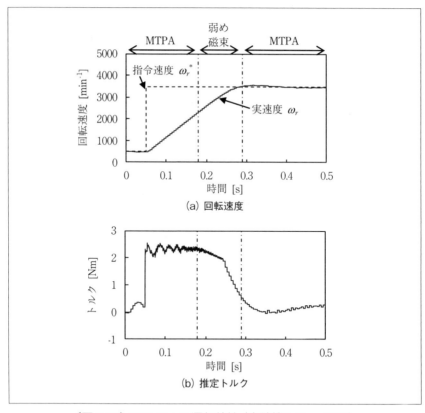

〔図 6-35〕DTC による運転特性（実験機 I, V_{DC}=150V）

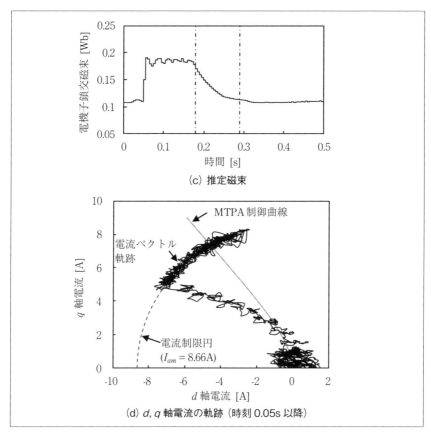

〔図 6-35〕DTC による運転特性（実験機 I, V_{DC}=150V）

インバータとセンサ

7-1 はじめに

　前章までに説明した同期モータの各種制御システムでは、高性能制御のために電流、位置、速度の情報を必要とし、その情報をもとに制御器で演算処理して最終的に電圧型インバータのスイッチング信号を生成していた。本章では、同期モータドライブシステムの構成要素のうち、インバータの基本構成と制御方法およびモータ制御用の各種情報を得るためのセンサについて説明する。

7−2 電圧形インバータの基本構成と基本動作
7−2−1 三相電圧形インバータの PWM 制御

　三相交流モータを駆動する三相電圧形インバータの主回路構成を図 7-1 に示す。直流電圧源を入力とし、6 つの半導体スイッチのオン・オフ制御によって、三相の出力端子 (u, v, w) の電圧を制御する。スイッチング信号の作成法について、第 6 章で説明した直接トルク制御におけるスイッチングテーブル方式では、トルクおよび磁束の指令値と推定値の偏差からスイッチングテーブルを用いて電圧指令を介することなくスイッチング信号を作成する。一方、直接トルク制御でも RFVC DTC や広く用いられている電流ベクトル制御では、制御部で電圧指令が作成され、その電圧指令に従ってパルス幅変調 (PWM：Pulse Width Modulation) 制御でスイッチング信号を生成する。そこで、以下では電圧形インバータの PWM 制御について説明する。

　三相インバータの 1 相分に注目して、インバータの基本動作について説明する。三相電圧形インバータの u 相分 (図 7-1 の破線部) のみ取り出すと図 7-2 (a) の単相ハーフブリッジインバータとなる。三相電圧形

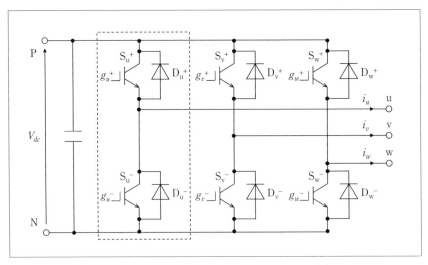

〔図 7-1〕三相電圧形インバータの主回路構成

PWM インバータでは直流電源の中性点 o は設けない（不要である）が、説明の都合上、直流電源の中性点 o を設け、そこから見た端子 u の電圧 v_u を u 相のインバータ出力電圧（相電圧）とする。同図 (b)、(c) は PWM 制御の基本である三角波比較方式によるスイッチング信号作成のブロック図と各部の波形である。変調波 v_s（電圧指令 v_u^* に相当し、正弦波とする）と搬送波（三角波キャリア信号）v_{car} の比較結果 s_u よりスイッチのオン・オフ信号（スイッチのゲート信号 g_{u+}, g_{u-}）が決まり、次のように出力電圧 v_u が制御される。

$$v_u = \begin{cases} \dfrac{V_{dc}}{2} & (s_u = 1 \text{ のとき}) \\ -\dfrac{V_{dc}}{2} & (s_u = 0 \text{ のとき}) \end{cases} \quad \cdots\cdots\cdots\cdots\cdots\cdots\cdots\cdots \quad (7\text{-}1)$$

PWM 搬送波（三角波キャリア信号）の周波数 f_{car} が変調波（電圧指令信号）の周波数に比べて十分高い場合は、出力電圧 v_u の基本波の波形（v_{u1}）は、電圧指令信号の正弦波と一致する。

出力電圧 v_u の基本波の振幅 V_{u1} は、搬送波の振幅 V_{car}、変調波の振幅

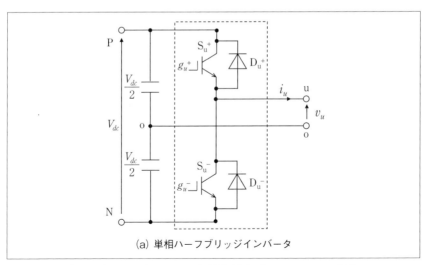

(a) 単相ハーフブリッジインバータ

〔図 7-2〕インバータの三角波比較方式による PWM 制御

V_s および直流電圧 V_{dc} によって決まり次式で与えられる。

$$V_{u1} = \frac{V_s}{V_{car}} \cdot \frac{V_{dc}}{2} = M\frac{V_{dc}}{2} \quad (M \leq 1) \quad \cdots\cdots\cdots\cdots\cdots (7\text{-}2)$$

ただし，$M = V_s/V_{car}$：変調度（変調率）

V_{u1} は変調波で決まるので，$V_s \leq V_{car}(M \leq 1)$ の範囲内では出力電圧の線形制御が可能となる。図7-3 に示すように電圧指令値 v_u^*（v_u^* の振幅を V^* とする）より変調波 v_s を作成すると PWM インバータの出力電圧は

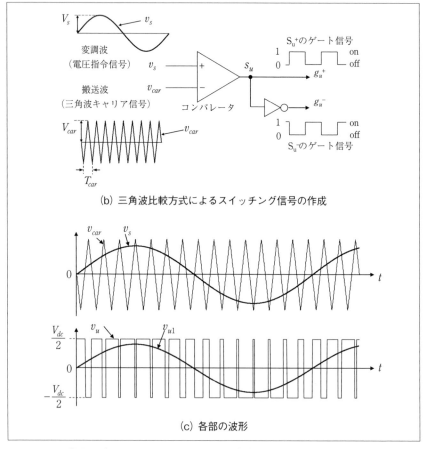

〔図7-2〕インバータの三角波比較方式による PWM 制御

$-V_{dc}/2 \leq v_u^* \leq V_{dc}/2$ の範囲内で線形に制御できる（同図の実線部分）。一方、$V^* > V_{dc}/2$ の場合は変調度 M が 1 を越えて非線形な領域となる（同図の破線部分）。$M > 1$ の範囲で PWM 制御を行う方式は過変調 PWM 方式と呼ばれる。この過変調領域を使用すれば $V_{dc}/2$ より大きな基本波振幅の電圧を出力できるが、線形制御ができなくなること、低次高調波が発生することなどが問題となる。V^* が非常に大きくなり、変調度 $M \gg 1$ となった場合は、インバータ出力波形は方形波となり、基本波の振幅は出力できる最大値 $2V_{dc}/\pi$ となる（図 7-3 中の×印）。

上記の説明では電圧指令値 v_u^* が正弦波の場合を想定していたが、v_u^* は正弦波に限定されない。$-V_{dc}/2 \leq v_u^* \leq V_{dc}/2$ の範囲内であれば、インバータの出力電圧の部分平均値（PWM キャリア周期間の平均値）は電圧指令値 v_u^* と一致する。ここでは単相ハーフブリッジインバータについて説明したが、この回路は三相インバータの 1 相分（u 相）に相当するため、三

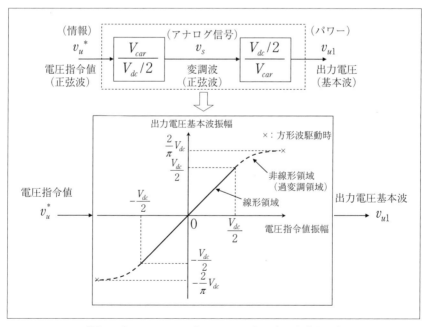

〔図 7-3〕PWM インバータのモデル（正弦波電圧）

相インバータの他の相 (v, w 相) についても同様に独立して制御できる。

7-2-2 電圧利用率を向上する変調方式

上述の三角波比較方式の正弦波 PWM 変調方式では、線形制御できる正弦波相電圧の上限値（振幅）V_{ph_max} は $V_{dc}/2$ であり、線間電圧の最大振幅は $\sqrt{3}V_{dc}/2$ であった。三相 PWM インバータにおいては、相電圧に高調波が含まれていても線間電圧に高調波を含まなければ問題ない。そこで、変調波の波形を工夫して線形に正弦波電圧を出力できる電圧の上限値 V_{ph_max} を大きくする（直流電源の電圧利用率を向上する）変調方式がある。電圧利用率を向上する手法としては、3次調波注入方式、二相変調方式などがあり、三相電圧を空間ベクトルとして扱いスイッチング信号を生成する空間ベクトル変調方式でも電圧利用率は向上する。どの方式も線形制御できる正弦波相電圧の最大振幅 V_{ph_max} は $V_{dc}/\sqrt{3}$ で、線間電圧の振幅最大値は直流電源電圧 V_{dc} と等しくなり、前項で述べた基本的な正弦波 PWM 制御方式に比べて電圧利用率は 15.5% 増加する。

(1) 3次調波注入方式

3次調波注入方式では、各相の正弦波電圧指令値に次式に示す3次調波信号 v_{s3}^* を加えて新たな電圧指令値とする。

$$v_{s3}^* = \frac{V^*}{6}\sin 3\omega t \quad \cdots\cdots\cdots\cdots\cdots\cdots\cdots\cdots\cdots\cdots\cdots\cdots\cdots\cdots \quad (7\text{-}3)$$

例えば、u 相電圧指令値は次式となる。

$$v_{us}^* = v_u^* + v_{s3}^* = V^*\sin\omega t + \frac{V^*}{6}\sin 3\omega t = V^*\left(\sin\omega t + \frac{1}{6}\sin 3\omega t\right) \quad (7\text{-}4)$$

図 7-4 に波形を示す。u 相電圧指令値 v_{us}^* の最大値は $\sqrt{3}V^*/2$（$\omega t = \pi/3$ の時）となり、v_u^* の振幅 V^* の 0.866 倍に低下する。この波高値が $V_{dc}/2$ となるまでが線形制御可能な範囲となる。すなわち、$V^* = V_{dc}/\sqrt{3}$ が線形制御可能な正弦波相電圧の最大振幅 V_{ph_max} となる。線間電圧に注目すると、各相に v_{s3}^* を加えているので線間電圧ではキャンセルされ、その影響は現れない。例えば、u-v 間の線間電圧 v_{uv} は次式となる。

$$v_{uv} = v_{us}^* - v_{vs}^* = \left(v_{us}^* + v_{s3}^*\right) - \left(v_{vs}^* + v_{s3}^*\right) = v_{us}^* - v_{vs}^* = \sqrt{3}V^* \sin\left(\omega t + \frac{\pi}{6}\right)$$
$$\cdots \quad (7\text{-}5)$$

(2) 二相変調方式

　三相の電圧指令値のうち絶対値が最も大きい相の電圧指令値を $V_{dc}/2$ と等しくして、他の二相のスイッチングにより電圧を制御する方式を二相変調方式と呼ぶ。具体的には、式 (7-6) によりオフセット電圧を求めて式 (7-7) のように新たな電圧指令値を得る。

$$v_{s2}^* = \begin{cases} V_{dc}/2 - v_{\max} & (|v_{\max}| \geq |v_{\min}| \text{のとき}) \\ -V_{dc}/2 - v_{\min} & (|v_{\max}| < |v_{\min}| \text{のとき}) \end{cases} \quad \cdots \cdots \cdots \quad (7\text{-}6)$$

ただし、$v_{\max} = \max(v_u^*, v_v^*, v_w^*)$, $v_{\min} = \min(v_u^*, v_v^*, v_w^*)$

$$\left.\begin{aligned} v_{us}^* &= v_u^* + v_{s2}^* \\ v_{vs}^* &= v_v^* + v_{s2}^* \\ v_{ws}^* &= v_w^* + v_{s2}^* \end{aligned}\right\} \quad \cdots\cdots\cdots\cdots\cdots\cdots\cdots\cdots\cdots\cdots\cdots\cdots\cdots\cdots\cdots \quad (7\text{-}7)$$

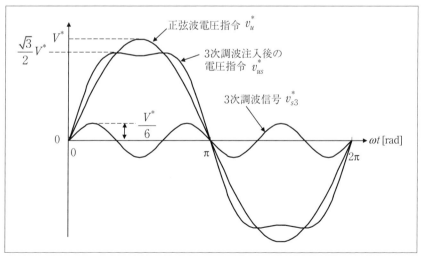

〔図 7-4〕3 次調波注入方式の変調波

※7. インバータとセンサ

この場合も線間電圧ではオフセット電圧 v_{s2}^* はキャンセルされる。図7-5に二相変調方式における各波形を示す。元の正弦波電圧指令に v_{s2}^* を加えることで、各相の電圧指令値が $\pi/3$ の期間、$V_{dc}/2$ または $-V_{dc}/2$ となっていることが分かる。V^* の増加に伴い v_{s2}^* の波形は変化し、補正後の

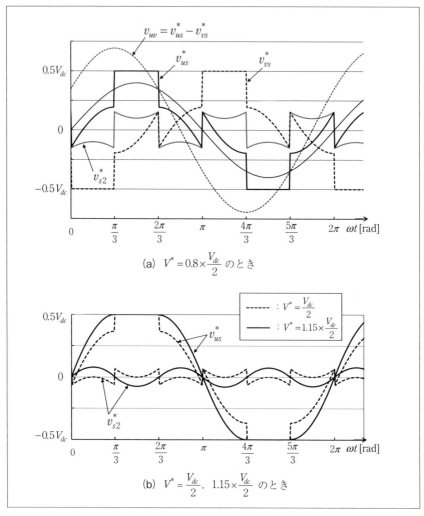

〔図7-5〕二相変調方式の波形

電圧指令値 v_{us}^* の最大値は $V_{dc}/2$ に制限されるが、基本波振幅 V^* は $V_{dc}/2$ を超えて増加する。この場合も $V^*=V_{dc}/\sqrt{3}$ が線形制御可能な正弦波相電圧の最大振幅 V_{ph_max} となる。二相変調方式は電圧利用率を向上できる（$V_{ph\_max}=V_{dc}/\sqrt{3}$）ことに加えて、三相のうち二相分のみスイッチングするのでスイッチング損失が低減できることも特徴である。

　上述のような手法で直流電圧 V_{dc} の利用率が向上すれば、同じ電圧の直流電源でモータを駆動する場合の電圧制限値を大きくできる。第4章で示した電圧制限値 V_{am} と線形制御可能な正弦波相電圧の最大振幅 V_{ph_max} の関係は、$V_{am}=\sqrt{3/2}V_{ph\_max}$ であり、V_{ph_max} が15.5%増加すれば、V_{am} も15.5%増加し、その分基底速度や基底速度以上でのトルク、出力が増加する。

7-3 デッドタイムの影響と補償
7-3-1 デッドタイムの影響

これまでの説明では、インバータ回路の上側のスイッチと下側のスイッチは交互にスイッチングし、オン、オフが瞬時に切り替わるものとして説明してきた。しかし、実際のスイッチングデバイスにはスイッチの切り替わりに遅れ時間やターンオン、ターンオフ時間がある。上下のスイッチが同時にオンする期間があると、電源短絡が起こりスイッチに過電流が流れて破壊するため、スイッチのオン・オフ信号には必ず両方がオフする期間（短絡防止時間、デッドタイムと呼ぶ）を設ける。一般には、オンするタイミングを T_D[s] だけ遅らせるオンディレーを設ける。

図 7-2 の回路と動作をもとにデッドタイムの影響を説明する。図 7-6

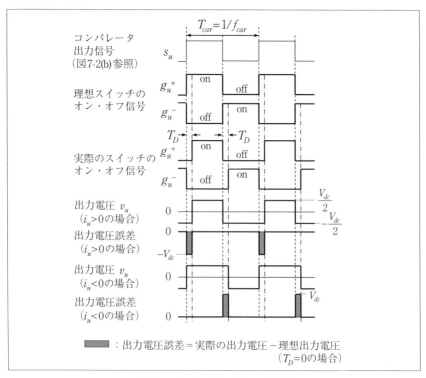

〔図 7-6〕デッドタイムの影響

— 240 —

に T_D のオンディレーを設けた実際のスイッチのオン・オフ信号と出力電圧の波形をオンディレーのない理想的なスイッチングの場合と比較して示す。オンのタイミングが T_D だけ遅れることで上下のスイッチが両方ともオフする期間が生じる。両方のスイッチがオフの時、出力電流 i_u が正の場合は、ダイオード D_u^- が導通するため出力電圧は $-V_{dc}/2$ となり、出力電流が負の場合は、ダイオード D_u^+ が導通するため出力電圧は $V_{dc}/2$ となる。その結果、理想状態の出力電圧と実際の出力電圧には、図7-6に示すような出力電圧誤差が生じる。

デッドタイム T_D によって生じる電圧誤差はPWMキャリア周期 T_{car} ($=1/f_{car}$, f_{car}：キャリア周波数) に1回生じるため、PWMキャリア周期で平均化して近似的に方形波電圧として表すと、その大きさ ΔV は

$$\Delta V = \frac{V_{dc} T_D}{T_{car}} = V_{dc} T_D f_{car} \quad \cdots\cdots\cdots\cdots\cdots\cdots\cdots\cdots\cdots\cdots (7\text{-}8)$$

となる。上式は、スイッチの切り替わりが瞬時であると仮定して期間 T_D において上下のスイッチが両方ともオフしているとき成立するが、厳密にはデバイスのスイッチング特性を考慮する必要がある。スイッチのターンオン時間 t_{on}、ターンオフ時間 t_{off} を考慮すると実際のデッドタイム（上下のスイッチがオフしている期間）は $T_D + t_{on} - t_{off}$ となり、一般に $t_{on} < t_{off}$ であるため電圧誤差の平均値 ΔV は、式 (7-8) で求めた値よりも若干小さくなる傾向がある。

7−3−2　デッドタイムの補償法

通常、デッドタイム T_D、キャリア周波数 f_{car} は一定値であり、電圧誤差 ΔV は電圧指令値の波形に関係なく常に外乱として作用する。デッドタイム T_D の影響は、平均的には図7-7に示すように相電流が正の時は $-\Delta V$、電流が負の時は ΔV の方形波電圧となり、電圧指令値と実際の出力電圧の間に誤差が生じる。この電圧誤差により、相電流波形が歪み低次高調波が発生する。図7-7に示したデッドタイムによる誤差電圧は、各相で生じるため、電流波形には基本波に対して6倍の高調波成分（6f成分）が発生する。

⊗ 7. インバータとセンサ

このような影響を補正するために次式のように三相電圧指令値を補正するデッドタイム補償を行う。

$$\begin{bmatrix} v_{uc}^* \\ v_{vc}^* \\ v_{wc}^* \end{bmatrix} = \begin{bmatrix} v_{u}^* \\ v_{v}^* \\ v_{w}^* \end{bmatrix} + \Delta V \begin{bmatrix} f_{cmp}(i_u) \\ f_{cmp}(i_v) \\ f_{cmp}(i_w) \end{bmatrix} \quad \cdots\cdots\cdots\cdots\cdots\cdots\cdots\cdots \quad (7\text{-}9)$$

電圧補償の関数 $f_{cmp}(i)$ の例を図 7-8 に示す。、図 7-7 によれば関数 $f_{cmp}(i)$ は電流 i の極性で正負を切り換える符号関数 sgn(i)（図 7-8 (a)）でよい。この補償を行う前後の電圧指令の波形を図 7-7 に示している。補償後の電圧指令値により PWM 制御するとデッドタイムによる電圧誤差が加わり、実際の電圧は元の電圧指令値（理想出力電圧）にできる。しかし、検出した電流には PWM による高調波や検出ノイズなどが含まれるため、電流 0 付近での電流リプルの影響を抑えるように図 7-8 に示すように電流 0 付近に不感帯（同図 (b)）、ヒステリシス特性（同図 (c)）や電流の一次関数区間（同図 (d)）を設ける。また、同図 (e) のように実測した電流と電圧誤差との関係を用いることもある。電圧補償の関数 $f_{cmp}(i)$ に用いる電流は、基本的に検出した電流であるがリプル成分やサンプリングによる検出遅れなどがあるため、検出電流の代わりに d, q 軸電流指

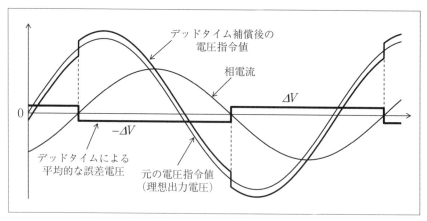

〔図 7-7〕デッドタイムによる電圧誤差と電圧指令値

令値より相電流を算出してデッドタイム補償に用いることも有効である。

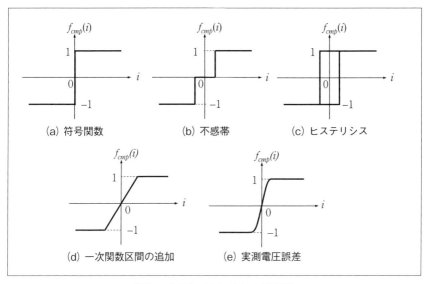

〔図 7-8〕デッドタイムの補償法

7-4 モータドライブに用いるセンサ

同期モータの制御には、これまで述べたように位置や電流など各種状態量の情報が必要であり、その状態量を検出するセンサはモータ制御システムの重要な構成要素である。表7-1に同期モータドライブに用いられる各種センサの一覧を示す。

7-4-1 機械量のセンサ

同期モータの制御では、座標変換のために位置情報が、正確な位置・速度・トルクの制御のために位置、速度情報が必要である。

(1) 位置センサ

モータドライブで一般に用いる位置センサとしてロータリーエンコーダとレゾルバがある。

(a) ロータリーエンコーダ

光学式インクリメンタルエンコーダは回転軸に等間隔のスリットが刻まれた回転ディスクが取り付けられ、本体には同間隔のスリットを持つ固定スリット（A, B, Z 相スリット）がある。この二つのスリットをはさんで発光素子（発光ダイオード）と受光素子（フォトトランジスタ）が設置されており、回転量に比例した回数の明暗を受光素子で電気信号として取り出し、波形整形して矩形波の出力信号を得る。インクリメンタルエンコーダの出力波形を図7-9に示す。A 相と B 相は位相が90°ずれており、機械角1回転当たり1000～6000パルス程度のものが用いられることが多い。また、Z 相は1回転で1パルスの信号を発生する。A, B 相の信号の位相関係は、正回転のときは A 相信号が90°進み位相であり、

〔表7-1〕同期モータドライブに用いられるセンサ

機械量のセンサ	位置センサ	インクリメンタルコーダ
		アブソリュートエンコーダ
		レゾルバ
	速度センサ	タコジェネレータ、位置センサの信号を利用
電気量のセンサ	電流センサ	ホールCT、シャント抵抗
	電圧センサ	ホールCT、シャント抵抗

逆回転ではB相信号が90°進み位相となるため、この関係より回転方向を検出することができる。また、A, B相信号の立ち上がりと立ち下がりエッジでパルス信号を得るとA, B相信号の4倍（4逓倍という）のパルス信号を得ることができる。ここで、エンコーダの1回転あたりのパルス数を N_{RE} [PPR]（PPR：Pulses Per Revolution）とすると4逓倍後に得られるパルス数は $N_p = 4N_{RE}$ [CPR]（CPR：Counts Per Revolution）となる。4逓倍後の信号を利用すると座標変換で用いる電気角の角度分解能は次式で与えられる。

$$\theta_{RES} = \frac{2\pi P_n}{N_p} \quad \text{[rad]} \quad \cdots\cdots\cdots\cdots\cdots\cdots\cdots\cdots\cdots\cdots\cdots\cdots (7\text{-}10)$$

同じ分解能の電気角情報が必要なとき、極対数 P_n が大きいモータ程パルス数の多いエンコーダを用いる必要がある。

　A, B相信号からは、回転軸の絶対的な位置は得られないので、Z相信号を用いて基準位置（原点）を検出する。しかし、電源投入時はモータ位置は不明であり、モータ起動時に課題がある。そこで、モータ制御用としてA, B, Z相信号に加えて、図7-10に示すようなU, V, W相信号を出力するモータ制御用エンコーダがある。U, V, W相信号より電気角60°の分解能で回転子の絶対位置が検出できる。電源投入後の起動時にこの信号をもとに制御すれば正方向の十分なトルクを発生して始動でき、Z

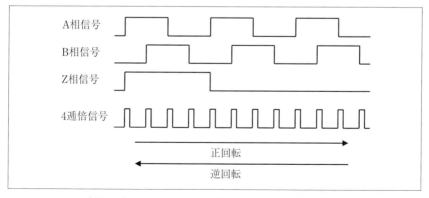

〔図7-9〕インクリメンタルエンコーダの出力信号

⊗ 7. インバータとセンサ

相信号が得られた後は、式 (7-10) で示した高分解能の位置情報が得られる。

　光学式に対して、磁気式のロータリーエンコーダもある。回転ドラムの円周上にN極とS極が交互に着磁されていて、これを磁気抵抗素子で検出すると光学式エンコーダと同様の信号が得られる。磁気式エンコーダは光学式エンコーダと比べて分解能と精度は劣るため、モータ制御には一般に光学式エンコーダが使用される。

　インクリメンタルエンコーダは、上述のように電源投入時に絶対的な位置の検出ができない。これに対し常に絶対的な位置を検出できるのがアブソリュートエンコーダである。回転ディスクには n 個のトラックが作られ、n ビットの出力信号が得られる。図 7-11 はアブソリュートエンコーダの出力信号例である。アブソリュートエンコーダの出力コードはバイナリコード（図 7-11 参照）やコード変化が一カ所しか生じないグレイコードが用いられる。

(b) レゾルバ

　レゾルバは、原理的には回転角度によって1次巻線と2次巻線間の相互インダクタンスが変化する変圧器である。1次巻線に数 kHz 以上の高周波電圧を加え高周波電流を流すと電磁誘導作用により回転子側の2次巻線には回転角度の情報を持つ誘起電圧（交流電圧）が生じる。レゾル

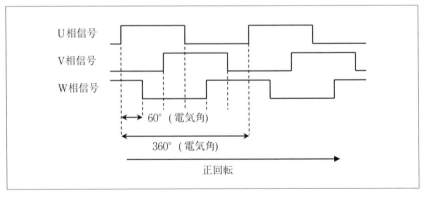

〔図 7-10〕モータ制御用エンコーダの U, V, W 相信号

― 246 ―

バの励磁とアナログ出力信号をデジタル信号に変換するためにレゾルバ／デジタル変換器（R/Dコンバータ）が用いられる。R/Dコンバータの出力信号は、インクリメンタルエンコーダ出力と同様のA, B, Z相信号やアブソリュートエンコーダ出力と同様の n ビットの信号となる。

レゾルバは、鉄心とコイルのみで構成されているため、他のセンサに比べて構造的に高い耐環境性を有しているのが特徴であり、自動車駆動用モータの位置センサとして使用されている。

(2) 速度センサ

最も一般的な速度センサはタコジェネレータであり、回転速度に比例した直流電圧を発生させる発電機である。ブラシ付きタコジェネレータの構造は基本的に直流モータと同じであり、固定子に永久磁石界磁があり回転子巻線に発生する速度に比例した速度起電力を整流子とブラシでアナログの直流電圧として検出する。整流子とブラシの機械的接触部をなくしたブラシレスタコジェネレータもある。

同期モータドライブシステムにおいては、位置センサが設置されるので位置センサの信号から次式の関係をもとに速度情報 ω_r（機械角）を得

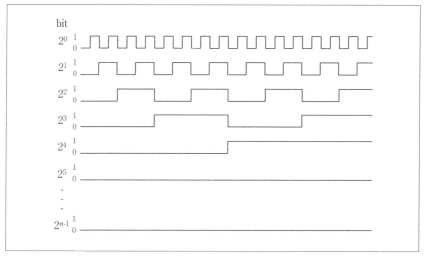

〔図7-11〕アブソリュートエンコーダの出力信号（バイナリコード）

⊗ 7. インバータとセンサ

るのが一般的である。

$$\omega_r = \frac{d\theta_r}{dt} \cong \frac{\theta_{r2}-\theta_{r1}}{t_2-t_1} = \frac{\Delta\theta_r}{T_s} \quad \cdots\cdots\cdots\cdots\cdots\cdots\cdots (7\text{-}11)$$

ただし、T_s[s]：位置検出周期、θ_{r1}[rad], θ_{r2}[rad]：t_1[s], t_2[s] における位置（機械角）、$\Delta\theta_r$[rad]：$t_1 \sim t_2$ 間の位置変化量

具体的には、図 7-12 のようなエンコーダ信号が得られるとき、一定の計測期間 T_s におけるエンコーダの出力パルスをカウントすると、カウント数 n_p は回転速度に比例するため速度検出ができる。エンコーダの1回転当たりのパルス数を N_p とするとエンコーダパルスの位置分解能（機械角）は $\theta_{r\_RES}=2\pi/N_p$[rad] であり、位置変化量は $\Delta\theta=n_p\theta_{r\_RES}$ となるため、式 (7-11) より回転角速度 ω_r[rad/s] は次式で得られる。

$$\omega_r = \frac{\Delta\theta_r}{T_s} = \frac{2\pi n_p}{N_p T_s} \quad \cdots\cdots\cdots\cdots\cdots\cdots\cdots\cdots\cdots (7\text{-}12)$$

ここで、図 7-12 に示したようにエンコーダパルスとその計測期間とは同期しておらず、n_p に最大±1パルス分の誤差が生じるので、速度分解能は次式となる。

$$\omega_{r\_RES} = \frac{2\pi}{N_p T_s} \text{ [rad/s]} = \frac{60}{N_p T_s} \text{ [min}^{-1}\text{]} \quad \cdots\cdots\cdots\cdots (7\text{-}13)$$

速度分解能を高くするには、1回転当たりのパルス数 N_p が多いエンコーダを使用するか、計測期間 T_s を長くする必要がある。T_s は一般に速度制御系のサンプリング周期と合わせることが多いので T_s を大きくす

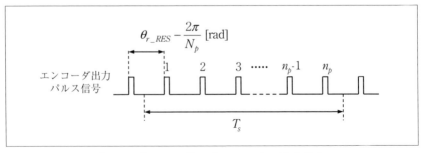

〔図 7-12〕パルス数カウントによる速度検出

ると速度制御系の応答周波数を上げることが困難になり、T_sを小さくすると速度分解能が低下し速度制御器のゲインを大きくすることが困難になるため、速度制御の過渡応答特性を考慮してエンコーダのパルス数N_pや計測期間T_sを決める必要がある。また、式 (7-13) で得られる速度は、計測期間T_sの間の平均速度であり、位置検出を行うサンプリング時点での瞬時速度ではないこと、T_sが大きく、加減速度が大きいほど式 (7-13) で得た速度と実際の瞬時速度との差が大きくなることに注意が必要である。

7-4-2 電気量のセンサ
(1) 電流センサ
電流を検出する方法は、電流によって発生する磁界の強さを検出する方式と電流の通路にシャント抵抗を接続し、その電圧降下を測定する方法に大別できる．
(a) ホール電流センサ
ホール電流センサは、ホール素子を利用した電流センサである。図 7-13 に原理を示す。ホール素子に電流I_cを流し、垂直に磁界 B を加えると、ホール効果によってI_cと B に比例した電位差$V_H(=K_H I_c B)$が電流と磁界に対し直角方向に生じる。同図 (b) のように磁性コアのギャップ部にホ

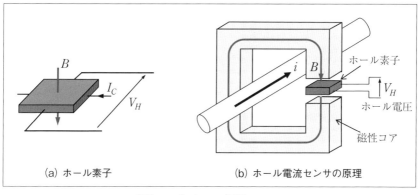

〔図 7-13〕ホール電流センサ

ール素子を設置し、被検出電流 i が流れる導線をコアに貫通させると、ホール素子に加わる磁束密度 B は電流 i に比例する。外部回路で I_c を一定に保っておくと、電流 i に比例したホール電圧 V_H が得られる。V_H は小さいのでそれを増幅することで i に比例したアナログ信号を得る。

ホール電流センサは、電流が流れる電力部とセンサ信号部が絶縁できる特徴があり、小電流から大電流まで幅広いレンジで電流検出が可能である。また、直流から 100kHz を越える高周波まで検出が可能であるため DCCT とも呼ばれ、モータドライブシステムにおける標準的な電流センサである。

(b) シャント抵抗方式

シャント抵抗方式は測定回路にシャント抵抗を直列に挿入し、抵抗両端の電位差を検出する方法である。測定する電力回路部が高電圧の場合は、制御側の低電圧部と絶縁する必要があり、絶縁アンプなどが用いられる。本方式は小型で検出回路が比較的簡単であり、10A 以下の電流の測定には価格的にも有利である。エアコンや洗濯機などの家電製品のモータ制御回路ではよく用いられており、絶縁せずに使用することも増えてきている。しかし、検出する電流が大きい場合はシャント抵抗値を小さくし、容量を大きくする必要があり、100A を越えるような電流検出にはあまり用いられない。また、高周波電流を検出する際は、誘導成分が影響するため、抵抗器のインダクタンスが小さいことが要求される。

(2) 電圧センサ

被測定電圧を分圧して絶縁アンプに入力し、絶縁された信号を得る絶縁アンプ式電圧センサやホール効果を応用した電圧センサなどがある。ホール効果を応用した電圧センサでは、被測定電圧ラインから微小電流を取り出して磁性コアに巻いた 1 次巻線に流す。コアのギャップ部に生じる磁界は 1 次巻線電流すなわち被測定電圧に比例するため、ギャップ磁界を電流センサと同様の手法で検出することにより被測定電圧に比例した信号が得られる。

モータドライブシステムにおいては、交流側（モータ端子）の電圧を測定することは殆どないが、一般にインバータの直流側の電圧は測定さ

れ、回路保護や制御に利用される。検出された直流電圧 V_{dc} は、7-2 節で述べたようにインバータの出力可能電圧や電圧制限値に影響するので、直流電圧 V_{dc} が変化するシステムにおいては、電流ベクトル制御や直接トルク制御において考慮する必要がある。

デジタル制御システムの設計法

8-1　はじめに

　シミュレーションであれば制御器とモータモデルともに浮動小数点型で数値計算でき、可変ステップ時間のソルバーにより連続系の現象も比較的容易に模擬できる。しかし、実時間（リアルタイム）での制御では計算機の処理能力に制約があり、制御周期ごとの離散時間で制御を行う必要がある。また、電圧や電流などの物理量を得る場合にアナログ－デジタル変換が用いられるが、有限の分解能でしか値を得ることができない。したがって、デジタル制御システムの得失をよく理解して、制御器を構成する必要がある。

　本章では、モータ駆動でデジタル制御システムを使用する際の基本構成と注意点について説明する。

8-2 デジタル制御システムの基本構成

8-2-1 ハードウェア構成

モータ制御で用いられるデジタル制御システムについて、ハードウェア構成を図8-1に示す。項目ごとに説明する。

(1) PWMによるスイッチング信号生成

制御器から得られる指令電圧を基に、インバータに与えるスイッチング信号を生成する。カウンタを用いて三角波キャリアを生成し、キャリア比較によりスイッチング信号を得る。もしくはキャリア比較に依らない方法として、指令電圧に相当する値をダウンカウンタの初期値として与え、カウンタのタイムアウト(カウントゼロ)を用いてスイッチング信号を得る方法もある。デッドタイムも付加し、スイッチング素子ごとのゲート信号として三相電圧形インバータに与える。

(2) アナログ−デジタル変換

モータの電圧や電流を制御で使用するためにアナログ−デジタル変換(ADC: Analog to Digital Conversion)が用いられる。トルク・速度・位置の指令値をアナログ値で与える場合にも使用されることがある。標本化(Sampling)のため、サンプル・ホールド(S/H)回路で値を保持する。また、同時に多数の信号を変換できることが求められるが、変換手法(モータ制御では逐次比較型を用いることが多い)により変換時間を要することや、アナログスイッチ等で多チャンネルを切り替えて変換する場合があることからもS/H回路が必要である。また、後述するアンチエイリアシングのためLPFも設けられる。

(3) ABZカウンタ

一般にカウンタはパルスの計測に用いられ、モータ制御ではインクリメンタルエンコーダのABZ信号により回転子位置を知ることができる。7-4-1項で説明があった通り、Zパルスでカウンタがリセットされ(原点)、A相とB相の信号変化によりカウント値が増加もしくは減少される。

(4) タイマ

時間を計測するために用いられる。カウンタと同じハードウェアで構

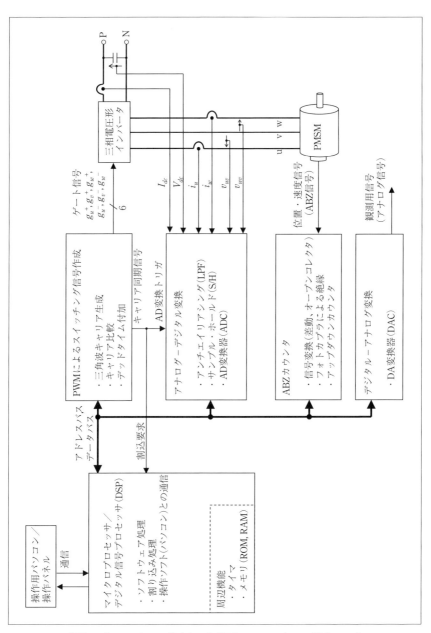

〔図 8-1〕モータのデジタル制御システム（ハードウェア）

※8. デジタル制御システムの設計法

成されるが、パルス信号として決まった周波数の信号（クロック）を与えることにより、時間を計測できる。制御システムでは制御周期ごとの処理や演算が必要であり、タイマを用いて実現できる。

(5) その他

デジタル制御システムでは、制御プログラムで演算された変数を操作用パソコン上で観測することができる。しかし、オシロスコープなどの測定器で観測したい場合もあるため、アナログ信号を出力できるようデジタル－アナログ変換を備える場合もある。

後述するソフトウェア処理（割込処理を含む）はマイコンやデジタル信号プロセッサ（DSP: Digital Signal Processor）で実現する。AD 変換、カウンタ、スイッチング信号生成は、再構成可能な論理回路（FPGA: Field Programmable Gate Array もしくは CPLD: Complex Programmable Logic Device）を用いることにより実現できる。現在はモータ制御用マイコン（ルネサスエレクトロニクス RX62T シリーズ、東芝 TX03 シリーズ、Microchip dsPIC33E シリーズなど）も市販されており、パワー回路を除いてワンチップでモータ制御に必要な機能を手に入れることもできる。

8－2－2　ソフトウェア処理と割込処理

ソフトウェアで処理されるモータ制御器の一例を図 8-2 に示す。パソコン上で用いられるアプリケーションソフト（シミュレータや数値計算ソフトウェアなど）のようにマイクロプロセッサの最高能力を使って短時間に処理を終わらせるのではなく、モータ制御の場合には制御周期ごとに処理することが求められる。これは制御の速さ（応答速度、時定数）が異なる電気系と機械系で分けて考えることにより、容易に構成できる。

d, q 軸電流制御や DTC といった制御では、電圧方程式に基づく電気系の制御であることから数百 μs のオーダーで制御され、PWM キャリアに同期して処理されることが多い。したがって、AD 変換、座標変換、トルク・電流制御（PI 制御）、各種補償までの処理を制御周期内におさめる必要がある。

速度や位置の制御は、運動方程式に基づく機械系の制御であることか

- 258 -

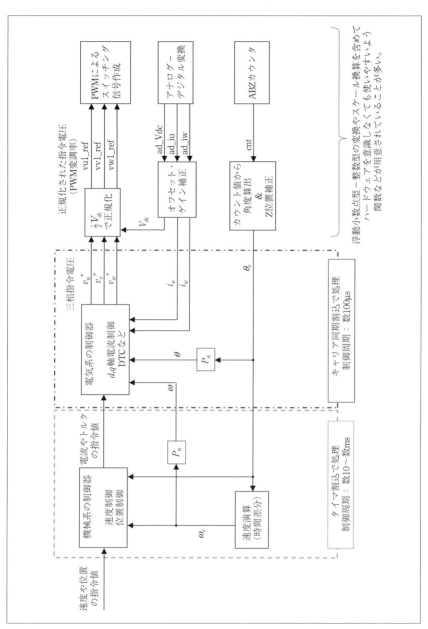

〔図 8-2〕モータのデジタル制御システム（ソフトウェア）

ら数十〜数 ms のオーダーで制御すればよく、タイマ割込によって処理されることが多い。電流やトルクの指令値も機械系の制御周期で更新すれば良い。

なお、モータ制御で用いられるマイクロプロセッサはシングルコアであり、同時に複数の演算処理をできないことから、割込 (Interrupt) を用いて電気系と機械系の制御を時分割で処理する。割込処理の一例を図 8-3 に示す。割込には優先順位も設けられており、一般には高頻度で遅れが許されないキャリア同期割込の優先順位が高い。したがって、機械系制御の処理中に電気系制御が複数回割り込んで処理されることを認識しておく必要がある。具体的には電流制御であれば、指令電流の更新を速度制御の処理で順次行うのではなく、d, q 軸成分が揃ったタイミングで更新するなどの対応が必要である。

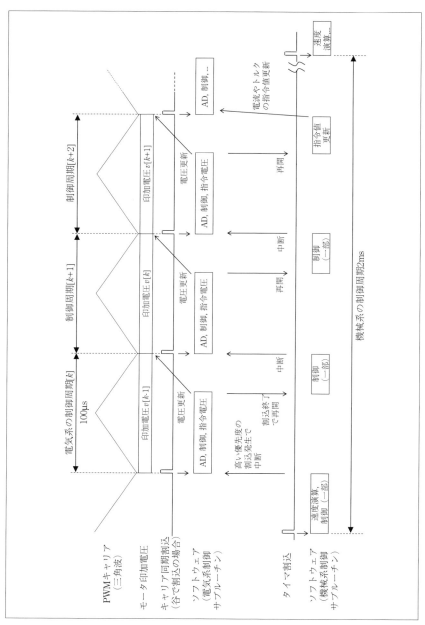

〔図8-3〕割込処理の一例（キャリア同期割込周期100μs, タイマ割込周期2ms）

8. デジタル制御システムの設計法

8-3 制御システムのデジタル化

　制御システムの特性を評価する際には連続系の関数を使用することが多いが、実世界ではマイクロプロセッサを用いた離散時間での演算になるため、連続系（s領域）と離散系（z領域）を相互に変換する必要がある。

　制御系のシミュレーションで使用されることが多いMathWorks社のSimulinkのようにブロック図として制御システムを構築している場合であれば、三相電流のフィードバックや三相電圧指令値の信号に0次ホールド（S/H）やMemory（遅延要素）を挿入することにより簡易的に離散化できる。さらに、積分要素や微分要素に対してs-z変換を適用することにより離散化したシステムを得ることができる。s-z変換の一例を表8-1に示す。z領域において、zは1サンプル前の値を示し、z^{-1}は1サンプル後の値であることを示す。具体的な例として積分と微分について説明する。

　図8-4（a）に示されるs領域での積分要素は、時間領域では式（8-1）で与えられ、後進オイラー法を用いるとz領域では式（8-2）で演算できる。

〔表8-1〕連続系と離散系の変換方法

前進オイラー法 (Forward Euler Method)	$s = \dfrac{z-1}{T_s}$	・同じサンプル時刻の値（例えば$u(k-1)$）のみで計算できる。 ・シミュレーションで代数ループを回避しやすい。 ・1サンプル前の値（$u(k-1)$や$y(k-1)$）のみでの演算になるため、現在の状態が反映されない。
後進オイラー法 (Backward Euler Method)	$s = \dfrac{1-z^{-1}}{T_s}$	・異なるサンプル時刻の値 　（例えば$u(k)$と$u(k-1)$）を必要とする。 ・ソフトウェアのように逐次的に演算できる場合には適した手法。
双一次変換、台形法 (Trapezoidal)	$s = \dfrac{2}{T_s} \cdot \dfrac{1-z^{-1}}{1+z^{-1}}$	・周波数応答のエイリアシングが生じない。 　（連続系と離散系で1対1に対応） ・変換前後で安定性が保たれる。 ・連続系（ω_a）と離散系（ω_d）での角周波数に差が生じるため次式によるプリワーピングが必要 $\omega_d = \dfrac{2}{T_s} \tan^{-1}\left(\dfrac{T_s}{2}\omega_a\right)$

$$y(t) = \int u(t)\,dt + Y_0 \quad \cdots\cdots\cdots\cdots\cdots\cdots\cdots\cdots\cdots\cdots\cdots\cdots\cdots \quad (8\text{-}1)$$

$$y(k) = T_s u(k) + y(k-1) \quad \cdots\cdots\cdots\cdots\cdots\cdots\cdots\cdots\cdots\cdots \quad (8\text{-}2)$$

ただし、T_s はサンプリング周期であり、$Y_0 = y(0)$ は y の初期値である。

離散系では積分要素を定数倍, 遅延要素と加算で実現できる。これはデジタルフィルタ (FIR: Finite Impulse Response もしくは IIR: Infinite Impulse Response) でよく用いられる構成であり、DSP のように積和を高速に演算できるプロセッサに適している。アナログ回路では難しい数百次といった高次のフィルタもデジタルフィルタであれば容易に実現できる。

図 8-4 (b) に示される s 領域での微分要素は、時間領域では式 (8-3) で与えられ、後進オイラー法を用いると z 領域では式 (8-4) で演算できる。

$$y(t) = \frac{du(t)}{dt} \quad \cdots\cdots\cdots\cdots\cdots\cdots\cdots\cdots\cdots\cdots\cdots\cdots\cdots \quad (8\text{-}3)$$

$$y(k) = \frac{u(k) - u(k-1)}{T_s} \quad \cdots\cdots\cdots\cdots\cdots\cdots\cdots\cdots\cdots \quad (8\text{-}4)$$

離散系では差を用いて微分要素を実現できることから、時間差分とも呼ばれる。また、式 (8-4) では T_s の除算であるが、サンプリング周波数 $f_s = 1/T_s$ を用いることにより、

$$y(k) = f_s \{u(k) - u(k-1)\} \quad \cdots\cdots\cdots\cdots\cdots\cdots\cdots\cdots \quad (8\text{-}5)$$

と表すこともでき、積分と同様に積和で演算できる。

〔図 8-4〕s 領域での積分と微分

8-4 デジタル化の注意点

十分に高いサンプリング周波数（十分に短い制御周期とも言える）であれば、s-z変換をはじめデジタル制御で問題が生じることは少ない。しかし、現実にはハードウェアやソフトウェアの制約により、サンプリング周波数を高くできない場合もあるため、注意点を述べる。

8-4-1 サンプリング定理

サンプリング定理により、サンプリング周波数に対して1/2未満の周波数の信号しか取り込めない。一例を図8-5に示す。正弦波の正負をサンプリングできれば、その正弦波の周波数はサンプリングできたことになる。しかし、タイミングによっては0ばかりサンプリングされる可能性もあり、信号の有無が分からない。さらに、交流の振幅と位相は十分に情報を得られないことに注意が必要である。

なお、サンプリング周波数の1/2を超える周波数の信号が含まれている場合、標本化により異なる周波数の信号として観測される場合がある

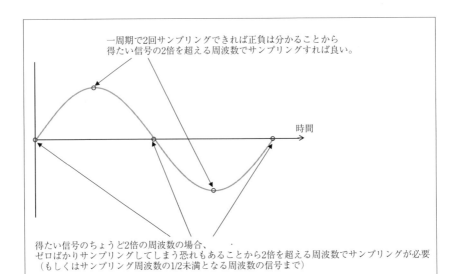

〔図8-5〕サンプリング（標本化）について

（エイリアシング）。好ましくない現象であるため、アンチエイリアシングとしてADCの入力回路にLPFを設ける場合や、制御周期よりも短い周期でサンプリング（オーバーサンプリング）し、デジタルフィルタを用いて除去する場合がある。

　モータ制御の観点では、周波数だけでなく振幅と位相も重要な情報となる。図8-6のように観測したい周波数に対して十分なサンプリング数が望ましく、適切な制御をする場合には基本波周波数に対して10〜100倍のサンプリング周波数を目安にする必要がある。

8−4−2　量子化誤差

　ADCやデジタル回路で実現されるPWMでは、量子化ビット数以上の情報を取り扱うことはできない。nビットのADCであれば、フルスケールに対して2^n段階（符号で1bit必要であるため、振幅としては2^{n-1}段階）で電圧や電流の値が得られる。

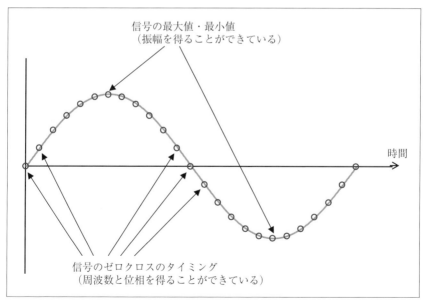

〔図8-6〕モータ制御で望ましいサンプリング周期の例

- 265 -

⊗8. デジタル制御システムの設計法

　サンプリングと量子化による変化を図8-7に示す。図8-7 (a) より、サンプリング周期 T_s ごとに値が更新される。サンプル・ホールドにより T_s の間は値が維持されるため、見た目は階段状の波形となる。図8-7 (b) では図8-7 (a) の波形に量子化された波形を重ねた。サンプリング値に

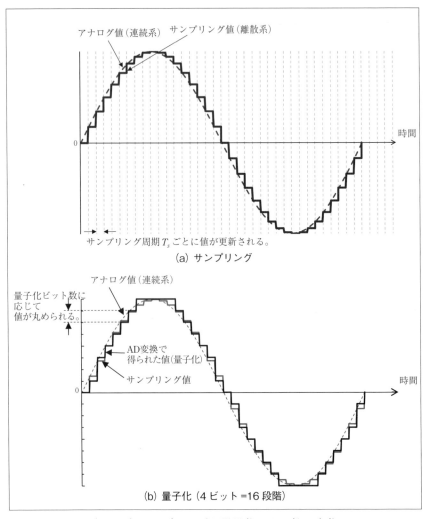

〔図8-7〕サンプリングと量子化による値の変化

− 266 −

対して量子化分解能の範囲で近い値が AD 変換により得られる。4 ビットであれば $2^4 = 16$ 段階の値となるように値が丸められる。量子化され階段状に得られる値と破線で示した真値との差が量子化誤差である。

信号の振幅が異なる場合の比較を図 8-8 に示す。モータの電圧や電流は過渡的な変化や高調波によって瞬間的な値の変化が生じることを考慮すると、ADC のフルスケールは余裕を持って決める必要があり、さらに分解能は低下する。

8−4−3 センサ誤差の補正

電子回路の耐圧や ADC の入力電圧範囲により、センサから得られるアナログ値には減衰・増幅が必要となる。例えば、±50A を±5V のアナログ値として取り込むなどスケール変換が必要となる。AD 変換までは電子回路を用いて減衰・増幅が行われるため、オフセット誤差とゲイン誤差を完全に除去できない。図 8-9 にセンサ誤差の一例を示す。図 8-9 (a) ではオフセット誤差による値の変化を示した。真値 x_{actual} と AD 変換で得られた値 x_{samp} は等しいことが望ましいが、オフセット $-k_{offset}$ により値が変化する。具体的な例として、モータに電流が流れていない ($x_{actual} = 0$)

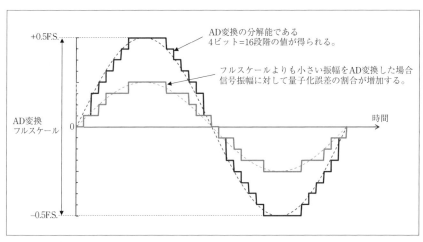

〔図 8-8〕量子化とフルスケール（4 ビットで量子化した場合）

にも関わらず、AD変換で得られた値 x_{samp} がある値を持つことがある。図8-9 (b) はゲイン誤差が生じた場合である。ゲイン誤差 $1/k_G$ だけ値が小さく観測される。なお、説明のためにオフセット誤差とゲイン誤差を分けて図示したが、これらは同時に起こり得る現象である。

AD変換のフルスケールを有効利用するために、オフセット誤差とゲイン誤差は電子回路で最大限補正されることが望ましいが、簡易的にはソフトウェア上でも次式で補正することができる。

$$x = k_G\, x_{samp} + k_{offset} \quad \cdots\cdots\cdots\cdots\cdots\cdots\cdots\cdots\cdots \quad (8\text{-}6)$$

ただし、x：制御で用いる値（V_{dc}, i_u, i_w など）、x_{samp}：AD変換で得られた値、k_G：傾き補正値（誤差がなければ1）、k_{offset}：オフセット補正値（誤差がなければ0）

8－4－4　時間遅れの影響

図8-3で示したように、制御周期ごとにAD変換と制御の演算を行うことから、AD変換の時点から制御により得られた指令電圧がモータに

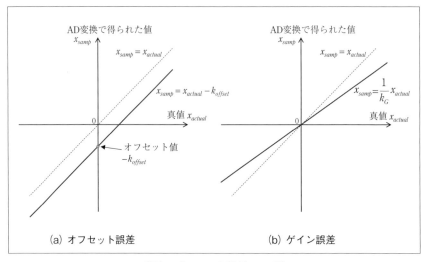

〔図8-9〕センサ誤差の一例

印加されるまで平均 $1.5T_s$ の遅れが生じる。電気角速度の1周期に対して十分短い制御周期であれば、この時間遅れの影響を無視できる。多極モータや高速モータのように電気角速度の周期が短い場合には時間遅れの影響を無視できないため対策を要することがある。具体的には、電圧指令値を時間遅れ分進ませてPWMの指令電圧として与えるなどの方法がある。

モータ試験システム と特性測定方法

9-1 はじめに

　これまでの章で説明した制御法や制御システムを実機で構築するためには、適切な実験装置の選択をはじめとし、機器定数と運転特性の測定が必要となる。本章ではモータ試験システムの一例を示した後、機器定数の測定法について説明する。モータ性能を示すためによく用いられる基本特性の測定についても説明する。

⊗9. モータ試験システムと特性測定方法

9－2　実験システムの構成

同期モータの特性を評価するために使用する試験ベンチとして、PMSM の実験システム構成の一例を図 9-1 に示す。実際の設備の参考として写真を図 9-2 に示す。項目ごとに概要と注意点を説明する。

(1) 供試機 (PMSM)

特性測定の対象となるモータである。回転軸の芯ずれなど機械的な要素も機械損として測定結果に影響を与えるため、モータの固定方法やトルク検出器との接続に用いるカップリングの選定に注意が必要である。

(2) 位置センサ (PS)

位置センサは供試機の反負荷側シャフトに取り付ける場合が多い。7-4-1 項でも説明した通り、インクリメンタルエンコーダの場合、機械角1回転でのパルス数が銘板に記載されており、電気角換算で十分なパルス数であるか確認が必要である。

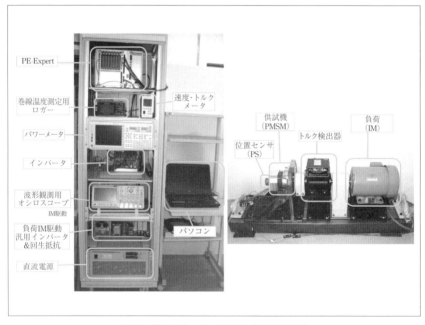

〔図 9-2〕試験ベンチの構成例（写真）

- 274 -

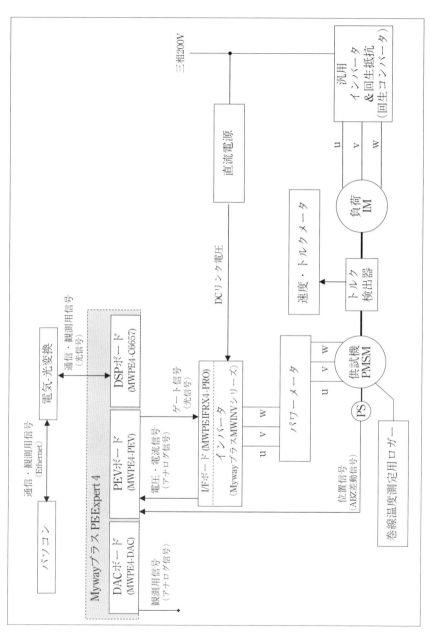

〔図 9-1〕試験ベンチの構成例（ブロック図）

例）720PPR（パルス／回転）のエンコーダ
極対数 $P_n=1$ の供試機：電気角1回転あたり 720×4＝2880 パルス
　　　　　　　　　　　1パルスあたり電気角で 360/2880=0.125°
極対数 $P_n=2$ の供試機：電気角1回転あたり 720×4/2＝1440 パルス
　　　　　　　　　　　1パルスあたり電気角で 360/1440=0.25°
極対数 $P_n=6$ の供試機：電気角1回転あたり 720×4/6＝480 パルス
　　　　　　　　　　　1パルスあたり電気角で 360/480=0.75°

多極機になるほど1パルスに対する電気角の分解能が荒くなる。高分解能エンコーダの使用により改善されるが、供試機の最高回転速度とABZカウンタの入力可能最高周波数も考慮してエンコーダのパルス数を決める必要がある。

例）500kHzがカウンタの入力可能最高周波数の場合
　　最高回転速度 6000min^{-1}：60/6000×500kHz＝5000PPR が上限

また、供試機の制約により位置センサの取り付けが困難な場合には負荷モータの位置・速度センサから得られる信号を流用する方法もあるが、カップリングやトルク検出器を介した位置・速度となるため、供試機の回転子位置と一致しない場合もあることに注意が必要である。

(3) トルク検出器、速度・トルクメータ

供試機の回転速度とトルクを測定する。機械出力は速度とトルクの積で算出でき、機械出力表示機能を有するトルクメータもある。供試機で評価する速度・トルク範囲に応じて機種を選定する。トルク検出器の測定可能上限トルクに対して、定格トルクが小さいモータであれば計測は可能であるが、測定精度や分解能が十分であるか事前に確認が必要である。また、トルクリプルを計測する場合には検出器の周波数特性も確認する必要がある。モータのトルクリプルは基本波周波数に対して6次、12次成分が主となることが多く、低速回転でないとトルクリプル計測が困難な場合がある。

(4) 負荷

　負荷側で速度やトルクを一定に制御したい場合には、誘導機と汎用インバータの組み合わせが便利である。負荷となるため、供試機からのエネルギーを吸収できる回生抵抗や回生コンバータを併用する必要がある。負荷での速度やトルクの応答性能を重視する場合にはサーボモータを用いる場合もある。一方で、負荷での速度制御が不要であり、負荷トルク印加で十分であれば、渦電流ブレーキ、パウダーブレーキを用いることもできる。PMSMと負荷抵抗でもよい。

(5) パワーメータ

　供試機に供給される三相の電圧、電流、電力、力率などを測定する。高調波解析機能やモータの速度とトルクからモータ効率を計算できる高機能機種もある。機種によって、測定可能な電圧・電流・周波数の範囲が異なるため確認が必要である。多くのパワーメータにとって商用周波数（50Hz、60Hz）の測定であれば問題は無い。周波数が直流に近づく低速運転、多極機や超高速運転のように高い周波数の場合には測定困難な場合や精度が悪化する場合がある。なお、インバータ駆動のように電圧が正弦波ではない場合には電圧測定法として平均値（Mean）モードを選択すると実効値換算された電圧測定値を得ることができる。入力フィルタを有する機種でインバータのキャリア高調波を除去して測定できる場合には実効値（RMS）モードでも等価である。

(6) インバータ

　供試機を駆動するために直流を三相交流に変換する。直流電圧や電力容量によって、スイッチング素子にMOSFETもしくはIGBTが用いられる。数百Vの直流電圧で数kVAの容量であればIGBTが用いられ、スイッチング周波数として10kHzを選択する場合が多い。これにより、PWMキャリア周波数と制御周期が決まる。なお、インバータによって必要なデッドタイムが決まっているため、スイッチング信号の作成時に定められた時間以上のデッドタイムを入れる必要がある。

(7) 直流電源

　インバータに電力を供給する。直流電源によりDCリンク電圧と供給

できる電力が決まるため、供試機の電圧と電力の定格を上回る機種を用意する。モータでは出力容量で機種のラインナップが用意されているのと同様に、エネルギーを供給する直流電源も定格電力は一定で電圧と電流を任意に選べる機種（ズーム電源と呼ばれる）が便利である。1500Wのズーム電源の一例として、電圧範囲が0～500Vであれば電力上限1500Wを超えない範囲の電流を供給できるため、DCリンク電圧を幅広く選択することができる。一般的な定電圧電源で500V、3Aの機種であれば、低い電圧であっても電流上限は3Aのままであり、200Vであれば600Wと容量が半分程度のモータ駆動にしか使用できなかった。ズーム電源であれば200Vの場合には7.5Aまで供給でき定格電力の範囲で様々な定格電圧を持つモータ評価に使用することができる。

　なお、インバータに整流回路を備えている場合には商用電源を接続して、直流電源を使わない構成もあり得る。この場合には、DCリンク電圧の平均値は商用電源電圧によって決まることと、電圧脈動が供試機の運転特性に与える影響を確認する必要がある。

(8) デジタル制御システム

　供試モータが所望の運転状態となるよう制御する。詳細については第8章で説明したとおりである。なお、供試機を速度制御させる場合には負荷をトルク制御とする。供試機をトルク制御もしくは電流制御で運転させる場合には、負荷を速度制御とする。これは、供試機と負荷の双方で同じ制御を適用するとそれぞれの指令値が異なる場合に運転状態が定まらないためである。

9－3　初期設定（実験準備）

新しいモータのように機器定数や特性が未知の場合について、準備と測定手順を説明する。

9－3－1　正転方向・相順決定、Z位置の確認

三相交流でよく用いられる赤：u相、白：v相、黒：w相というケーブル色を参考にする場合や、試作モータでは電線にラベリングされている場合もあるが、位置センサの正転方向と相順が適切であることを確認する必要がある。また、位置センサより得られる原点（Zパルス）と、回転子位置（d軸）とは、一致していない場合があるため、誘起電圧もしくはインダクタンスと位置センサ情報を用いて原点位置を一致させるZ位置補正を行う必要がある。

(1) PMSMの場合

モータ回転方向の一例を図9-3に示す。本項では負荷側から見てモータ軸を時計周り（CW: Clockwise）に回転させた場合を正転とする。モータの三相端子を開放とし、誘起電圧波形が図9-4に示す位置関係になるよう相順を決める。u-v相線間電圧v_{uv}とw-v相線間電圧v_{wv}を同時に観測し、v_{uv}が遅れている状態であれば回転子位置センサの正転方向と電機子巻線の相順が一致する。もし、v_{uv}とv_{wv}の関係が図9-4と逆であれば、u相とw相の端子を入れ替えて波形を再度観測する。回転子位置θについて、図9-4では増加し2πで0に戻る波形であるが、θが減少して

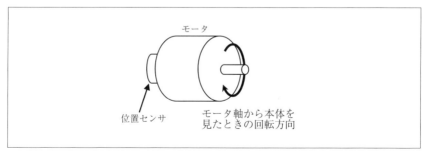

〔図9-3〕モータの回転方向

⊗9. モータ試験システムと特性測定方法

いる場合には位置センサの回転方向が逆、もしくは、A相とB相の信号が逆に接続されている場合があるため、位置センサの回転方向とABZ信号の仕様を確認する。

極対数2のPMSMを1200min^{-1}で負荷側から回転させた場合の誘起電圧波形を図9-5に示す。なお、負荷IMをインバータ駆動した場合にはカップリングとモータ軸を伝ってスイッチングノイズが誘起電圧波形に現れることがある。その場合は、LPFを通して誘起電圧を観測する。図9-5（a）は誘起電圧をオシロスコープで直接観測した波形であり、高い周波数のリプルが観測された。図9-5（b）ではカットオフ周波数7.2kHz（$R=10$kΩ, $C=2200$pF）のLPFを挿入しており、誘起電圧の観測に不要な成分を除去できた。

次に、位置センサより得られる位置情報と誘起電圧波形との位相差を測定する。図9-1のシステム構成で位置センサはPE-Expert 4のPEVボード

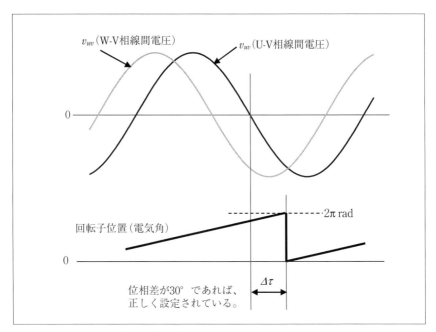

〔図9-4〕誘起電圧と回転子位置の関係

に接続しており、位置 θ の値を DA ボードから出力しオシロスコープで同時に観測した。測定した誘起電圧波形と位置信号を図 9-6 に示す。図 9-6 (a) より、誘起電圧の周期 τ は 25ms である。図 9-6 (b) より、v_{uv} が正から負に変化する時のゼロクロス点と位置信号 θ が 2π から 0 に変化する点との時間差 $\Delta\tau$ は 10.9ms である。これらの値より位相差 $\Delta\theta$ を計算すると、

$$\Delta\theta = \frac{\Delta\tau}{\tau} \times 360 = \frac{10.9}{25} \times 360 \approx 156.96°$$

が得られる。この位相差を 30° にする必要があり、差の 126.96° が Z 位置補正量となる。

Z 位置補正後の誘起電圧波形と位置の関係を図 9-7 に示す。図 9-7 (b) より、$\Delta\tau = 2.10$ms であることから

$$\Delta\theta = \frac{\Delta\tau}{\tau} \times 360 = \frac{2.1}{25} \times 360 = 30.24°$$

となり、位置センサ Z 位置と誘起電圧位相の関係を調整できた。なお、0.24° の誤差が残っているが、位置センサの分解能や測定での誘起電圧波形の揺らぎを考慮すると無視しても問題ない。

(2) SynRM の場合

回転子に永久磁石を持たない SynRM の場合には、端子開放での誘起電圧は観測できないため、回転子位置に対するインダクタンス変化を利

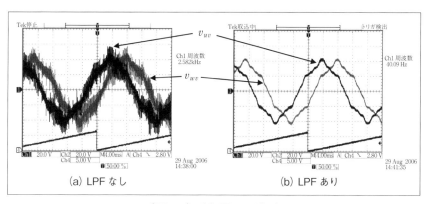

〔図 9-5〕誘起電圧の波形

⊗9. モータ試験システムと特性測定方法

用して位置センサのZ位置補正を行う。具体的な方法はインダクタンス測定に関する9-3-5項で説明する。

9－3－2　電気系定数の測定法

電流ベクトル制御におけるMTPA制御などの制御法で必要となるd, q軸電流の関係の導出や直接トルク制御におけるトルクと磁束の関係導出ではモータ定数が必要であり、各種制御器の制御ゲインはモータ定数に

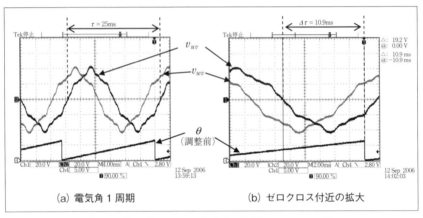

(a) 電気角1周期　　　　　　　　(b) ゼロクロス付近の拡大

〔図9-6〕誘起電圧の波形（調整前、1200min^{-1}）

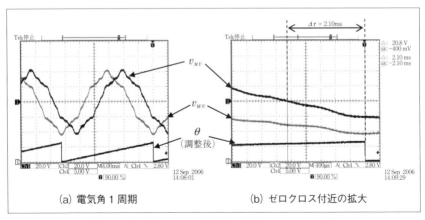

(a) 電気角1周期　　　　　　　　(b) ゼロクロス付近の拡大

〔図9-7〕誘起電圧の波形（調整後、1200min^{-1}）

基づいて決定されるため、同期モータ（PMSM、SynRM）の高性能制御にはモータ定数の把握が重要である。同期モータの数学モデルとしては、一般に d, q 座標系のモデルを用いるため d, q 座標系の電圧方程式（式(3-24)）に含まれる機器定数を測定し、把握しておく必要がある。測定すべき機器定数は、電機子巻線抵抗 R_a、永久磁石による磁束鎖交数 Ψ_a（SynRM では不要）、および d, q 軸インダクタンス L_d, L_q である。ここで、第3章で述べたように式（3-24）の同期モータの電圧方程式の導出においては、磁束分布が正弦波状であり、インダクタンスの位置による変化も正弦波状であると仮定していた点に注意が必要である（3-3-1項参照）。

(1) 電機子抵抗の測定

電圧降下法により測定する。モータの各端子を開放し uv 間に減磁を起こさない程度の直流電流 I_{DC} を流し、そのときの線間電圧 V_{DC} を測定する。以上の測定値を次式に代入し抵抗を算出する（ブリッジ法でもよい）。

$$R_{a\_uv} = \frac{V_{DC}}{2I_{DC}} \quad \cdots\cdots\cdots\cdots\cdots\cdots\cdots\cdots\cdots\cdots\cdots\cdots\cdots\cdots\cdots\cdots \quad (9\text{-}1)$$

vw 間、wu 間についても同様に測定を行い、その平均値を抵抗 R_{a0} とする。実験機Ⅱでの測定結果を図9-8に示す。異なる電圧と電流で複数測定した場合には、近似直線の傾きを0.5倍した値が R_{a0} に相当する。

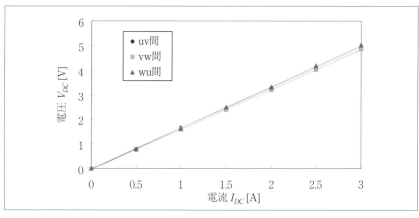

〔図9-8〕電機子抵抗の測定例

図9-8では、$R_{a0}=0.824\Omega$ となった。

抵抗測定時の温度 T_0[℃] と特性を評価したい基準温度 T_s[℃] が大きく異なる場合には、次式で換算して電機子抵抗 R_a を得る。

$$R_a = \frac{234.5 + T_s}{234.5 + T_0} R_{a0} \quad \cdots\cdots\cdots\cdots\cdots\cdots\cdots\cdots\cdots\cdots\cdots\cdots (9\text{-}2)$$

(2) 永久磁石による電機子鎖交磁束の測定

供試機の端子を開放し、外部からモータを回転させて回転速度と線間電圧の基本波実効値 V_{LL} を測定する（各線間電圧の平均値が望ましい）。

$$V_{LL} = V_a = \omega \Psi_a \quad \cdots\cdots\cdots\cdots\cdots\cdots\cdots\cdots\cdots\cdots\cdots\cdots\cdots\cdots (9\text{-}3)$$

の関係があるので、電気角速度 ω に対する線間電圧の基本波成分 V_{LL} の測定値より永久磁石による電機子鎖交磁束 Ψ_a を測定できる。ここで、式(3-24)の電圧方程式の導出においては、磁束分布が正弦波状であると仮定していたため、線間電圧の基本波成分のみを用いて Ψ_a を算出する必要がある。また、磁石磁束も温度の影響を受けるので Ψ_a 測定時の温度を測定すること、使用磁石の温度特性により Ψ_a を温度換算することも必要となる。

図9-9に実験機Ⅱでの測定結果を示す。近似直線の傾きが電機子鎖交磁束に対応することから $\Psi_a=0.0785$Wb を得る。

(3) d, q 軸インダクタンスの測定

d, q 軸インダクタンスの測定法としては種々の方法[2]が提案されているが、ここでは停止状態において測定する方法と実運転状態で測定する方法について説明する。

(a) 停止状態での測定

回転子を固定して線間に交流電圧を印加して、回転子位置に対するインダクタンス特性を測定することで、L_d, L_q を求めることができる。

供試モータの回転子を固定し、uv 間に交流電圧（商用電源をスライダックで電圧調整したもの）を印加してその時の線間電圧の実効値 V_{uv}、相電流実効値 I_u を測定する。電源の角周波数 ω_{ps}、一相分の電機子抵抗 R_a（測定済み）を用いて、uv 間の線間インダクタンス L_{uv} は

$$L_{uv} = \frac{\sqrt{(V_{uv}/I_u)^2 - (2R_a)^2}}{\omega_{ps}} \quad \cdots\cdots\cdots\cdots\cdots\cdots\cdots\cdots\cdots\cdots\cdots\cdots \quad (9\text{-}4)$$

となる。この測定を回転子の位置を変えて行うことで回転子位置による線間インダクタンスの変化を測定できる。

　この線間インダクタンスが何を表すのか、式 (3-19) に示した三相座標系の電圧方程式をもとに説明する。上記の測定状態では、回転子は静止しているので回転角度 θ は一定値で $\omega=0$ である。また、電流は $i_v = -i_u$, $i_w = 0$ となっているので、v_u, v_v は式 (9-5)、式 (9-6) となり、線間電圧 v_{uv} は式 (9-7) で表される。

$$v_u = R_a i_u + p\left\{l_a + \frac{3}{2}L_a + L_{as}\cos 2\theta - L_{as}\cos\left(2\theta + \frac{2\pi}{3}\right)\right\}i_u \quad (9\text{-}5)$$

$$v_v = -R_a i_u - p\left\{l_a + \frac{3}{2}L_a + L_{as}\cos\left(2\theta + \frac{2\pi}{3}\right) - L_{as}\cos\left(2\theta - \frac{2\pi}{3}\right)\right\}i_u$$
$$\cdots (9\text{-}6)$$

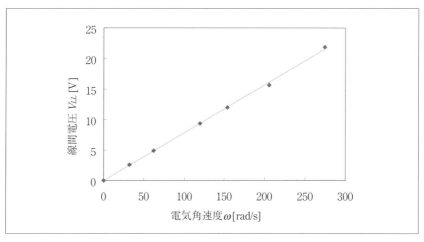

〔図 9-9〕永久磁石による電機子鎖交磁束の測定例

9. モータ試験システムと特性測定方法

$$v_{uv} = v_u - v_v = 2R_d i_u + 2p\left\{l_a + \frac{3}{2}L_a + \frac{3}{2}L_{as}\cos\left(2\theta - \frac{2\pi}{3}\right)\right\}i_u \quad (9\text{-}7)$$

これより線間インダクタンス L_{uv} は

$$L_{uv} = 2\left\{l_a + \frac{3}{2}\left(L_a + L_{as}\cos\left(2\theta - \frac{2\pi}{3}\right)\right)\right\} \quad \cdots\cdots\cdots\cdots (9\text{-}8)$$

であることが分かる。L_d, L_q は式 (3-25) で与えられるため、$L_d < L_q$ の逆突極機（IPMSM、PMSM 基準の SynRM）では線間インダクタンスの最大値が $2L_q$、最小値が $2L_d$ となる。従って、線間インダクタンスの最小値と最大値より L_d と L_q が得られる。ここで、L_{as} は式 (3-17)、(3-18) の定義より逆突極機では $L_{as} > 0$ である。

　実験機Ⅱについて、uv 間に加えて、vw 間、wu 間についても同様に測定した線間インダクタンスとその基本波成分を図 9-10 (a) に示す。この測定は、周波数 60Hz、電流は定格の 10% で行っている。電流値は定格程度まで流すことができれば磁気飽和の影響によるインダクタンスの変化を測定できるが、トルクが発生して回転子が振動するので電流値には限界がある。図 9-10 (a) より実験機Ⅱのインダクタンスはほぼ正弦波状に変化していることがわかる。ここで、線間インダクタンスの最小値と最大値の測定のみで L_d と L_q の測定ができると思われるが、インダクタンスが完全な正弦波で変化するとは限らないので、L_d と L_q の算出には、線間インダクタンスの基本波成分を用いるのがよい。

　線間インダクタンスは、LCR メータを使用してより簡単に測定することもできる。一例として、図 9-10 (a) と同様の測定を LCR メータを使用して周波数 1kHz、測定電流 0.1mA で行ったときの線間インダクタンスを図 9-10 (b) に示す。線間インダクタンスは正弦波状に変化しているものの、図 9-10 (a) に比べて変化の振幅が小さくなっていることが分かる。このように測定条件（周波数や電流値）によって測定結果が変わるので注意が必要である。測定に用いる周波数と電流はできるだけ実運転状態に近いことが望ましい。

つぎに、位置センサを用いず、ロータ軸の固定ができない状態でモータ駆動用のインバータを用いてインダクタンスを測定する方法の一例を紹介する。まず、図9-11 (a) の接続状態でモータに直流を所定時間通流して同図のように回転子の d 軸をステータの u 相軸に一致させる。同図 (a) の接続で交流電圧 $v = V\sin\omega t$ （モータ駆動用インバータで発生）を印

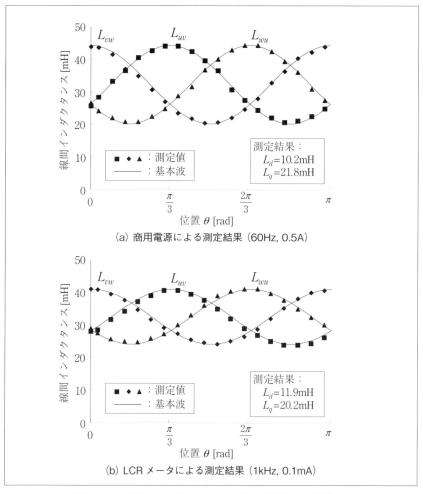

〔図9-10〕線間インダクタンスの測定結果（実験機Ⅱ）

⊗9. モータ試験システムと特性測定方法

加して流れる電流 i に $\sin\omega t$ 及び $\cos\omega t$ を乗算し、ローパスフィルタで直流成分 ($I_{\sin}/2, I_{\cos}/2$) を取り出せば、電機子抵抗 R_a と d 軸インダクタンス L_d は次式となる。

$$R_a = I_{\sin}\frac{V}{I_{\sin}^2+I_{\cos}^2} \quad , \quad L_d = -\frac{I_{\cos}}{\omega}\frac{V}{I_{\sin}^2+I_{\cos}^2} \quad \cdots\cdots\cdots\cdots \quad (9\text{-}9)$$

q 軸インダクタンスの測定は、図9-11 (b) の接続で同様に行う。ただし、

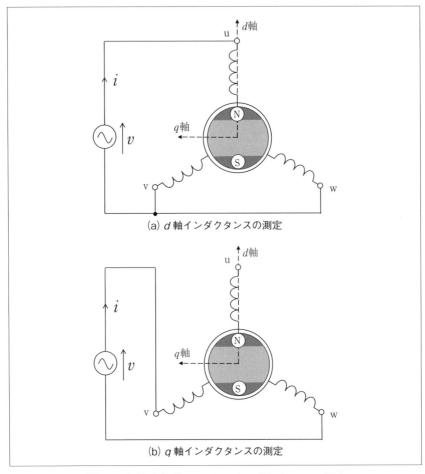

〔図9-11〕停止状態におけるインダクタンスの測定

このとき原理的にトルクが発生するため、測定周波数をモータ駆動周波数よりできるだけ高い周波数にし、さらに測定時間をできるだけ短く設定する必要がある。

　SynRM では端子開放での誘起電圧を測定できないため、インダクタンス測定を位置センサの Z 位置補正に用いることがある。線間インダクタンスを測定する方法であれば、式 (9-8) より L_{uv} が最大となるのは $\theta = \dfrac{\pi}{3}\,\text{rad}\,(60°)$ と $\theta = \dfrac{4\pi}{3}\,\text{rad}\,(240°)$ であり、最小となるのは $\theta = \dfrac{5\pi}{6}\,\text{rad}\,(150°)$ と $\theta = -\dfrac{\pi}{6}\,\text{rad}\,(-30°)$ である。

もしくは、図 9-11 (a) の接続において、交流電源の代わりに直流電源を接続すると、回転子の磁気抵抗が小さい（インダクタンスが大きい）方向と u 相が一致する。$L_q > L_d$ とする PMSM 基準の SynRM であれば $\theta = 90°$ であり、$L_d > L_q$ とする SynRM 基準であれば $\theta = 0°$ である。

(b) 実運転状態での測定

　図 4-32 のような同期モータの電流ベクトル制御システムでモータを駆動している状態で、d, q 軸インダクタンスを測定する方法を説明する。この測定方法は実運転状態で測定を行うため、定常的に安定した負荷をかけることが必要となり、モータ試験ベンチ等で実験する場合に適用できる。図 9-12 に測定システムの構成例を示す。具体的なシステム構成例は、図 9-1 に示したものである。

　式 (3-24) の電圧方程式で、定常時を考えると d, q 軸インダクタンスは

$$L_d = \frac{v_q - R_a i_q - \omega \Psi_a}{\omega i_d} \quad \cdots\cdots (9\text{-}10)$$

$$L_q = \frac{R_a i_d - v_d}{\omega i_q} \quad \cdots\cdots (9\text{-}11)$$

となる。上式より L_d, L_q を求めるには $v_d, v_q, i_d, i_q, R_a, \Psi_a, \omega$ が必要となるが、R_a, Ψ_a は前述の測定結果より求めており、ω は検出したモータ速度から得られる。PMSM の制御は d-q 座標系で行われるため、PMSM のコント

9. モータ試験システムと特性測定方法

ローラ内に d-q 座標系の電流と電圧の情報があるので、これを利用することができる。検出した相電流を d-q 座標変換して得た d, q 軸電流の直流成分（平均値；三相座標系の基本波成分に相当）を i_d, i_q とする。一方、コントローラ内の d, q 軸電圧は指令値であり、デッドタイム補正などを適切に適用して電圧指令値とインバータの出力電圧の基本波が一致していることが確認できていれば d, q 軸電圧指令値 v_d^*, v_q^* の平均値を v_d, v_q として用いればよい。しかし、一般に電圧指令値がモータに印加される電圧と等しい保証はないので、d, q 軸電圧指令値 v_d^*, v_q^* の平均値を用いて式 (9-10)、式 (9-11) を計算すると誤差が生じる恐れがある。

つぎに、コントローラ内の電流、電圧情報ではなく別途測定器を接続して測定する方法を説明する。図 9-13 (a) に d-q 座標上の電圧ベクトルと電流ベクトルの関係を示す。この関係を三相座標系における u 相のフ

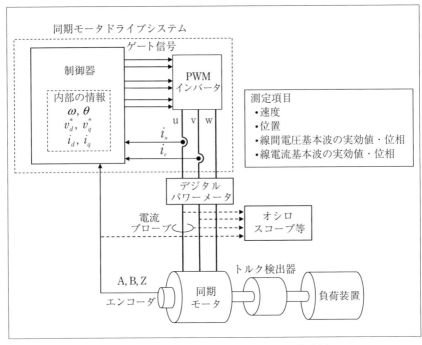

〔図 9-12〕モータ定数測定システムの構成例

- 290 -

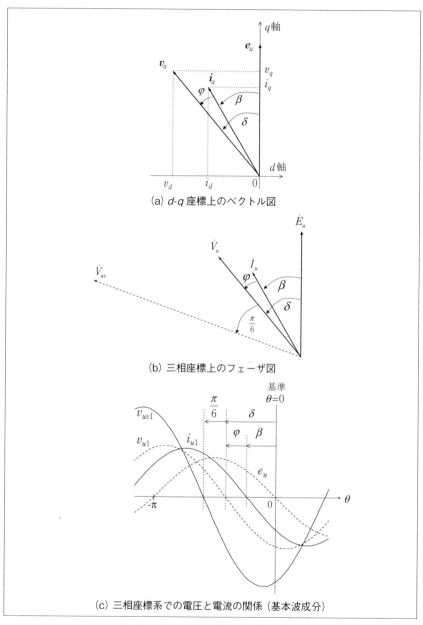

(a) d-q 座標上のベクトル図

(b) 三相座標上のフェーザ図

(c) 三相座標系での電圧と電流の関係（基本波成分）

〔図 9-13〕電圧と電流の位相関係

ェーザ図で表すと図 9-13 (b) となり，波形（基本波）で表すと図 9-13 (c) となる。永久磁石による u 相誘導起電力（無負荷誘導起電力）$\dot{E}_u, e_u$ が基準となり，電機子電流と相電圧の q 軸からの進み角をそれぞれ β, δ、u 相電流の基本波実効値を I_u, uv 間の線間電圧の基本波実効値を V_{uv} とすると

$$i_q = \sqrt{3} I_u \cos\beta, \quad i_d = -\sqrt{3} I_u \sin\beta \quad \cdots\cdots\cdots (9\text{-}12)$$

$$v_d = -V_{uv} \sin\delta, \quad v_q = V_{uv} \cos\delta \quad \cdots\cdots\cdots (9\text{-}13)$$

となる。相電流と線間電圧の基本波実効値は、パワーメータの測定値やオシロスコープで測定した波形を FFT 解析するなどして得られる。電流位相 β は、図 9-13 (c) に示すように u 相電流の基本波 i_{u1} が 0 となる時点の回転子位置 θ（電気角）を測定して得られる。電圧位相 δ は、線間電圧 v_{uv} の基本波の波形 v_{uv1}（u 相電圧 v_{u1} より位相が $\pi/6$ rad 進み、振幅が $\sqrt{3}$ 倍）が 0 となる時点の回転子位置 θ（電気角）から $\pi/6$ 引いて求めることができる。または、電流位相 β に力率角 φ を加えて電圧位相 δ を得る。ここで、力率角 φ はパワーメータで測定した基本波力率 $\cos\varphi$ より求めることもできるが、力率が 1 に近い場合は、力率角 φ に含まれる誤差が大きくなると考えられるので、実際の電圧波形から電圧位相 δ を測定する方がよい。なお、力率角 φ や線間電圧と線電流の位相差を測定、表示する機能のあるパワーメータもあるので、その場合は直接 φ を使用できる。

以上の測定結果と式 (9-12)、(9-13) より電圧と電流の d, q 軸成分が得られ、これらと電気角速度 ω を式 (9-10)、(9-11) に代入して L_d, L_q を決定する。モータの負荷トルクや電流位相を変えながら L_d, L_q を測定すれば様々な運転状態におけるインダクタンスを測定することができる。実験機 II の測定結果を図 9-14 に示す。これは、図 3-15 (b) に示したものであるが、磁気飽和による q 軸インダクタンス L_q の変化が測定できている。

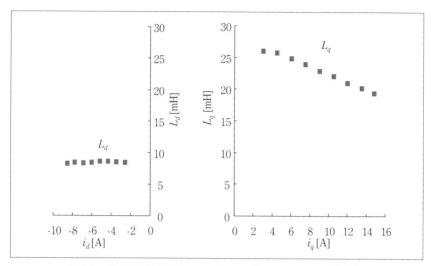

〔図9-14〕実運転状態におけるインダクタンスの測定結果

9－3－3 機械系定数の測定法

　機械系定数として、粘性摩擦係数Dと慣性モーメントJの測定法について説明する。これらの定数を測定することにより速度制御器ゲインの設計が容易になる。

　無負荷（端子開放）で負荷側からモータを回転させ、回転速度に対するトルクを測定することにより、粘性摩擦係数Dを得ることができる。ただし、回転子に磁石が挿入された状態では固定子を鎖交する磁束による無負荷鉄損がDに含まれることに注意が必要である。機械系定数のみを測定したい場合には、永久磁石を回転子に挿入しない状態で測定するか、固定子を取り外し回転子の磁束が固定子に影響を与えない状態で測定する方法などがある。

　式(3-40)より、一定速時の運動方程式は次式で与えられる。

$$T = D\omega_r + T_0 \quad \cdots\cdots\cdots\cdots\cdots\cdots\cdots\cdots\cdots\cdots\cdots (9\text{-}14)$$

ただし、T_0は停止時（$\omega_r=0$）の負荷トルク（静止摩擦）であり、Tはト

⊗9. モータ試験システムと特性測定方法

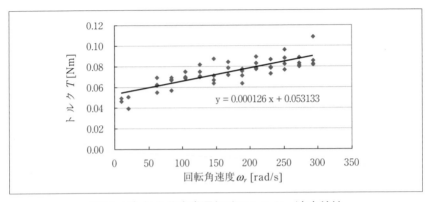

〔図9-15〕無負荷定常運転時のトルク―速度特性

ルク検出器で測定したトルクである。

測定結果の一例を図9-15に示す。近似直線との係数比較により、$D = 0.126 \times 10^{-3}$ Nm/(rad/s)、$T_0 = 53.1 \times 10^{-3}$ Nm である。なお、負荷モータと回転軸を締結していない状態でトルク検出器のゼロ点調整機能を用いてキャリブレーションを予め実施し、T_0 は 0 に近いことが望ましい。

次に、定トルクでの加速特性を測定することで慣性モーメントの値を得ることができる。簡単のため、粘性摩擦係数を無視した運動方程式を次式に示す。

$$J \frac{d\omega_r}{dt} = T \quad \cdots\cdots\cdots\cdots\cdots\cdots\cdots\cdots\cdots\cdots\cdots\cdots\cdots\cdots\cdots\cdots \quad (9\text{-}15)$$

速度ステップ応答の一例を図9-16に示す。トルク推定値 $\hat{T}$ の計算を簡単にするために $i_d = 0$ 制御とし、モータパラメータと i_q から $\hat{T}$ を算出した。定トルクである時刻 200ms から 955ms において、回転速度は 100min^{-1} から 1500min^{-1} に増加した。時間変化 $\Delta t = 755$ms、速度変化 $\Delta \omega_r = 147$rad/s、トルク $\hat{T} = 1.36$Nm を式 (9-15) に代入して、$J = 6.99 \times 10^{-3}$ kg m^2 を得る。

なお、一定トルクで回転速度が直線的に増加する場合には D の影響を無視できる。モータの発生トルクに対して T_0 が無視できない場合や、定トルクで回転速度が直線的に増加しない場合には、式 (9-15) で D, T_0

− 294 −

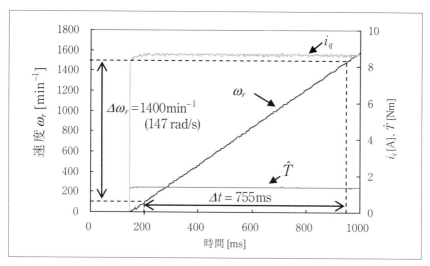

〔図9-16〕速度ステップ応答特性

を考慮し J を算出する必要がある。

9－3－4　センサの零点補正

　制御に用いる相電流やDCリンク電圧に誤差がある場合にはモータ特性にも影響を与えるため、測定前に零点補正を行う必要がある。

　相電流については、モータに電圧を印加しない状態（全てのゲート信号がオフ）、すなわちモータに電流が流れていない状態において、制御器で用いられる相電流を観測することにより、零点補正ができる。相電流の平均値が0になるように式（8-6）の補正値 k_{offset} を与える。

　DCリンク電圧については、デジタルマルチメータなどを用いてインバータの直流電圧を測定した値と、制御器で観測される V_{DC} の値を比較し誤差を補正値として与える。なお、直流電源を用いる場合には電源装置に電圧の表示があるが参考値であるため、正確には測定器を用いて電圧を確認することが望ましい。

9−4　基本特性の測定

必要となる測定項目は下記の通りである。
速度・トルクメータ：　速度、トルク
パワーメータ：　三相電力、相電流の実効値、線間電圧の実効値

9−4−1　電流位相−トルク特性

電機子電流を一定とし、電流位相を変化させることで最大トルク／電流となる電流位相が分かる。図 9-17 に特性例を示す。

9−4−2　速度−トルク特性，効率マップ

回転速度に対するトルクを測定することにより、供試機で利用できる運転範囲が分かる。電圧制限未満（$V_a < V_{am}$）の場合には電流制限（$I_a = I_{am}$）の状態で、電流位相を変化させ最大トルクを測定する。電圧制限（$V_a = V_{am}$）に達する回転速度の場合には電流制限（$I_a = I_{am}$）の状態で、電流位相を大きい値から徐々に減少させ $V_a \simeq V_{am}$ となる運転状態におけるトルクを測定する。一例を図 9-18 に示す。なお、4-5-3 項で説明した制御モードⅢが適用できるモータの場合には、$I_a < I_{am}$ の条件で更に運転領域を拡大できる。モードⅢが必要となる速度や電流条件を測定したモ

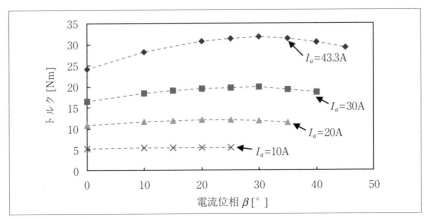

〔図 9-17〕電流位相−トルク特性の例

ータパラメータで予め算出しておき、それらに近い運転状態では$I_a<I_{am}$でも電流位相を大きい値から徐々に減少させ$V_a \simeq V_{am}$となる運転状態におけるトルクを測定する。

なお、回転速度、電機子電流I_a、電流位相βをメッシュ状に変化させて測定しておくことにより、最大トルク／電流や弱め磁束の状態だけでなく、最大効率の運転点を測定後にピックアップする方法もある。図9-19に効率マップの一例を示す。近年、モータの評価指標として使用頻度を考慮したエネルギー消費量の評価も重要視されており、その際に効率マップがよく用いられる。

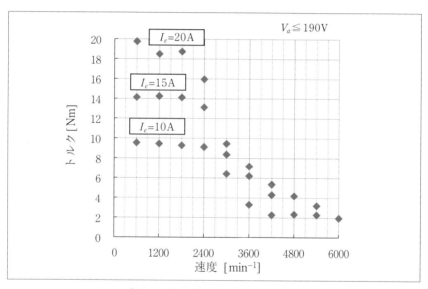

〔図9-18〕速度－トルク特性の例

⊗9. モータ試験システムと特性測定方法

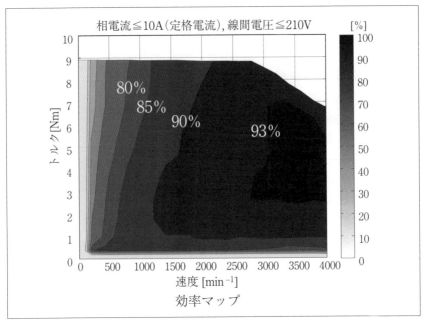

〔図 9-19〕効率マップの例

9－5　損失分離

　パワーメータで測定した供試機への電気入力 P_e から、速度・トルクメータで測定した機械出力 P_m を差し引いた値がモータ損失 W_{motor} である。モータ特性の改善を検討するため、損失を分けて評価したい場合があり、分離方法の一例を説明する。

　3-4-2 項より、銅損 W_c は電機子抵抗での損失であることから、

$$W_c = R_a I_a^2 \text{ もしくは } W_c = 3 R_a I_e^2 \quad \cdots\cdots (9\text{-}16)$$

で算出できる。

　機械損 W_m は粘性摩擦係数を用いて次式で算出できる。

$$W_m = D \omega_r^2 \quad \cdots\cdots (9\text{-}17)$$

鉄損 W_i は簡易的に次式で求めることができる。

$$W_i = W_{motor} - W_c - W_m \quad \cdots\cdots (9\text{-}18)$$

参考文献

第1章
(1) 森本茂雄、真田雅之：「省エネモータの原理と設計法」、科学情報出版、2013年
(2) 武田洋次、松井信行、森本茂雄、本田幸夫：「埋込磁石同期モータの設計と制御」、オーム社、2001年
(3) 松瀬貢規：「電動機制御工学」、電気学会、2007年
(4) 百目鬼英雄：「電動モータドライブの基礎と応用」、技術評論社、2010年
(5) 森本雅之 編著：「EE Text パワーエレクトロニクス」、オーム社、2010年
(6) 堀洋一、大西公平：「制御工学の基礎」、丸善、1997年
(7) 堀洋一、大西公平：「応用制御工学」、丸善、1998年
(8) 山本重彦、加藤尚武：「PID制御の基礎と応用」、朝倉書店、1997年

第2章
(1) 電気学会：「電気機器学」、電気学会、1985年
(2) 森本茂雄、真田雅之：「省エネモータの原理と設計法」、科学情報出版、2013年
(3) リラクタンストルク応用電動機の技術に関する調査専門委員会：「リラクタンストルク応用モータ」、電気学会、2016年
(4) 武田洋次、松井信行、森本茂雄、本田幸夫：「埋込磁石同期モータの設計と制御」、オーム社、2001年
(5) 松瀬貢規：「電動機制御工学」、電気学会、2007年
(6) 松井信行：「省レアアース・脱レアアースモータ」、日刊工業新聞社、2013年
(7) 日立製作所総合教育センタ技術研修所：「わかりやすい小形モータの技術」、オーム社、2002年
(8) 堀洋一、正木良三、寺谷達夫：「自動車用モータ技術」、日刊工業新

聞社、2003 年

第 3 章
(1) 森本茂雄、真田雅之：「省エネモータの原理と設計法」、科学情報出版、2013 年
(2) 電気学会：「基礎電気機器学」、電気学会、1984 年
(3) リラクタンストルク応用電動機の技術に関する調査専門委員会：「リラクタンストルク応用モータ」、電気学会、2016 年
(4) 武田洋次、松井信行、森本茂雄、本田幸夫：「埋込磁石同期モータの設計と制御」、オーム社、2001 年
(5) 電気学会・センサレスベクトル制御の整理に関する調査専門委員会：「AC ドライブシステムのセンサレスベクトル制御」、オーム社、2016 年
(6) 前川佐理、長谷川幸久：「家電用モータのベクトル制御と高効率運転法」、科学情報出版、2014 年
(7) 松瀬貢規：「電動機制御工学」、電気学会、2007 年

第 4 章
(1) 森本茂雄、真田雅之：「省エネモータの原理と設計法」、科学情報出版、2013 年
(2) 武田洋次、松井信行、森本茂雄、本田幸夫：「埋込磁石同期モータの設計と制御」、オーム社、2001 年
(3) 松瀬貢規：「電動機制御工学」、電気学会、2007 年
(4) リラクタンストルク応用電動機の技術に関する調査専門委員会：「リラクタンストルク応用モータ」、電気学会、2016 年
(5) 電気学会・センサレスベクトル制御の整理に関する調査専門委員会：「AC ドライブシステムのセンサレスベクトル制御」、オーム社、2016 年
(6) 前川佐理、長谷川幸久：「家電用モータのベクトル制御と高効率運転法」、科学情報出版、2014 年
(7) 森本雅之：「入門インバータ工学」、森北出版、2011 年
(8) 森本雅之　編著：「EE Text パワーエレクトロニクス」、オーム社、2010 年

⊗ 参考文献

(9) 山本重彦、加藤尚武：「PID 制御の基礎と応用」、朝倉書店、1997 年
(10) 杉本英彦、小山正人、玉井伸三：「AC サーボシステムの理論と設計の実際」、総合電子出版社、1990 年

第 5 章

(1) Seung-Ki Sul, Sungmin Kim: " Sensorless Control of IPMSM: Past, Present, and Future," IEEJ Journal of Industry Applications, Vol. 1, No. 1, pp. 15-23, 2012
(2) 武田洋次、松井信行、森本茂雄、本田幸夫：「埋込磁石同期モータの設計と制御」、オーム社、2001 年
(3) 松瀬貢規：「電動機制御工学」、電気学会、2007 年
(4) 電気学会・センサレスベクトル制御の整理に関する調査専門委員会：「AC ドライブシステムのセンサレスベクトル制御」、オーム社、2016 年
(5) リラクタンストルク応用電動機の技術に関する調査専門委員会：「リラクタンストルク応用モータ」、電気学会、2016 年
(6) 新中新二：「永久磁石同期モータの制御」、東京電機大学出版局、2013 年
(7) 前川佐理、長谷川幸久：「家電用モータのベクトル制御と高効率運転法」、科学情報出版、2014 年
(8) 堀洋一、大西公平：「応用制御工学」、丸善、1998 年
(9) 森本茂雄、河本啓助、武田洋次：「推定位置誤差情報を利用した IPMSM の位置・速度センサレス制御」、電気学会論文誌 D、Vol. 122, No. 7, pp. 722-729、2002 年
(10) M.J. Corley, R.D. Lorenz:" Rotor position and velocity estimation for a salient-pole permanent magnet synchronous machine at standstill and high speeds," IEEE Transactions on Industry Applications, Vol. 34, No. 4, pp. 784-789, 1998
(11) 森本茂雄、神名玲秀、真田雅之、武田洋次：「パラメータ同定機能を持つ永久磁石同期モータの位置・速度センサレス制御システム」、電気学会論文誌 D、Vol. 126, No. 6, pp. 748-755, 2006

第 6 章

(1) 松瀬貢規：「電動機制御工学」、電気学会、2007 年
(2) 中野孝良：「交流モータのベクトル制御」、日刊工業新聞社、1996 年
(3) 井上征則：「回転子位置センサレス駆動される永久磁石同期モータの高性能制御」、大阪府立大学　博士論文、http://hdl.handle.net/10466/10411, 2010 年
(4) 高橋勲、野口敏彦：「瞬時すべり周波数制御に基づく誘導電動機の新高速トルク制御法」、電気学会論文誌論 B、Vol. 106, No. 1, pp. 9-16, 1986
(5) G. S. Buja, M. P. Kazmierkowski: "Direct Torque Control of PWM Inverter-Fed AC Motors – A Survey", IEEE Transactions on Industrial Electronics, Vol. 51, No. 4, pp. 744-757, 2004
(6) M. F. Rahman, M. E. Haque, L. Tang, L. Zhong: "Problems Associated With the Direct Torque Control of an Interior Permanent-Magnet Synchronous Motor Drive and Their Remedies", IEEE Transactions on Industrial Electronics, Vol. 51, No. 4, pp. 799-809, 2004
(7) L. Tang, L. Zhong, M. F. Rahman, Y. Hu: "A Novel Direct Torque Control for Interior Permanent-Magnet Synchronous Machine Drive With Low Ripple in Torque and Flux – A Speed-Sensorless Approach", IEEE Transactions on Industry Applications, Vol. 39, No. 6, pp. 1748-1756, 2003
(8) 井上達貴、井上征則、森本茂雄、真田雅之：「電機子鎖交磁束に同期した座標系における PMSM の最大トルク／電流制御の数式モデルと制御手法」、電気学会論文誌 D、Vol. 135, No. 6, pp. 689-696, 2015
(9) Y. Inoue, S. Morimoto, and M. Sanada: "Control scheme for wide-speed-range operation of synchronous reluctance motor in M–T frame synchronized with stator flux linkage," IEEJ Journal of Industry Applications, Vol. 2, No. 2, pp. 98-105, 2013
(10) 関友洋、井上征則、森本茂雄、真田雅之：「M-T 座標上での直接トルク制御を用いた PMSM センサレス駆動システムの電圧飽和時における運転特性」、電気学会モータドライブ／家電民生合同研究会、MD-13-8/HCA-13-8, pp. 41-46, 2013

参考文献

第 7 章

(1) 森本茂雄、真田雅之：「省エネモータの原理と設計法」、科学情報出版、2013 年
(2) 電気学会・センサレスベクトル制御の整理に関する調査専門委員会：「AC ドライブシステムのセンサレスベクトル制御」、オーム社、2016 年
(3) 前川佐理、長谷川幸久：「家電用モータのベクトル制御と高効率運転法」、科学情報出版、2014 年
(4) 森本雅之　編著：「EE Text パワーエレクトロニクス」、オーム社、2010 年
(5) 大野榮一、小山正人：「パワーエレクトロニクス入門（改訂 5 版）」、オーム社、2014 年
(6) 矢野昌雄、打田良平：「パワーエレクトロニクス」、丸善出版、2000 年
(7) 谷口勝則：「PWM 電力変換システム―パワーエレクトロニクスの基礎」、共立出版、2007 年
(8) 百目鬼英雄：「電動モータドライブの基礎と応用」、技術評論社、2010 年
(9) 長竹和夫：「家電用モータ・インバータ技術」、日刊工業新聞社、2000 年

第 8 章

(1) 電気学会・センサレスベクトル制御の整理に関する調査専門委員会：「AC ドライブシステムのセンサレスベクトル制御」、オーム社、2016 年
(2) イブ・トーマス、中村尚五：「プラクティス　デジタル信号処理」、東京電機大学出版局、1995 年
(3) 谷萩隆嗣：「ディジタルフィルタと信号処理」、コロナ社、2001 年
(4) 電気学会技術報告（第 761 号）：「パワーエレクトロニクスシステムのシミュレーション技術」、電気学会、2000 年
(5) デジタル制御システムの一例として、Myway プラス（株）製 PE-Expert 4（https://www.myway.co.jp/products/pe_expert4.html）

第 9 章

(1) 森本茂雄、真田雅之:「省エネモータの原理と設計法」、科学情報出版、2013 年
(2) 電気学会技術報告（第 1145 号）:「電気学会 PM モータの最新技術と適用動向」、電気学会、2009 年
(3) 森本雅之　編著:「パワーエレクトロニクス」、オーム社、2010 年
(4) 森本茂雄、神前政幸、武田洋次:「PM モータシステムの停止時におけるパラメータ同定」、電気学会論文誌 D、Vol. 123, No. 9, pp. 1081-1082, 2003
(5) 森本茂雄、神名玲秀、真田雅之、武田洋次:「パラメータ同定機能を持つ永久磁石同期モータの位置・速度センサレス制御システム」、電気学会論文誌 D、Vol. 126, No. 6, pp. 748-755, 2006

索引

アルファベット

AD 変換 ・・・・・・・・・・・・・・・・・・・・・・・・・・・ 267
DCCT ・・・・・・・・・・・・・・・・・・・・・・・・・・・・・ 250
DTC ・・・・・・・・・・・・・・・・・・・・・・・・・・ 180, 201
d, q 軸インダクタンス ・・・・・・・・・・・・・・・・・・ 289
d, q 軸インダクタンス測定法 ・・・・・・・・・・・・・ 284
d-q 座標系 ・・・・・・・・・・・・・・・・・・・・・・・ 47, 56
dq 軸等価回路 ・・・・・・・・・・・・・・・・・・・・・・・ 62
d, q 軸モデル ・・・・・・・・・・・・・・・・・・・・・・・・ 66
d-q 変換 ・・・・・・・・・・・・・・・・・・・・・・・・・・・ 47
d 軸 ・・・・・・・・・・・・・・・・・・・・・・・・・・・・ 27, 47
d 軸インダクタンス ・・・・・・・・・・・・・・・・・ 30, 56
d 軸電圧優先補償 ・・・・・・・・・・・・・・・・・・・・・ 138
d 軸電流優先制御 ・・・・・・・・・・・・・・・・・・・・・ 138
FW 制御 ・・・・・・・・・・・・・・・・・・・・・・・・・・・ 104
$i_d = 0$ 制御 ・・・・・・・・・・・・・・・・・・・・・・・・・ 117
LCR メータ ・・・・・・・・・・・・・・・・・・・・・・・・ 286
M 軸 ・・・・・・・・・・・・・・・・・・・・・・・・・・・・・ 180
M-T 座標 ・・・・・・・・・・・・・・・・・・・・・・・・・・ 197
M-T 座標系 ・・・・・・・・・・・・・・・・・・・・・・ 63, 188
MTPA 曲線 ・・・・・・・・・・・・・・・・・・ 99, 143, 192
MTPA 制御 ・・・・・・・・・・・・・・・ 98, 122, 143, 192
MTPA 制御曲線 ・・・・・・・・・・・・・・・・・・・・・ 226
MTPF 曲線 ・・・・・・・・・・・・・・・・・・・・・・・・・ 101
MTPF 制御 ・・・・・・・・・・・・・・・・・・・・・ 100, 199
MTPV 制御 ・・・・・・・・・・・・・・・・・・・・・・・・・ 100
PI ゲイン ・・・・・・・・・・・・・・・・・・・・・・・・・・ 129
PI 制御器 ・・・・・・・・・・・・・・・・・・・・・・・・・・ 128
PLL ・・・・・・・・・・・・・・・・・・・・・・・・・・・・・ 154
PMSM 基準の d-q 座標系 ・・・・・・・・・・・・・・・ 61
PWM キャリア周期 ・・・・・・・・・・・・・・・・・・・ 241
PWM 制御 ・・・・・・・・・・・・・・・・・・・・・・・・・ 232
q 軸 ・・・・・・・・・・・・・・・・・・・・・・・・・・・・・・ 27
q 軸インダクタンス ・・・・・・・・・・・・・・・・・ 30, 56
R/D コンバータ ・・・・・・・・・・・・・・・・・・・・・ 247
RFVC DTC ・・・・・・・・・・・・・・・・・・・・・・・・ 209
SynRM 基準の d-q 座標系 ・・・・・・・・・・・・・・・ 61
UPF 制御 ・・・・・・・・・・・・・・・・・・・・・・・・・・ 107
V/f 一定制御 ・・・・・・・・・・・・・・・・・・・・・・・・ 148

あ

α-β 座標系 ・・・・・・・・・・・・・・・・・・・・・・ 45, 55
α-β 変換 ・・・・・・・・・・・・・・・・・・・・・・・・・・ 47
アナログ-デジタル信号 ・・・・・・・・・・・・・・・・ 256
アブソリュートエンコーダ ・・・・・・・・・・・・・・ 246
アンチエイリアシング ・・・・・・・・・・・・・・・・・ 265
アンチワインドアップ ・・・・・・・・・・・・・・・・・ 223

い

位相制御器 ・・・・・・・・・・・・・・・・・・・・・・・・・ 154
位相同期ループ ・・・・・・・・・・・・・・・・・・ 154, 166
位置推定誤差 ・・・・・・・・・・・・・・・・・・・・・・・ 153
位置推定値 ・・・・・・・・・・・・・・・・・・・・・・・・・ 152
位置センサ ・・・・・・・・・・・・・・・・・・・・・ 131, 244
位置センサレス制御 ・・・・・・・・・・・・・・・・・・ 148
インクリメンタルエンコーダ ・・・・・・・・・・・・ 244
インダクタンス行列 ・・・・・・・・・・・・・・・・・・・ 52
インダクタンス特性 ・・・・・・・・・・・・・・・・・・・ 71
インピーダンス行列 ・・・・・・・・・・・・・・・・ 45, 55

う

うず電流損 ・・・・・・・・・・・・・・・・・・・・・・・・・・ 62
埋込磁石同期モータ (IPMSM) ・・・・・・・ 20, 28, 51
運転可能範囲 ・・・・・・・・・・・・・・・・・・・・・・・ 194
運動制御 ・・・・・・・・・・・・・・・・・・・・・・・・・・・・ 8
運動方程式 ・・・・・・・・・・・・・・・・・・・・・・ 67, 293

え

永久磁石同期モータ (PMSM) ・・・・・・・・・・・ 6, 19
永久磁石補助形シンクロナスリラクタンスモータ
(PMASynRM) ・・・・・・・・・・・・・・・・・・・・・・ 37
エンコーダ ・・・・・・・・・・・・・・・・・・・・・・・・・ 276

お

オイラー法 ・・・・・・・・・・・・・・・・・・・・・・・・・ 262
オーバーシュート ・・・・・・・・・・・・・・・・・・・・ 224
オブザーバ ・・・・・・・・・・・・・・・・・・・・・・・・・ 153
オフセット誤差 ・・・・・・・・・・・・・・・・・・・・・ 268
重み関数 ・・・・・・・・・・・・・・・・・・・・・・・・・・ 172
オンディレー ・・・・・・・・・・・・・・・・・・・・・・・ 240

か

回転座標系 ・・・・・・・・・・・・・・・・・・・・・・ 47, 56
回転磁界 ・・・・・・・・・・・・・・・・・・・・・・・・・・・ 23
外乱オブザーバ ・・・・・・・・・・・・・・・・・・・・・ 154
回路方程式 ・・・・・・・・・・・・・・・・・・・・・・・・・・ 45

拡張誘起電圧	151, 155
拡張誘起電圧推定方式	158, 162, 173
拡張誘起電圧モデル	151
角度分解能	245
カスケード制御	9
カットオフ角周波数	129
可変速ドライブシステム	4
過変調 PWM 方式	235
慣性モーメント	293
γ-δ 座標系	47, 65, 152

き

機械系定数	293
機械系モデル	67
機械損	299
基底速度	113, 115
逆突極形永久磁石同期モータ	34
逆突極機	30
キャリア周波数	241
局所インダクタンス	74
極性判別	170
極低速域センサレス速度制御	168

く

空間高調波	72, 76
空間ベクトル	44
クロスカップリング	75, 79
クロスサチュレーション	75

け

ゲイン誤差	268
ゲインスケジューリング	219
ゲイン設計	214
減衰係数	216
原点位置	279

こ

交差角周波数	129
高周波電圧印加方式	165, 172
効率マップ	297
固有角周波数	216

さ

サーボドライブ	8
最小 d 軸鎖交磁束	111
最大効率曲線	106

最大効率制御	97, 106
最大出力運転	193
最大出力制御	114
最大トルク角	187
最大トルク角曲線	190
最大トルク/磁束曲線	101
最大トルク/磁束制御	93, 97, 100, 199
最大トルク制御	98
最大トルク/電圧制御	100, 116
最大トルク/電流曲線	99
最大トルク/電流制御	97, 98, 115, 197
最大トルク/誘起電圧制御	97, 100
鎖交磁束ベクトル	64, 93
座標変換	45, 131
座標変換行列	45
三角波キャリア信号	233
三角波比較方式	233
3 次調波注入方式	236
参照テーブル	197
三相座標系	46
三相静止座標系	51
三相電圧形インバータ	232
サンプリング定理	264
サンプル・ホールド	256

し

磁気飽和	70, 72, 140, 170, 292
試験ベンチ	274
自己インダクタンス	52
磁束鎖交数ベクトル	52
磁束障壁	29
磁束推定	201
磁束ベクトル	44
磁束密度ベクトル	22
シャント抵抗	250
集中巻	21, 26
出力限界速度	114
状態方程式	67
初期位置推定	170
指令磁束ベクトル計算器	209
シンクロナスリラクタンスモータ (SynRM)	6, 20, 30

す

スイッチング信号	232, 256
スイッチング損失	239
スイッチングテーブル	205, 232

- 307 -

索引

推定位置 · 152
推定 d-q 座標系 · · · · · · · · · · · · · · · · · · · 153, 165

せ

制御モードⅠ · 115
制御モードⅡ · 116
制御モードⅢ · 116
静止座標系 · 46
静的インダクタンス · 73
絶対変換 · 46
セミクローズドループ制御 · · · · · · · · · · · · 122
ゼロ電圧ベクトル · 207
線間インダクタンス · · · · · · · · · · · · · · · · · · 286
センサレス制御 · 149
全節集中巻 · 26
全速度域センサレス制御 · · · · · · · · · · · · · 172

そ

双一次変換 · 262
相互インダクタンス · · · · · · · · · · · · · · · · · · · 52
相順 · 279
相対変換 · 48
速度制御系 · 123
速度センサ · 247
速度－トルク特性 · · · · · · · · · · · · · · · 5, 135, 296
速度分解能 · 248
損失分離 · 299

た

台形法 · 262
対称三相巻線 · 21
タコジェネレータ · 247
短節集中巻 · 26
短絡防止時間 · 240

ち

直接トルク制御 · · · · · · · · · · · · · · · · · · 13, 180
直交行列 · 45

て

定鎖交磁束楕円 · 88
定出力負荷 · 5
定電流円 · 90
定トルク曲線 · 86
定トルク負荷 · 5
定誘起電圧制御 · 105

定誘起電圧楕円 · · · · · · · · · · · · · · · · · · 89, 104
デジタル制御システム · · · · · · · · · · · · · · · · 256
鉄損 · 62, 299
デッドタイム · · · · · · · · · · · · · · · · · 240, 256, 277
デッドタイム補償 · 242
電圧制限 · 110
電圧制限楕円 · 110
電圧制限値 · 109
電圧センサ · 250
電圧方程式 · 45, 67
電圧飽和 · 132, 212, 221
電圧ベクトル · 44, 204
電圧ベクトル補償 · 138
電圧利用率 · 236
電気系定数 · 282
電気系モデル · 45, 67
電機子鎖交磁束 · · · · · · · · · · · · · · · · · · · 52, 183
電機子鎖交磁束ベクトル · · · · · · · · · · · 84, 194
電機子電流ベクトル · · · · · · · · · · · · · · · · · · · 84
電磁モータ · 18
電流位相 · 59, 91
電流位相制御特性 · · · · · · · · · · · · · · · · · · · 91, 95
電流位相－トルク特性 · · · · · · · · · · · · · · · · 296
電流検出器 · 131
電流制御器 · 128
電流制限 · 110, 199
電流制限円 · 110
電流制限値 · 109
電流センサ · 249
電流フィードバック制御 · · · · · · · · · · · · · · 126
電流ベクトル · 44, 52
電流ベクトル軌跡 · 111
電流ベクトル制御 · 12
電流ベクトル制御システム · · · · · · · · · · · · 122
電流ベクトル制御法 · · · · · · · · · · · · · · · · 97, 98
電流ベクトル平面 · 84
電力不変 · 45

と

等価鉄損抵抗 · 62, 106
同期角速度 · 23, 25
同期モータ · 8, 20
同期モータドライブシステム · · · · · · · · · · · 11
同期リラクタンスモータ · · · · · · · · · · · · · · · 37
銅損 · 62, 299
動的インダクタンス · · · · · · · · · · · · · · · · · · · 74

特性電流	69, 88, 116	不可逆減磁	102
突極機	30	ブラシレスDCモータ	20
突極形永久磁石同期モータ	34	フラックスバリア	29
突極性	30, 164	分布巻	26
突極比	57		
トルク	57, 67	**へ**	
トルク角	180	平均インダクタンス	73
トルク検出器	276	平衡三相交流電流	22
トルク式	183	ヘテロダイン処理	165
トルク制御	122, 180	変調度	234
トルク制御系	213	変調波	233
トルク定数	122	変調方式	236
トルクメータ	276	変調率	234
トルクリプル	209		
		ほ	
な		ボード線図	129
内部モデル原理	156	ホール素子	249
		ホール電流センサ	249
に			
2乗トルク負荷	5	**ま**	
二相静止座標系	55	マイナーループ	9
二相変調方式	237	巻線軸	22
		マグネットトルク	32, 59, 91
ね		マルチフラックスバリア構造	31
粘性摩擦係数	293		
		も	
は		モーションコントロール	8
ハーフブリッジインバータ	232	モータ制御用エンコーダ	245
パラメータ誤差	162	モータ定数	69, 282
パルス幅変調制御	232	モータパラメータ	69
パワーメータ	277		
バンドパスフィルタ	166	**ゆ**	
搬送波	233	誘起電圧制限直線	193
		誘導起電力ベクトル	85
ひ		誘導モータ (IM)	19
非干渉電圧補償	133	ユニタリ行列	45
非干渉電流制御	126		
ヒステリシス損	62	**よ**	
ヒステリシスバンド	208	用途指向型モータ	6
非突極機	29	弱め界磁効果	96
表面磁石同期モータ (SPMSM)	20, 28	弱め界磁制御	103, 104
		弱め磁束制御	97, 116, 124, 199
ふ		4逓倍	245
フィードバック	124		
フィードフォワード	124	**り**	
負荷角	180	力率	86

⊗ 索引

力率1制御 ·························· 97, 107
力率角 ································ 86
離散系 ······························· 262
量子化誤差 ···························· 267
リラクタンストルク ················ 32, 59, 91
リラクタンスモータ（RM）··············· 19

れ
零点補正 ····························· 295
レゾルバ ····························· 246
レゾルバ/デジタル変換器 ··············· 247
連続系 ······························· 262

ろ
ロータリーエンコーダ ·················· 244

わ
割込処理 ····························· 260

■ 著者紹介 ■

森本 茂雄（もりもと しげお）
本書での執筆担当：第1章～第5章、第7章
- ■経歴：
- 1984年　大阪府立大学大学院工学研究科電気工学専攻博士前期課程修了
- 1984年　三菱電機株式会社入社
　　　　　パワーエレクトロニクス、モータドライブの研究開発に従事
- 1988年　大阪府立大学工学部助手
- 1990年　工学博士
- 現在　　大阪府立大学大学院工学研究科電気・情報系専攻教授
　　　　　主としてモータの設計と制御に関する教育と研究に従事
　　　　　電気学会、IEEE、パワーエレクトロニクス学会、計測自動制御学会、システム制御情報学会、自動車技術会の各会員

井上 征則（いのうえ ゆきのり）
本書での執筆担当：第6章、第8章、第9章
- ■経歴：
- 2010年　大阪府立大学大学院工学研究科電気・情報系専攻博士後期課程修了
- 2010年　博士（工学）
- 2010年　大阪府立大学大学院工学研究科助教
- 現在　　大阪府立大学大学院工学研究科電気・情報系専攻准教授
　　　　　主としてモータの制御に関する教育と研究に従事
　　　　　電気学会、IEEE、パワーエレクトロニクス学会の各会員

● ISBN 978-4-904774-16-8

㈱東芝　前川　佐理　著
㈱東芝　長谷川幸久　監修

設計技術シリーズ

家電用モータの
ベクトル制御と高効率運転法

本体 3,400 円 + 税

第1章　家電機器とモータ
第2章　モータとインバータ
　1．永久磁石同期モータの特徴
　　1-1　埋込磁石型と表面磁石型
　　1-2　分布巻方式と集中巻方式
　　1-3　極数による違い
　2．永久磁石同期モータのトルク発生メカニズム
　　2-1　マグネットトルクの発生原理
　　2-2　リラクタンストルクの発生原理
　3．家電用インバータの構成
　　3-1　整流回路
　　3-2　スイッチング回路
　　3-3　ゲートドライブ回路
　　　3-3-1　ドライブ回路の構成
　　　3-3-2　ハイサイドスイッチ駆動電源
　　　3-3-3　スイッチング時間
　　　3-3-4　スイッチング素子の損失
　　　3-3-5　スイッチング素子のミラー容量による誤オン（誤点弧）
　　　3-3-6　ミラー容量による誤オン対策
　　3-4　電流検出回路
　　3-5　位置センサ
　　3-6　MCU（演算器）
　4．モータ制御用 MCU
第3章　高効率運転のための電流ベクトル制御
　1．ベクトル制御の概要
　　1-1　3相座標→$\alpha\beta$軸変換（clark 変換）
　　1-2　絶対変換時の3相→2相変換のエネルギーの等価性について
　　1-3　$\alpha\beta$軸→dq軸変換（park 変換）
　　1-4　3相座標系と$\alpha\beta$軸、dq軸の電気・磁気的関係
　　1-5　3相→dq軸の変換例
　　1-6　dq軸座標系のトルク発生の数式
　2．最大トルク／電流制御
　　2-1　同一トルクを出力する電流パターン
　3．弱め界磁制御・最大トルク／電圧制御
　　3-1　モータ回転数と直流リンク電圧による電流通電範囲の制限
　　3-2　最大トルク／電圧制御
　　　3-2-1　最大出力型弱め界磁制御（電流リミット有り）
　　　3-2-2　トルク指令型弱め界磁制御（電流リミット有り）
　　　3-2-3　速度制御型弱め界磁制御（電流リミット有り）
　　3-3　弱め界磁制御の構成
　4．電流制御の構成
　　4-1　dq軸の非干渉制御
　　4-2　電流制御 PI ゲインの設計方法
　　4-3　離散時間系の制御構成
　5．速度制御

第4章　PWM インバータによる電力変換法
　1．PWM による電圧の形成方法
　2．相電圧・線間電圧・dq軸電圧の関係
　3．電圧利用率向上法
　　3-1　方式1．3次高調波電圧法
　　3-2　方式2．空間ベクトル法
　4．2相変調
　　4-1　3次高調波電圧法による2相変調
　　4-2　空間ベクトル法による2相変調
　5．過変調制御
　　5-1　過変調制御による可変速運転範囲の拡大
　　5-2　過変調率と線間電圧の高調波成分
　　5-3　過変調制御の構成
　6．デッドタイム補償
　　6-1　デッドタイムによる電圧指令値と実電圧値の差異
　　6-2　デッドタイムの補償方法
第5章　センサレス駆動技術
　1．位置センサレスの要望
　2．誘起電圧を利用するセンサレス駆動法
　　2-1　位置推定原理
　　2-2　dq軸（磁極位置）と推定 d_cq_c軸（コントローラの認識軸）
　　2-3　突極性の推定性能への影響
　　2-4　位置誤差推定値 $\Delta\theta_c$ を用いた位置推定法
　　2-5　推定に用いるモータパラメータの誤差影響
　　2-6　ΔL_q と推定誤差による脱調現象
　　2-7　モータパラメータの誤差要因
　　2-8　巻線抵抗 R の変動要因
　　2-9　q軸インダクタンス L_q の変動要因
　3．突極性を利用するセンサレス駆動法
　　3-1　高周波電圧印加法
　　3-2　突極性を利用する位置センサレス駆動の構成
　　3-3　極性判別
　　3-4　主磁束インダクタンスと局所インダクタンス
　　3-5　dq軸干渉のセンサレス特性への影響
　　3-6　磁気飽和、軸間干渉を考慮したインダクタンスの測定方法
　4．位置決めと強制同期駆動法
　　4-1　位置推定方式の長所と短所
　　4-2　駆動原理と制御方法
　　4-3　強制同期駆動によるモータ回転動作
　　4-4　強制同期駆動の運転限界
第6章　モータ電流検出技術
　1．電流センサとシャント抵抗
　2．3シャント電流検出技術
　　2-1　3シャント電流検出回路の構成
　　2-2　スイッチングによる検出値の変化
　3．1シャント電流検出技術
　　3-1　電流検出の制約
　　3-2　電流の検出タイミング
　　3-3　電流検出法の拡大
第7章　家電機器への応用事例
　1．洗濯機への適用
　　1-1　洗い運転
　　1-2　脱水・ブレーキ運転
　　　1-2-1　短絡ブレーキ
　　　1-2-2　回生ブレーキ
　2．ヒートポンプ用コンプレッサへの適用
　　2-1　最大トルク／電流特性
　　2-2　過変調制御時の特性
第8章　可変磁力モータ
　1．永久磁石同期モータの利点と問題点
　2．可変磁力モータとは
　　2-1　磁力の可変方法
　　2-2　磁力の可変原理
　　　2-2-1　減磁作用
　　　2-2-2　増磁作用
　　2-3　可変磁力モータの構成
　　2-4　磁化特性
　3．可変磁力モータの制御
付録　デジタルフィルタの設計法

発行／科学情報出版（株）

●ISBN 978-4-904774-14-4

島根大学　山本 真義　著
島根県産業技術センター　川島 崇宏

設計技術シリーズ

パワーエレクトロニクス回路における小型・高効率設計法

本体 3,200 円＋税

第1章　パワーエレクトロニクス回路技術
1. はじめに
2. パワーエレクトロニクス技術の要素
   2－1　昇圧チョッパの基本動作
   2－2　PWM信号の発生方法
   2－3　三角波発生回路
   2－4　昇圧チョッパの要素技術
3. 本書の基本構成
4. おわりに

第2章　磁気回路と磁気回路モデルを用いたインダクタ設計法
1. はじめに
2. 磁気回路
3. 昇圧チョッパにおける磁気回路を用いたインダクタ設計法
4. おわりに

第3章　昇圧チョッパにおけるインダクタ小型化手法
1. はじめに
2. チョッパと多相化技術
3. インダクタサイズの決定因子
4. 特性解析と相対比較（マルチフェーズ v.s. トランスリンク）
   4－1　直流成分磁束解析
   4－2　交流成分磁束解析
   4－3　電流リプル解析
   4－4　磁束最大値比較
5. 設計と実機動作確認
   5－1　結合インダクタ設計
   5－2　動作確認
6. まとめ

第4章　トランスリンク方式の高性能化に向けた磁気構造設計法
1. はじめに
2. 従来の結合インダクタ構造の問題点
3. 結合度が上昇しない原因調査
   3－1　電磁界シミュレータによる調査
   3－2　フリンジング磁束と結合度飽和の理論的解析
   3－3　高い結合度を実現可能な磁気構造（提案方式）
4. 電磁気における特性解析

　4－1　提案磁気構造の磁気回路モデル
　4－2　直流磁束解析
　4－3　交流磁束解析
　4－4　インダクタリプル電流の解析
5. E-I-E コア構造における各脚部断面積と磁束の関係
6. 提案コア構造における設計法
7. 実機動作確認
8. まとめ

第5章　小型化を実現可能な多相化コンバータの制御系設計法
1. はじめに
2. 制御系設計の必要性
3. マルチフェーズ方式トランスリンク昇圧チョッパの制御系設計
4. トランスリンク昇圧チョッパにおけるパワー回路部のモデリング
   4－1　Mode の定義
   4－2　Mode 1 の状態方程式
   4－3　Mode 2 の状態方程式
   4－4　Mode 3 の状態方程式
   4－5　状態平均化法の適用
   4－6　周波数特性の整合性の確認
5. 制御対象の周波数特性導出と設計
6. 実機動作確認
   6－1　定常動作確認
   6－2　負荷変動応答確認
7. まとめ

第6章　多相化コンバータに対するディジタル設計手法
1. はじめに
2. トランスリンク方式におけるディジタル制御系設計
3. 双一次変換法によるディジタル再設計法
4. 実機動作確認
5. まとめ

第7章　パワーエレクトロニクス回路におけるダイオードのリカバリ現象に対する対策
1. はじめに
2. P-N 接合ダイオードのリカバリ現象
   2－1　P-N 接合ダイオードの動作原理とリカバリ現象
   2－2　リカバリ現象によって生じる逆方向電流の抑制手法
3. リカバリレス昇圧チョッパ
   3－1　回路構成と動作原理
   3－2　設計手法
   3－3　動作原理

第8章　リカバリレス方式におけるサージ電圧とその対策
1. はじめに
2. サージ電圧の発生原理と対策技術
3. 放電型 RCD スナバ回路
4. クランプ型スナバ

第9章　昇圧チョッパにおけるソフトスイッチング技術の導入
1. はじめに
2. 部分共振形ソフトスイッチング方式
   2－1　パッシブ補助共振ロスレススナバアシスト方式
   2－2　アクティブ放電ロスレススナバアシスト方式
3. 共振形ソフトスイッチング方式
   3－1　共振スイッチ方式
   3－2　ソフトスイッチング方式の比較
4. ハイブリッドソフトスイッチング方式
   4－1　回路構成と動作
   4－2　実験評価
5. まとめ

発行／科学情報出版（株）

設計技術シリーズ
省エネモータドライブシステムの基礎と設計法
2019年11月4日　初版発行

著　者	森本　茂雄／井上　征則	©2019

発行者　　松塚　晃医
発行所　　科学情報出版株式会社
　　　　　〒300-2622　茨城県つくば市要443-14 研究学園
　　　　　電話　029-877-0022
　　　　　http://www.it-book.co.jp/

ISBN 978-4-904774-82-3　C2054
※転写・転載・電子化は厳禁